1 9 7 9 - 1 5 9

S 68
c.

A 79

DESCRIPTION

DES

ZOOLITHES

NOUVELLEMENT DECOUVERTES

D'ANIMAUX QUADRUPEDES INCONNUS

ET DES

CAVERNES

QUI LES RENFERMENT

DE MEME QUE DE PLUSIEURS AUTRES

GROTTES REMARQUABLES

QUI SE TROUVENT

DANS LE

MARGRAVIAT DE BAREITH

AU DE LA DES MONTS

PAR

JEAN FREDERIC ESPER,

TRADUITE DE L'ALLEMAND

PAR

JAQUES FREDERIC ISENFLAMM

DOCTEUR ET PROFESSEUR EN MEDICINE ET ANATOMIE
EN L'UNIVERSITE' D'ERLANG.

AVEC QUATORZE PLANCHES ENLUMINEES

CHE'S LES HERITIERS DE FEU

GEORGE WOLFGANG KNORR.

A NUREMBERG.

1774.

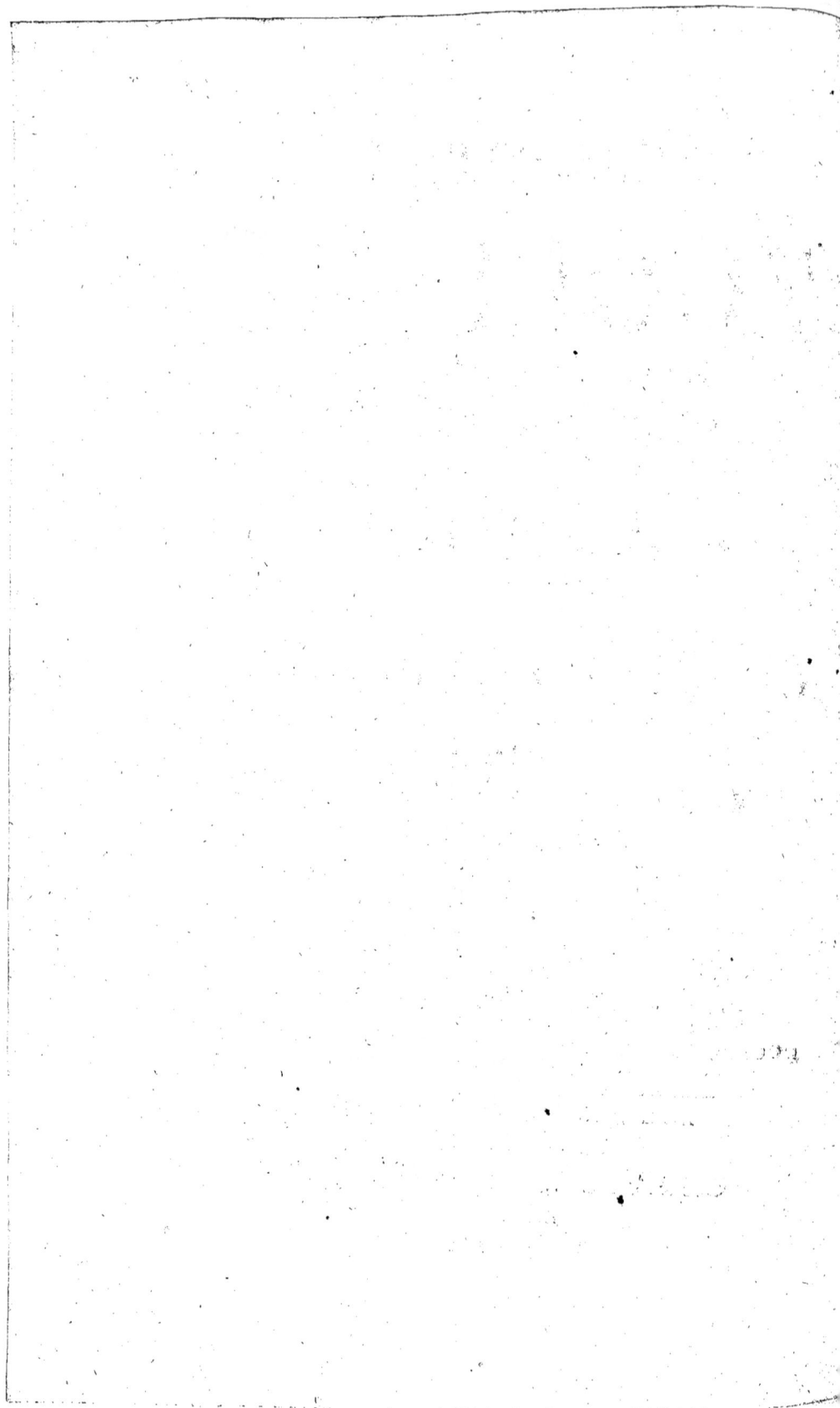

A

SON ALTESSE
SERENISSIME

MONSEIGNEUR LE MARGRAVE
REGNANT DE BRANDEBOURG, DUC DE
PRUSSE, DE SILESIE etc. etc. etc. BOUR-
GRAVE DE NUREMBERG etc. etc. etc.

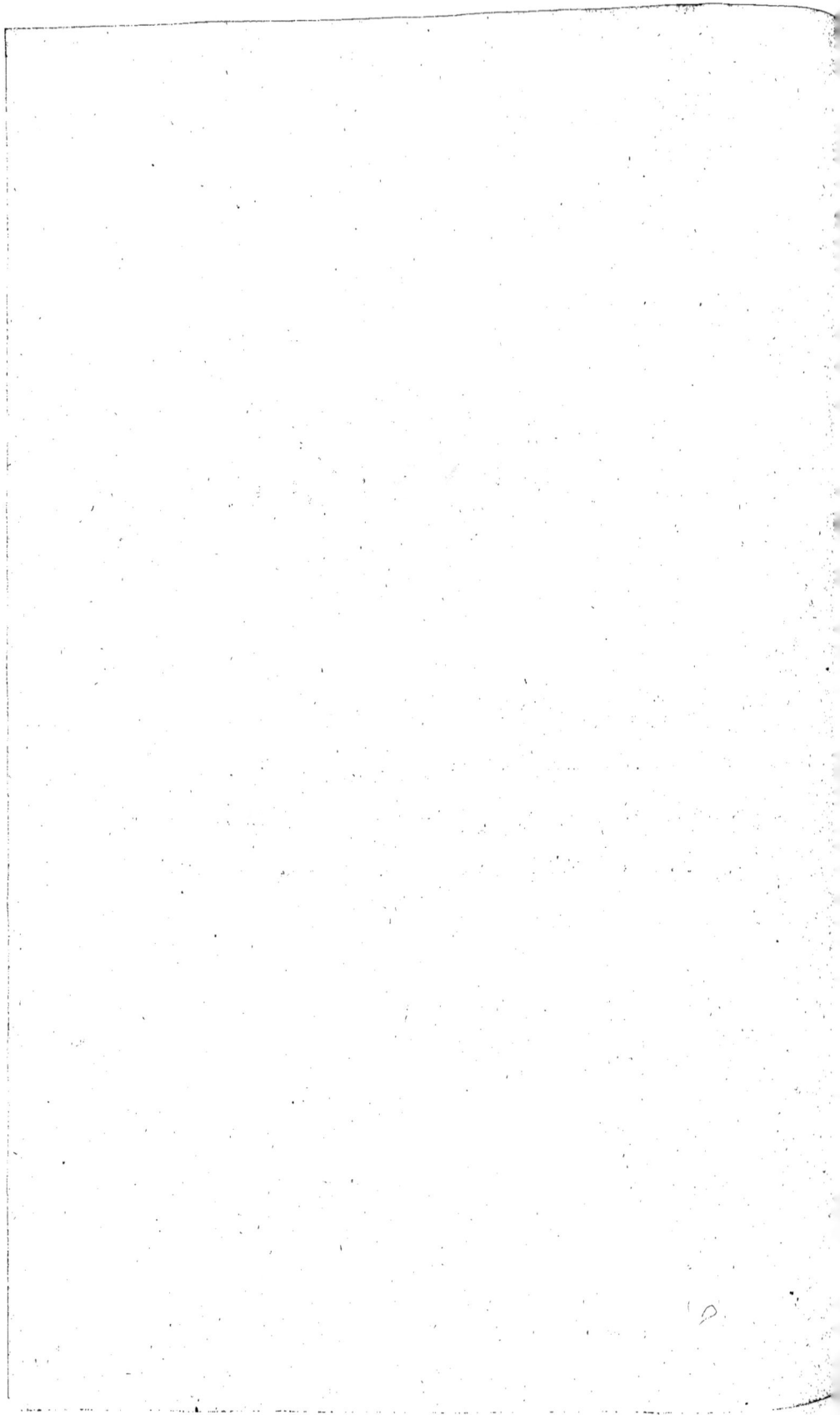

MONSEIGNEUR

La protection diftinguée que VOTRE ALTESSE SERENISSIME daigne accorder aux Sciences, m'encourage à mettre à VOS pieds, MONSEIGNEUR, ces feuilles qui contiennent différentes matieres concernant l'Hiftoire naturelle d'un Païs, fur lequel VOUS regnés.

Les Souverains ne font pas feulement les propriétaires de la furface des Terres qui Leur font foumifes, le Tout-puiffant Les rend auffi les Maitres des raretés et des trefors, que les fouterrains et les abîmes renferment: il eft donc très convenable de faire parvenir à Leur connoiffance les découvertes qu'on fait dans Leurs Domaines.

)(

Les

Les fujets, qui s'intereffent à l'Hiftoire naturelle de leur Patrie, doivent prefenter au Trone leurs obfervations, ne fuffent-elles en apparence que peu importantes; la Nature et la naiffance les y obligent. Je m'acquite de ce devoir, en VOUS offrant MONSEIGNEUR avec une profonde foumiffion cet Ouvrage.

Je fuis avec le plus profond refpect

MONSEIGNEUR
DE VOTRE ALTESSE SERENISSIME

à Uttenreuth le 3. de Janvier
l'an 1774.

Le trés humble et trés foumis Serviteur et fidele Sujet
Jean Frederic Efper.

PREFACE DU TRADUCTEUR.

Le globe que nous habitons, renferme peut-être interieurement autant de merveilles, que sa surface en presente à nos yeux. Nous ne connoissons pas assez l'arrangement primitif des couches dont il est composé, pour déterminer combien il en reste encore; mais les chaines de montagnes, les souterrains et les gouffres prouvent d'une maniere évidente, par les corps qui s'y trouvent et leur disposition, qu'il s'y est fait de très grands changemens, soit par une catastrophe universelle, soit par des catastrophes particulieres et locales. L'histoire de ces catastrophes est un article très interessant dans l'histoire naturelle pour expliquer la cause des phénoménes et la veritable origine des productions que nous trouvons dans le sein de la terre. Plusieurs Savans s'en sont occupés jusques ici avec beaucoup de succés, et ce n'est que par les descriptions exactes des souterrains, des particularités et des productions qu'ils renferment, qu'on peut en établir un Systéme, et on se gardera alors d'adopter toute hypothése que les phénoménes refutent manifestement. C'est en conférant ensemble plusieurs pareilles descriptions, et en y appliquant les loix de la Nature, qu'on pourra expliquer avec une probabilité qui approche de la certitude, non seulement ces changemens, mais aussi la maniere en laquelle ils se sont faits et plusieurs autres circonstances qui s'y rapportent. Or comme il n'y a gueres de païs qui n'ait subi de pareilles revolutions, il est très sur que ces Topographies souterraines ne seront jamais superfluës ni trop nombreuses, et que chacune de ces descrip-

)(2   tions,

tions, étant conférée avec les autres, contribue à éclaircir cette
matiere interessante. L'auteur du présent Ouvrage, qui aux talens
qu'il a pour sa vocation, joint une connoissance fort étendüe de la
Nature, a donc rendu un service très utile à l'Histoire naturelle et à ses
amateurs en publiant une description des cavernes si remarquables de
la Franconie et des productions qu'elles renferment. Les ayant par-
courües plusieurs fois lui même, et y ayant fait ses observations avec
toute l'attention possible, on peut être assuré, que les descriptions qu'il
en donne, sont exactes, et on lira avec plaisir les explications inge-
nieuses qu'il a ajoutées. Les Héritiers de feu Mr. GEORGE WOLF-
GANG KNORR, déjà assez connus par l'édition d'autres beaux Ouvrages qui concernent l'Histoire naturelle, ont jugé à propos, pour faire
parvenir à la connoissance des Savans étrangers les raretés souterraines de la Franconie, qui meritent d'être comparées avec les découvertes faites ailleurs, de publier une traduction françoise de cet Ouvrage. Je m'y suis apliqué à rendre fidelement le sens de l'Ouvrage, et
à exprimer sur tout les idées particulieres de l'auteur, et ce qui a une
connexion essentielle avec ces souterrains, et avec les productions
qu'ils renferment. à Erlang le 20. de Juin l'an 1774.

PREFACE DE L'AUTEUR.

Une Préface est peut-être inutile ici. Cet Ouvrage ne sera lû que des amateurs de l'Histoire naturelle, et son contenu seul va décider de l'accueil qu'on lui fera. Tout ce que les auteurs disent de leurs Ouvrages, et ce qu'ils donnent sous le nom de Préface, n'est pas pour tous les lecteurs de la même importance. Dans le cas où je me trouve, ce n'est qu'à une espèce particuliere de lecteurs que je voudrois m'addresser. C'est uniquement à ces critiques malins qui pourroient demander comment un Ecclesiastique fait de pareilles recherches, que je voudrois dire qu'elles font proprement de ma vocation. Nous connoissons Dieu par ses Ouvrages; mais c'est à ceux qui font apellés à annoncer les merveilles du Créateur, à en acquérir les premiers la connoissance, et sans celle de l'Histoire naturelle nous ne serons jamais à même de comprendre la premiere page de l'Ecriture sainte, ni de defendre l'histoire de la Création et du Déluge, telle que Moïse la raporte, contre les objections des incredules, ni d'expliquer parfaitement plusieurs Psaumes, le Livre de Job, ni cent autres passages de la révélation. Mais est-ce repondre à la Critique? ne sera-t-elle pas plûtôt excitée par là? On borne aisement les connoissances d'un Ecclesiastique à la composition d'une Homelie. Je me dispense donc de tout ce qui pourroit avoir l'air de Préface, et je vais entrer en matiere.

)( )(

HILDEBRAND.

Huc ades, hoc clivo non afcendiffe pigebit,
Quisquis aves, novitatis amans, cognofcere coram
Naturæ genitricis opus, mirabile vifu.

Ingredere inque manus corpus immitte fupinum,
Abruptum os antri ventres excludit obefos,
Quosque metu fugitant minitantia faxa ruinam,
Perque manus ita, perque pedes irrepe, neque horre,
Quæ moles impendentes cervicibus exftant.

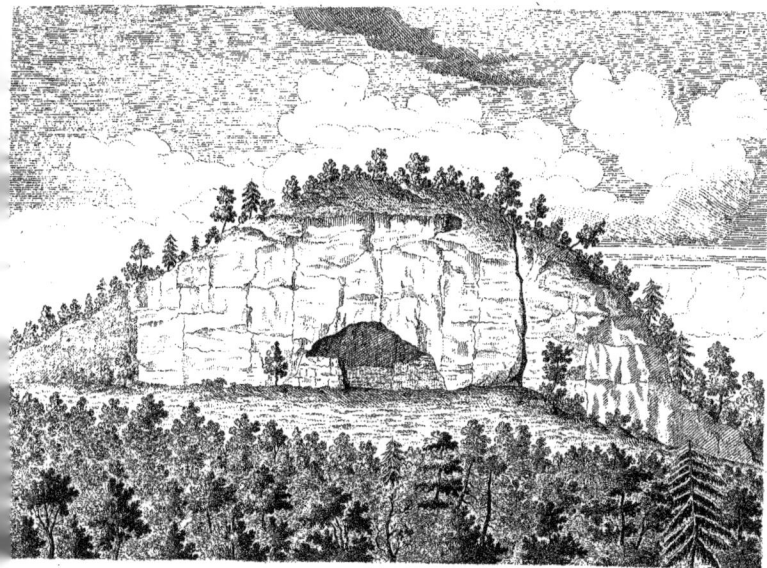

PREMIERE SECTION

AVIS PRELIMINAIRES.

C e font les contrées de Muggendorf et de Gailenreuth, fur l'hiftoire naturelle desquelles je communique à prefent des obfervations bien affurées. Le premier village appartient au païs au de là des monts du Margraviat de Bareith, l'autre eft fitué à une lieüe de là, tout près des confins. Ils font très peu connus dans les geographies de l'Allemagne, mais le naturalifte y trouve plus de chofes remarquables, qu' aux environs des villes les plus célébres. Je ne trouve pas que quelcun de mes compatriotes ait rien publié au fujet de ces raretés de la nature. Il y a bien dans un ouvrage périodique, qui a paru pendant quelque tems, un article, *) qui concerne l'hiftoire naturelle de la Franconie, mais il n'y eft pas fait mention des Cavernes, dont je traite ici.

Tout ce qu'on fait aujourdhui de la montagne aux os (*Knochenberg*) près de Gailenreuth, qui dans l'Allemagne eft furement l'unique dans fon efpéce, on l'ignoroit autrefois même

A dans

---

*) *Joh. Sebaftian* STEDLERS Mathematum Profefforis bey der Ritter-Academie zu Chriftian-Erlang, Bemerkungen einiger raren Naturalien im Land zu Franken, mit untergemifchten rationibus phyficis. Fraenkifche Acta Erudita et Curiofa. Neunte Sammlung. Nürnberg 1727.

dans le voifinage. BACHHELBEL *de* GEHAIG a inféré à la verité dans fa defcription du Fichtelberg, *) les noms des cavernes qui fe trouvent dans le territoire de Bareith, outre quel-ques relations au fujet du Wizer-Loch, du Heiden-Stadt et de la montagne creufe, (*holen Berg*) mais comme ce favant, au lieu de donner une hiftoire naturelle de ces montagnes remarqua-bles, à donné quelque chofe de tout différent, fes relations ne pouvoient être que très peu fures. Non obftant cela on voit par cet ouvrage, que les contrées ci-deffus nommées font presque les uniques de nôtre païs, où la nature ait formé des cavernes remarquables, et même en comparaifon des cavernes qui en font éloignées de quelques lieües, les plus remarquables, qu'il y ait dans la Franconie, et je pourrois même dire dans des païs beaucoup plus grands.

On ne connoit fur le Fichtelberg que la Grotte de BACHHELBEL, ainfi nommée après le nom du favant ci-deffus mentionné, et où il a paffé une grande partie de fa vie à faire des ob-fervations particulieres. Mais elle eft beaucoup moins remarquable que la Grotte qui renferme les Zoolithes, dont nous traitons ici, ce dont je me fuis convaincu par mes yeux; cependant j'avoue que les rapports defectueux de cet auteur ont occafionné les obfervations prefentes.

Dans le dernier Programme Synodal du Diocefe de Bayersdorf, à l'occafion de quelques recherches fur le fejour de Luther à Muggendorf, on eft tombé fur l'hiftoire naturelle de ces contrées, en alleguant l'ouvrage de BACHHELBEL. C'eft ce qui a excité ma curiofité à exa-miner ces merveilles fouterraines, que les relations m'avoient déja fait connoître en partie. J'eus le bonheur de rencontrer pour cela deux très habiles conducteurs; l'un feu Mr. HEU-MANN, ci-devant Medecin du Baillage et de la ville de Langenzenn, et mort depuis peu dans un âge prématuré, qui alors, fous la manuduction des Profeffeurs de nôtre Univerfité, s'étoit appliqué avec une ardeur extraordinaire à l'étude de la nature et de la medicine; l'autre Mr. FRISCHMANN, très habile Apothicaire d'Erlang. Le goût pour ces fciences m'avoit procuré leur amitié, et leur converfation auroit toujours été inftructive même pour des perfonnes d'une experience plus étendüe. Ces deux amis, quoiqu'ils euffent déja plufieurs fois vifité ces contrées d'un oeil très attentif, fe déterminerent à être mes compagnons, ou, pour mieux dire mes gui-des dans ces contrées fouterraines. Cette refolution fût executée fans delai le 22. de Septembre l'an 1771. et pour obferver quelque ordre à l'égard des objets différens que nous avons rencon-trés, je fuivrai dans mes relations le fil de nôtre voyage.

La montagne affés efcarpée près de Bretsfeld, jufqu'où ni le Lithologifte ni le Botanifte ne trouve gueres de chofes remarquables, eft la patrie de la Coquelourde noiratre, (*Pulfatilla nigricans*) ce nouveau remède pour les yeux. L'on trouve dans toute cette contrée une abon-dance de l'efpèce de Gentiane, (*Gentiana ciliata*) qui d'ordinaire ne provient qu'en Suiffe, en Italie et dans le Canada. La Croifette même croit fans culture fur les montagnes près de Muggendorf. Lors qu'on fe donne la peine de parcourir les montagnes qui font à côté, l'on y trouvera une efpèce de Juliane (*Draba Aizooides*) Alpine, qu'on n'auroit pas cherchée la; on trouve auffi dans les environs le *Lichen faccatus*, qui provient d'ordinaire fur les Alpes de la Lapponie. Les amateurs de la Botanique trouveront peut-être ici plus de chofes dignes de leur attention, que fur le fameux Fichtelberg même qui ne produit gueres de végétaux remarqua-bles. Je paffe fur plufieurs productions du Regne végétal, lefquelles, quoiqu'elles ne foient pas trop communes, ne faifoient pas alors l'objet de nôtre voyage.

Après avoir fait une lieüe de chemin vers Mokas, village fitué dans le territoire de Bam-berg, l'on rencontre des Pétrifications particulieres. On voit par ci par là des Fongites, quoi-que très petits, et à deux mille pas de là en avant l'on trouve des fragmens de Cornes d'Ammon difperfés; une autre contrée nous prefente des Pectinites ordinaires et des Térébratules, et plus en avant on trouve des piquans d'Ourfins de mer. Ce qu'il y a de remarquable c'eft que cha-que efpèce de ces Pétrifications eft enchaffée dans une efpèce particuliere de terre, de maniere

qu'un

---

*) Ausführliche Befchreibung des Fichtelberges am Nordgau liegend, in dreyen Theilen abgefaft. Leipzig 1716. bey Johann Chriftian Martini.

qu'un homme intelligent et experimenté peut determiner de loin, fans crainte de fe tromper, par la couleur et l'efpèce du terroir, les efpèces de Pétrifications qui s' y trouveront. Elles fe trouvent ici, contre l'ordinaire, fur la fuperficie de la terre.

On trouve des fragmens d'Echinites, et, quoique très rarement, des Ourfins de mer tout à fait petrifiés dans une efpèce de pierre de corne, dont le nom excite encore plus la curio-fité que la chofe même qu'il défigne. On donne dans ces contrées le nom de *Flins-Steine* à des pierres à fufil, dans lefquelles on trouve quelquefois des empreintes de corps marins, ce qui d'ailleurs eft bien rare. Ce font des Agates blanches. En Saxe, que les Vandales habitoient autrefois, l'on comprend fous le nom de *Flins* de pareilles efpèces de pierres; fi l'on fe fouvient que les Vandales, les Sorbes-Vendes et les Obotrites rendoient un culte à une divinité particuliere fous le nom de *Flins*, pourra-t-on s'empecher de tomber fur différentes conjectures, qui peut-être ne feroient pas tout à fait inutiles pour l'éclairciffement de l'hiftoire? Chez les anciens Vandales *Flins* a été le Dieu des morts. Ils lui attribuoient la refufcitation des morts, et ils croyoient qu'il rendroit auffi la vie aux animaux. Il avoit donc auffi fous fa domination les pier-res, qui prefentoient des reftes d'animaux, c'eft à dire les coquilles mortes, et par là, s'il m'eft permis de hazarder une conjecture, les Pétrifications étoient auffi fous fa domination. On les nommoit *Flins-Steine*, et en particulier celles, qu'on pouvoit employer à faire du feu pour les Sacrifices, qu'on faifoit au Dieu *Flins*, c'eft à dire les pierres à fufil aux empreintes, portoient peut-être par cette raifon feules ce nom de *Flins*, que les habitans de ce païs lui donnent encore à prefent, quoique ce mot foit inconnu par tout dans la langue allemande. *) Ou peut-être ces pierres étoient-elles confacrées au Dieu *Flins*, puifqu'on s'en fervoit à faire du feu pour bruler les morts? ou fe trouvoient-elles autrefois en plus grande quantité qu'à préfent parmi les Zoo-lithes de ces contrées, et les habitans d'alors, prenant le Dieu *Flins* pour le propriétaire des Zoolithes, ont-ils auffi mis dans fon Regne ces pierres fous le nom de *Flins-Steine*? Du moins c'eft une chofe qui merite quelque reflexion, que nous donnions aux armes à feu le nom de *Flinten*, depuis que nous nous fervons de pierres à feu ou de *Flins-Stein* au lieu de la meche; du moins, dis-je, il eft fur, que les reftes des noms des divinités, qui fe trouvent dans le lan-gage de certaines contrées, étant des preuves dignes d'attention, que ces divinités n'ont pas été tout à fait inconnües dans ces contrées mêmes, que les anciens Vendes et Obotrites n' ont pas été ici tout à fait étrangers, d'autant plus qu'on voit encore les debris des Temples des païens, des places, qu'on nomme encore Villes des païens (*Heidenftadt*) et plufieurs autres veftiges des coûtumes des Vendes.

Ce qui frappe le plus la vuë dans toute la contrée ce font les chûtes de terre. Je ne me fouviens pas d'en avoir vû ailleurs un fi grand nombre, et d'une auffi grande étendüe. Il y en a beaucoup qui ont 20. à 30. pieds de profondeur, et le double de largeur. Elles fuivent leur direction de maniere, que plufieurs fe trouvent fouvent dans la même ligne, d'autres affez prez l'une de l'autre, et encore d'autres plus eloignées, tout comme fi les gouffres fouterrains avoient fuivi ces mêmes directions. Perfonne ne fe fouvient que ces chûtes foient arrivées de memoire d'homme. On voit que les arbres, qui y font provenus par ci par là, ont été tels qu'ils font à préfent, il y a 70. à 80. ans. Les grandes lavaffes rempliffent vitement ces cavités, mais celles-ci ne retiennent jamais l'eau qui deborde fouvent, et il eft probable que l'eau tombe d'abord dans les gouffres qui fe trouvent par deffous. Je crois que ces chûtes font l'effet d'un tremblement de terre arrivé dans les anciens tems. Il eft probable que ce terrain eft creufé par tout de cavernes fouterraines, et qu'outre la Ca-taftrophe univerfelle de nôtre Globe, il a encore effaié dans la fuite plufieurs bouleverfe-mens. Mais je viens à préfent à un endroit bien plus remarquable.

B

Sur

*) Le *ferrum intraclabile fpatofum albicans* ou le *Pflinz* de Stirie, que rapporte Mr. de LINNÉ, et qui en dehors a beaucoup de reffemblance avec le Spath, fert plûtôt à confirmer la dérivation de ce mot, qu' à fournir quelque objection.

Sur le chemin de Mokas on voit à côté une montagne affez élevée, dont le fommet eft couvert de bois blanc. Vers le midi il y a une caverne, au fujet de laquelle on debite dans ces contrées des contes bien extraordinaires. Elle doit être rémplie d'os de géans; elle renferme du fable mêlé de pailletes d'os. La longueur de fa voûte s'etend à un mille et demi, et fuivant le rapport du menu peuple elle renferme tout ce qu'il y a de remarquable, jusques aux fpectres mêmes. Nous nous propofames de la vifiter. Après bien de la peine nous perfuadames un paifan de nous montrer ces contrées fouterraines, ou plûtot feulement leur embouchure. Au milieu de la montagne et dans un buiffon bien touffu il y a trois petits rochers nuds. On trouve par ci par là des groupes de criftallifations fpathiques affez belles, qui font l'unique recompenfe pour celui, qui s'eft donné la peine d'y monter. Au deffous du petit rocher du milieu, qui eft le troifiéme, il y a une ouverture, de laquelle on n'attendroit jamais ce qu'elle offre dans la fuite. La longueur de cette entrée pourroit être de deux pieds et demi, mais elle eft beaucoup moins large et reprefente la figure d'un trapefe. Il faut de la fermeté pour entrer dans ce trou. Les ténébres, qui remontent de l'abîme, empechent l'oeil de voir aucun fond ou terrein, et fuivant la fituation, il n'y a pas d'autre moyen d'y entrer qu'à reculons, de s'y glifter les pieds les premiers, et alors d'atteindre en fautant le fol de la caverne. L'exemple de mes deux amis me donna du courage. Après que nous eumes allumé des chandelles, je devois être le fecond à entreprendre ce voyage fouterrain; mais la groffeur de ma taille m'empecha d'examiner ces merveilles, et à mon grand regrét il me fallut refter en arriere. Cependant je m'apperçus à l'embouchure de ces cavernes d'un changement d'air particulier. Toutes les fois que le vent du Sud, qui fouffloit alors doucement, fe faifoit remarquer plus diftinctement par le petit bruit du feuillage des buiffons, je vis chaque haleine, lorsque je foufflois vers l'embouchure de la caverne, tout comme cela fe fait dans le froid le plus rude de l'hiver, quoique dans l'air même je n'aye pas pú remarquer la moindre fraicheur. Il eft donc probable que ces gouffres aient vers le Sud quelque communication avec l'air externe, dont le mouvement pouffe en dehors l'air beaucoup plus condenfé des cavernes, et par là rend vifible l'air beaucoup plus chaud, qui fort du corps. Il fe peut ainfi, que ce qu'on dit de l'étendüe confiderable et des lacs de ces lieux fouterrains, foit bien fondé. Mes compagnons refortirent après y avoir refté peu de tems. De l'embouchure ces cavernes s'étendent fous la montagne vers le Sud. Elles font extrémement étroites et leur direction va en Ziczac. La voûte eft une couche peu compacte de rochers détachés, et l'on n'y entreroit jamais plus avant, fans expofer fa vie. Cependant l'ardeur infatigable de feu Mr. HEUMANN lui a fait faire dans la fuite plufieurs découvertes dans ces grottes inacceffibles. Il y eft entré malgré tout le danger, et y a trouvé effectivement dans une profondeur de 60. toifes des Zoolithes, *) tout comme dans les autres cavernes, dont il fera parlé après. Cette caverne a été examinée encore plus exactement dans la fuite en compagnie de Mr. FRISCHMANN, fans qu'il fût poffible de parvenir jusqu'à fon extremité. La ftructure ne reffemble en rien à celle des autres grottes. La roche n'eft ferme nulle part; et quoique la profondeur ci deffus indiquée ne foit pas encore, à beaucoup près, la fin de la caverne, la couche eft toujours peu compacte. Les conduits, qui vont d'une des plus petites cavernes vers l'autre, font toujours très étroits et contournés, et s'enfoncent dans la profondeur par des précipices épouvantables. On fe glifte avec bien du danger par les lieux abruptes fur ces rochers, mais on les remonte avec bien plus de frayeur. On a de la peine à fe trainer foi même, et bien moins encore une echelle, et quiconque voudroit entrer dans ce labyrinthe fans filet, s'expoferoit à y finir fes jours.

Les productions qu'on tire de ces lieux fouterrains, font particulieres; les ftalactites font rouges, ce qui provient probablement d'une couche de terre ferrugineufe, qui fe trouve

*) Je me fervirai dans la fuite de ce mot, en parlant des reftes d'animaux qu'on ne trouve plus, quoique la fignification ne foit pas encore affés déterminée. Pour exprimer des os d'animaux inconnus, calcinés et parvenus à la dureté d'une pietre, il me faudroit forger un mot tout nouveau, et les termes d'Ofteolithes et de Tetrapodolithes feroient moins intelligibles. J'aime mieux me fervir dans ce fens du terme plus connu de Zoolithes, et comprendre par là ce que Mr. de LINNE' nomme *Petrificatum Mammalis.*

ve fur la caverne. Mon ami ci-deffus nommé en a rapporté une machoire et un autre os
d'une grandeur extraoïdinaire: c'eft l'extremite inferieure d'un os de la cuiffe d'un animal,
dont la grandeur doit avoir furpaffé celle du plus grand cheval, vû que le diamétre de l'extremité de cet os eft de quatre pouces, et celui du corps de l'os précifement la moitié.
Ces Zoolithes reffemblent par leur ftructure parfaitement à celles dont j'ai deffein de parler
dans la fuite. Tout ce que nous avons remarqué, c'eft qu'elles reffemblent plus à l'yvoire
foffile que celles des autres cavernes, où elles font parfaitement calcinées. Les dents et la
ftructure des machoires ne prefentent pas la moindre différence de celles de Gailenreuth,
qui font reprefentées fur les Planches qu'on a ajoutées à cet Ouvrage. * On les découvre quelquefois en labourant la terre, dans les plaines au pied de la montagne, à une profondeur peu
confiderable, et on les prend pour des os de géans. Je fuppofe que ces cavités, dans lesquelles de pareils animaux ont été enfouis, vont fouvent en s'élevant vers la furface de la terre, et que ces os, qu'on découvre ainfi, ont fait partie de l'amas d'offemens, dont le fommet a été élevé originairement jufqu'à la furface de la terre, d'autant plus que dans la voute
de ces cavernes on en trouve encore par ci par là des fragmens.

On a donc raifon de les prendre pour des reftes d'animaux de la même efpèce, et peut-
être de ces animaux qui ont eu leur domicile dans ces contrées avant la cataftrophe univerfelle de nôtre globe. Au moins il eft affés remarquable, que ces reftes font toujours les mêmes dans des cavernes éloignées l'une de l'autre de plufieurs lieuës, et qu'ils font reconnoitre
les mêmes animaux, avec lesquels on ne pourroit point du tout comparer ceux, qui habitent
ces contrées aujourdhui.

Il y a outre cela encore quelque chofe d'intereffant pour l'hiftoire naturelle. Les Zoolithes de cette caverne prefentent fur leur furface des Dendrites. Il n'eft pas trop ordinaire,
à ce qu'il me femble, de trouver ces figures fur les os pétrifiés, et en général leur origine
n'eft pas tout à fait éclaircie. Les explications folides de Mr. FRISCHMANN m'ont donné
à ce fujet plus de Satisfaction que tout ce que j'ai lû là deffus. Les voici. Il n'eft queftion
ici que des veritables Dendrites, qui fe trouvent fur des corps d'animaux ou à l'entour de
ces corps, dans les pierres, dans lesquelles ces corps font enchaffés. Plufieurs Ammonites
portent ces figures d'arbres, et fouvent ces figures font gravées fur ces Ammonites qui ont
encore leur teft. Il arrive même fouvent qu'on les voit fur les noyaux de ces limaçons. Cependant il eft neceffaire et très aifé de diftinguer ces figures d'avec les figures arborifées et
herborifées, qui doivent leur origine aux compartiments de l'animal même.

Dans les Schiftes calcaires de Solenhofen on trouve des efpèces de poiffons et d'écré-
viffes tant indigènes qu'exotiques, qui font peintes de Dendrites tantôt de couleur rouge,
tantôt de couleur noire, tantôt de l'une et de l'autre, qui renferment pour
ainfi dire, l'animal même. Ces Dendrites naiffent des contours du poiffon ou de l'écré-
viffe et vont tout à l'entour en diftance proportionnée. On trouve fouvent ces figures autour des animaux qui ont laiffé leurs empreintes dans d'autres efpèces de pierres exotiques,
de maniere que lorsque l'on fend des Ammonites, ces figures paroiffent fur les furfaces des
pierres, dont le contour reprefente le limaçon. Elles font fort diftinctement gravées dans la
fuperficie des Oftéolithes de Mokas. La queftion eft d'où ces figures d'arbres font nées.
Mr. VOGEL dans fon Syftéme de Minérologie p. 113. remarque, que, lorsque les pierres
marneufes portent des figures, celles-ci fe prefentent comme rongées et détruites, et qu'on
peût même en grattant en enlever une terre décompofée, ce qui eft une marque infaillible
que ce font des fels, qui par la corrofion y ont produit ces figures. Il me femble en général
qu'on ne peut avec raifon attribuer l'origine de ces Dendrites qu'à des fels diffous dans l'eau.
Mais quelle eft l'efpèce de fel qui les a produites? C'eft fans doute celle qui, étant diffoute
dans l'eau, fe criftallife comme ces Dendrites, et reprefente les mêmes configurations d'arbres que celles qui fe trouvent fur les pétrifications. Voici ce qu'on fait au fujet du Sel de

B 2   Glau-

Glauber (*Sal secretum Glauberi*). Lorsqu'on en diffout une quantité telle qu'on veut, par ex. d'une onze, dans une quantité fuffifante d'eau, et qu'on la laiffe dans une chaleur tempérée, il en nait des criftaux qui ont la plus parfaite reffemblance avec ces Dendrites. Ils s'attachent par tout au col de la phiole quelque long qu'il foit. Pourrions nous donc douter encore, que ce fel étant diffous et pénétrant entre les couches des fchiftes calcaires ou dans les gerfures des pierres marneufes, ne pût opérer de la même maniere, ne pas faire des criftallifations de pareilles figures, ou produire des Dendrites? Mais qui a jamais trouvé dans le fein de la terre du fel de Glauber (*Sal fecretum Glauberi*)? Il eft vrai que jamais mineur n'a tiré du fein de la terre des mines de fel, dont on eût pû faire fortir ce fel neutre comme par infufion. Mais ne trouvons nous pas différens fels neutres dans les eaux minerales? La nature ne les produit-elle pas d'elle même fans nôtre fecours? Il eft hors de doute que l'acide vitriolique combiné avec un principe urineux ou ammoniacal, produit le fecret de Glauber. Il fe produit auffi comme l'on fait, fans cornuë et fans feu par la voye humide. Il refte donc uniquement à décider fi les deux ingrediens fe trouvent dans le fein de la terre. Perfonne ne revoque en doute l'exiftence de l'acide vitriolique. Mr. de LINNE *) attribue même à cet acide feul l'origine des Dendrites. Si dans les os, dans les coquilles et dans les pétrifications il y a encore un principe ammoniacal, c'eft dont chacun peut fe convaincre par l'odeur que le feu en fait fortir. Les volcans en engendrent même des maffes compactes. **) Le favant Chymifte Mr. CARTHEUSER a produit des Dendrites vertes avec le fimple efprit de fel armoniac avec la chau vive, dans lequel il avoit diffous une mine de cuivre. ***) Si l'acide vitriolique s'eft donc infinué entre les couches d'un fchifte calcaire ou de pierres marneufes, où il y avoit un animal, ou s'il s'eft dépofé fur des Oftéolithes, et qu'il s'eft uni avec le principe ammoniacal, qui y étoit déja, il fe devoit bien faire des mouvemens capables de produire des Dendrites. Ces Dendrites fe font étendues, comme l'on voit encore, tout autour de l'animal entier fuivant la différente quantité du principe ammoniacal qu'il contenoit encore. Il eft vrai que ces Dendrites ont toujours une teinture noiratre ou rougeatre, à celles de Mokas près, fur lesquelles l'on ne voit que des gravures; cependant cette objection ne fera faite que de ceux, qui ignorent que le fel ci-deffus nommé diffout le fer et les autres métaux, et qu'il eft aifé d'expliquer les couleurs des foffiles qui naiffent de la diffolution des métaux. Ce que je viens de dire, pourroit bien être confirmé par les Dendrites factices. Peut-être y a-t-il encore plufieurs productions, où il faut faire attention à la concurrence de ces matieres, qui contiennent un principe ammoniacal, et qui font reftées dans le fein de la terre. Mais je m'écarte trop loin de mon propos.

De cet endroit, où l'on voit ces reftes de l'ancien monde, il y a un chemin d'une lieüe, qui conduit à un autre endroit, qui en eft bien plus riche, c'eft à dire, vers les environs de Gailenreuth. Ce petit village appartient, autant que je fai, à la maifon des Comtes de Reinek. Suivant le bruit, qui court en général, il tient fon nom du fameux Eppela de Gailen, Chevalier du quinzieme fiecle dont le genie belliqueux a éternité la mémoire peut-être plus fous le nom d'un brigand et d'un magicien que fous celui d'un héros. Au moins s'eft-il rendu également terrible aux fujets et aux ennemis de la Maifon de Brandebourg. Gailenreuth étoit un de fes châteaux, dont on en voit encore plufieurs dans cette contrée.

Le terrein d'ici eft très fingulier. De la contrée de Mokas on vient à une valée épouvantable, fans avoir monté quelque lieu élevé. D'un côté il s'ouvre ici des précipices terribles, et tout à l'oppofite il s'éleve des montagnes auffi efcarpées qu'une muraille. La valée eft étroite au point que dans fon fond il refte à peine affés de chemin pour le paffage. S'il eft fûr que nous avons dans nôtre païs quelques efpèces de Plantes Alpines, c'eft ici qu'on pour-

*) Syft. nat. tom. III. p. 173. Graptolithus dendrites natus ex aqua vitriolica rimas penetrante.

**) Sal ammoniacum in glebas, igne fubterraneo, concretum. Sel armoniac foffile. Onomat. hift. nat. Tom. I. p. 362.

***) Mineralogifche Abhandlungen, p. 166.

pourra le plus probablement les trouver. On trouve en différens endroits le *Seileria Halleri*, avec une varieté particuliere, ou peut-être une nouvelle espèce. L'If croit sans culture sur les rochers entre autres espèces d'arbres moins communes, et toute cette contrée a un certain air helvétique. On voit au premier coup d'oeil qu'il n'est rien resté ici de la beauté de la premiere ebauche de l'ancien monde, et que les inondations, qui ont passé les plus hautes montagnes, n'y ont laissé que le dégât et la frayeur. Ce que l'on nomme à présent improprement une valée, ne paroit avoir été qu'un gouffre effroyable, dans lequel les torrens se sont précipités, derriere lesquels les montagnes se sont écroulées, qui enfin ont été retenus par les rochers élevés comme une muraille, et ont ainsi transformé cette contrée. On marche une lieüe dans ce même détroit entre les montagnes les plus escarpées jusqu'à Muggendorf, et de là encore une lieüe, et quiconque reflechit un peu sur ce spectacle, comprendra comment une si grande quantité d'ossemens d'animaux exotiques et indigénes a pu parvenir dans ces grottes, ou comment ces grottes mêmes ont été formées. Je crois que tout ce terrein doit sa conformation à des eaux débordées et à de violens torrens.

Derriere l'endroit dont nous venons de parler, se trouve à une petite distance, la Grotte des Zoolithes, dont je vais donner à présent une description plus détaillée. Elle est connue sous le nom de montagne creuse, mais c'est effectivement un cimetiére souterrain. Vers le Nordouêst l'on voit hors de Gailenreuth sur une montagne un bocage de bois blanc. Un sentier assès commode conduit dans ce bocage, mais il disparoit à une distance de deux cent pas. On est obligé de se frayer le chemin à travers les buissons les plus touffus; le terrein s'éléve tout d'un coup et devient escarpé; l'on voit des rochers rompus, et à la fin une plaine assès unie, qui est le vestibule de ce païs des morts.

Peut-être à présent cette caverne, de même que les autres, sera-t-elle visitée plus souvent des amateurs de l'histoire naturelle; ils me permettront donc de leur donner pour cela quelques avis. Que personne ne s'avise d'y entrer sans guide; les ténébres, et je ne sai comment, les objets mêmes inspirent une certaine frayeur, malgré la fermeté qu'on pourroit avoir d'ailleurs, qu'on n'a pas toutes les fois assez de présence d'esprit pour retrouver la sortie, même à la lueur de plusieurs flambeaux. Un habit de mineur, ou quelque habillement semblable est le plus commode pour ce voyage. Principalement il faut que chacun soit pourvu d'un fusil à battre du feu. Une pierre à fusil perdue si c'étoit la seule qu'on eût eue; la méche devenue humide, et une chandelle éteinte feroient le sujet d'un grand embarras. Les bougies feront toujours les moins nuisibles, tandis que, l'air étant moite en lui même, le suif produit une vapeur desagreable. Outre cela je n'ai rien remarqué qui puisse faire du tort à une santé d'ailleurs assès affermie. Après le séjour de quelques heures qu'on aura fait dans ces cavernes, malgré les occupations par lesquelles on se sera echauffé jusqu'à suer, on voit, en sortant, sur les visages du teint le plus frais une pâleur mortelle; c'est ce qui pourroit bien provenir d'une autre cause, et peut-être des exhalaisons salines. Il n'y a rien de plus necessaire qu'une bonne échelle. Pour descendre dans la seconde grotte il faut que cette échelle ait la longueur de 15 pieds de Londres, (mesure, dont je me suis servi dans toutes les dimensions, que je rapporterai dans la suite) mais pas au de là de quatre pouces de plus. Etant plus courte, elle n'atteint pas le fond, et lorsqu'elle est plus longue, on ne peut pas la faire passer par les tours des grôttes. Pour la premiere entrée on peut se servir de chaque échelle, de telle longueur qu'elle soit. Que chacun prenne une bougie à part. Les gouttes de l'eau stalactitique qui découlent, pourroient bien, si l'on n'avoit qu'une seule chandelle, repandre de grandes obscurités sur les observations.

c   II. Se-

II. SECTION.

DESCRIPTION PLUS DETAILLÉE DE LA GROTTE DES ZOOLITHES ET DE CE QU'IL Y A DE REMARQUABLE EN DEHORS ET EN DEDANS.

L'entrée de la caverne a un air de magnificence et de regularité. La Planche, qui se trouve à la tête de cet Ouvrage, represente très bien les dehors de ces grottes. Sur cette plaine assès unie et enclavée dans des buissons touffus s'éleve, comme une muraille, un grand rocher de la hauteur d'environ 36. pieds. Au dessus de ce rocher il y a encore une montagne d'une hauteur considerable, et, à ce qu'il me semble, ce rocher inferieur a tout à fait l'air d'avoir fait autrefois partie de la montagne plus haute qui est derriere, et de s'être écroulé dans la suite; c'est ce qu'on voit le mieux de loin et à ne pouvoir presque en douter. Le vaste rocher, dans lequel la Nature a formé des gouffres de la profondeur de 80. toises, est une pierre calcaire grise et très dure, au point qu'elle resiste presque plus à l'acier que le marbre. En dehors on croit voir, en quelques endroits de ces montagnes, des couches; il se pourroit cependant que ce ne fussent que des portions décomposées par l'air, vû qu'en dedans l'on ne remarque point de couches de pierre; mais pourtant cette espèce de rocher n'est jamais parfaitement solide, quoique toutes ces cavernes se trouvent dans un rocher qui s'étend sans interruption. Dans de tout petits morceaux il y a des cavités, qui renferment une substance marneuse et du sable. On observe souvent des gersures, où l'on diroit que la matiere pierreuse, étant encore molle, fût coulée sur la surface d'en bas, et qu'elle n'eut pû s'y attacher et s'unir à cause de la marne ou du sable, qui s'est interposé, jusqu'à ce qu'elle eut rencontré une pareille matiere pierreuse, avec laquelle elle eut pú s'unir; observation, dont je ferai usage dans la suite.

Ce portail de rocher, autant que les buissons en laissent la vûe libre, a de front, à sa base la longueur de plus de cent pieds. Les buissons sont fort touffus et m'ont empeché de chercher le bout de ce vaste rocher qui est élevé comme une muraille.

Vers le Nord, ou, suivant la Planche ci-dessus indiquée, vers le côté droit ce rocher s'étend à cinquante et un pieds de l'entrée, et à trente-cinq pieds vers le Sud, c'est à dire, autant que les buissons nous ont permis de mesurer la distance, ainsi, que pour l'embouchure, ou l'entrée de la caverne il reste une largeur de dix-sept pieds. Nous avons fait le dessein de cette place telle qu'elle étoit alors; dont cependant le tems pourroit beaucoup changer l'extérieur, soit que le bois fut coupé, soit qu'il augmentat par la croissance. L'on voit qu'originairement ces gouffres ont été fermés, et que c'est une force épouvantable qui les a ouverts. On en voit en bas les morceaux séparés. Dans la partie qui est restée, l'on observe les fractures creusées, de sorte qu'il semble que ces morceaux séparés ont été poussés en dehors par une force interne. La partie superieure de ce rocher avance considerablement sur la base. J'ai remarqué la même chose dans plusieurs cavernes qui renferment des Zoolithes. Les ouvertures des autres grottes paroissent plûtôt être formées par l'écroulement des rochers. Ici l'on voit sur la figure, que le rocher a une fente tont a travers de 30. pieds, et qu'il s'est notablement affaissé, ce qui fait juger des forces épouvantables qui ont été mises en mouvement.

Pour l'entrée de ces cavernes la Nature a formé tout droit vers l'Orient une arcade assès reguliere, un peu comprimée, de la hauteur de sept pieds et demi, qui, dans un tems fort reculé, doit avoir été fermée par une muraille dont on voit encore les debris, de sorte qu'en

haut

haut il y étoit refté une ouverture de la largeur de deux pieds et demi. Je n'ai pas pû découvrir la caufe de cette précaution. Peût-être dans les guérres les habitans de ces contrées
ont-ils fauvé leurs biens dans ces cavernes; ou étoit-ce peut-être pour la fureté de ces offemens
qu'on croyoit être facrés; c'eft ce que je ne faurois dire; auffi cela eft-il de peu d'importance;
cependant la maçonnerie a l'air fort antique, et reffemble parfaitement par fa ftructure aux
autres ruines qui fe trouvent dans ces contrées. A la premiere entrée, on voit une grotte
magnifique, qui vers le Nord, ou fuivant la Planche, vers le côté droit s'étend au delà de 80.
pieds, dont la circonférence a plus de 300. pieds, et que la Nature a partagée, par la différente hauteur des voûtes, en quatre cavernes contigües. C'eft le veftibule de cette Salle des
morts.

L'avenüe (car c'eft ainfi que je puis très convenablement nommer la premiere caverne)
a, de la porte jufqu' à la paroi oppofée, vingt-cinq pieds de profondeur fur autant de longueur,
et par devant la hauteur de neuf pieds et demi, mais qui s'éléve bientôt jufqu' à dix-huit pieds.
Lorsque l'on a cette paroi en face, et qu'ainfi l'on tourne le dos vers l'entrée, on a les cavernes ci-deffus mentionnées du veftibule à côté droit ou vers le Nord, et l'entrée des grottes
principales vers le Sud, ou fuivant la Planche, à gauche. Cette caverne reprefente des arcades,
comme fi on les avoit faites fuivant les regles de l'Architecture, fans cependant que l'on remarque quelques veftiges des inftrumens, dont on fe foit fervi. On voit dans la voûte qu'il y a
eu par ci par là des ouvertures rondes, mais le fuc lapidifique, qui découle à prefent plus
copieufement, les a remplies, quoi qu'il n'y ait plus aujourdhui des ftalactites pendantes de
cette voûte. L'air, qui y a un libre accès, paroit avoir ou empeché leur génération ou effectué
leur décompofition. Il fait évaporer les fucs ftalactitiques avant que les particules pierreufes
n'aient pû fe dépofer, elles s'envolent donc fans former de pareilles concrétions. La circonférence de cette caverne contient des cavités très irreguliéres. Sa longueur s'étend de maniere,
qu' ayant paffé l'avenüe, on entre à peu près dans le quart de cette dimenfion.

D'abord on entre dans une caverne qui a la longueur de 28. pieds, et la même hauteur
et largeur que la premiere; on y trouve la croûte ftalactitique en plus grande quantité. La
caverne fuivante pourroit avoir 25. pieds de large fur 17. de long et 20. de haut; elle eft nettement tapiffée du fuc lapidifique. La voûte va alors en s'abbaiffant beaucoup, de forte que
la caverne contigüe a à peine 4. ou 5. pieds de haut fur dix de long, tandis que la largeur du
fond eft de 30. pieds. Tout à fait à l'extremité il y a fur le fond à fleur de terre une feconde
fortie, c'eft à dire un trou en forme d'un demi-Cercle de la hauteur de deux pieds.

Il fait moins obfcur dans ce veftibule que dans les appartemens interieurs de ce château
fouterrain des morts; cependant il eft en plus grande partie deftitué d'offemens.

Il y a encore quelques fragmens de différens os. On dit qu' autrefois cet endroit a renfermé autant de ces productions que les grottes inferieures. Cependant le terroir, qui couvre
le fol, merite de l'attention. Dans toute la contrée le terrain eft marneux, mêlé avec du limon
et tire fur le jaune. Mais ici on trouve une terre noire limoneufe dans une profondeur confiderable. Je ne pretends pas encore la prendre abfolument pour une terre animale, telle qu' eft
fans contredit la terre qui fe trouve plus bas, mais probablement elle doit y être rapportée, et
ce n'eft que l'air qui, en aidant la décompofition, a caufé fans doute une évaporation confiderable des particules animales, d'autant plus que cette terre eft mêlée avec une grande quantité d'une terre végétale, née du feuillage que le vent y a fait entrer depuis un tems immemorial.

On a encore une tradition dans cette contrée, que ces grottes ont fervi aux affemblées
des premiers chrêtiens. On dit que leurs perfecuteurs les ont furpris un jour pendant leur
culte, et que, les ayant maffacrés, ils ont rempli ces grottes de leurs corps. On pourroit
donc trouver ici des reliques très authentiques, et dans ce cas, combien cet endroit ne feroit-

C 2   il

il pas refpe&table! Affez près de Gailenreuth on montre une caverne, et comme une preuve
de cette tradition, même un autel, dans cette caverne. Mais quoi, fi je difois que les
Hunns et les Vandales, pour fe mettre à l'abri des perfecutions des chrêtiens, fe font fauvés
dans ces cavernes et y ont fini leurs jours? Au moins cette erreur fentiroit plus l'erudition.

Je reviens à mòn propos. On va de cette grotte, à gauche de l'entrée, fuivant la
Planche, à la feconde caverne. On a donc à prefent le vifage tourné vers le Sud. On y va
par un conduit afsès commode, qui fépare la premiere grotte de la feconde, et qui a la forme
d'une arcade de fix pieds de haut, et dont la largeur d'en bas eft de quatorze pieds. C'eft ici
cependant qu'un homme moins courageux fe fent déjà faifi d'un peu plus de frayeur. L'agreable
fueur du jour, dont on ajoui jufqu' ici, difparoit fubitement à chaque pas qu'òn fait. Cette
épouvantable caverne va en ligne droite à 60. pieds de l'entrée, et à une hauteur de 18. pieds
fùr quarante pieds de large. Les ténébres épaiffes enveloppent le Curieux de même que fes
compagnons, et à peine l'obfcurité réléve t elle la clarté des bougies allumées, qu'on fe voit
enfermé entre les parois d'une caverne effroyable. Elle eft afsès fpacieufe pour comprendre
deux cent hommes, et s'étend encore à 70. pieds vers l'Oueft. La hauteur, qui va toujours en
diminuant et dont les rochers pendans et merveilleufement hériffés de ftala&tites, ne font plus
éloignés du fol que de 4. 5. à 6. pieds, font paroitre la voûte fous des perfpe&tives très fingulieres, aux quelles l'obfcurité, la blancheur des ftala&tites, les rochers panchans et l'étincelle-
ment des chandelles donnent un coloris très particulier. On marche ici en quelques faifons
comme dans une pluye ftala&titique qui tombe goutte à goutte, mais qui en différens endroits
eft plus ou moins épaiffe.

Toutes les parois et fur tout le fol en font couverts comme d'une glace. En différens
endroits cette matiere eft d'une épaiffeur différente. La Nature conftruit ici aux grottes, qu'
elle a formées, leurs propres piliers. Dans les endroits, où l'eau imprégnée de particules pierreufes découle plus abondamment, et où il y a un confluent de plufieurs endroits, dont l'eau
découle, il s'attache à la voute des couches, qui forment pour ainfi dire, les chapiteaux des
colomnes. L'eau qui en découle, fait qu'il en nait un pilier, qui s'élève de maniere qu' avec le
tems la partie attachée à la voûte et celle, qui s'éléve du fol, fe joignant forment ainfi des piliers
très épais qui reffemblent à de petites montagnes comme il y en a deux vers le milieu de la
caverne. La largeur de la caverne eft encore ici de 30. pieds.

Le Thermométre, qui etoit fait fuivant la divifion de Mr. DU CHREST, étoit à 6¼. degrés
au deffous de Temperé. Nôtre deffein principal, en faifant cette obfervation et les fuivantes,
étoit de voir, fi dans ces cavernes affez profondes on ne trouveroit pas auffi le même degré
de chaleur, qu'on obferve dans des profondeurs déterminées de la terre et même dans la mer.
Mais il fe peut comme nous le verrons dans la fuite, que l'air abondamment imprégné de particules falines, ait caufé quelque différence, et il s'en faut beaucoup que la profondeur perpendiculaire de ces cavernes foit affez grande pour faire fentir la chaleur moyenne. Perfonne qui
a la fanté delicate, ne pourroit y entrer fans danger, dans la plus grande chaleur de l'été.
On ne peut jamais parvenir à cette caverne fans s'echauffer, et l'air veritablement froid comme
la neige, qui en fort, ne peut pas manquer de faire une impreffion violente. Déjà près de
l'entrée chacun fe voit avec fes compagnons enveloppés dans une nûe de vapeurs. En printems et en automne la temperature de l'air interne approche un peu plus de celle de l'externe
et c'eft alors qu'on expofe moins la fanté.

Dans cette feconde grotte, outre le coup d'oeil effroyable, il n'y a gueres de chofes remarquables. Il faut cependant avouer que nous n' avons pas cherché. Celui qui fait la maniere
de s'y prendre, pourroit bien trouver quelque chofe de plus. Mais la croûte pierreufe dont le
fol eft enduit, rend la chofe très difficile.

Les

Les conduits un peu dirigés vers l'Oueſt menent de cet endroit à la troiſieme caverne. Le paſſage commence à devenir moins commode, à cauſe des rochers ſuſpendus à la voute. Il faut paſſer par différens détroits bien bas, et il arrive très ſouvent qu' alors on ne ſait ni avancer ni reculer. Cependant ces conduits menent dans une grotte aſſez reguliere. L'entrée de cette grotte eſt un trou de trois pieds de hauteur et de quatre pieds de largeur, élevé d'un pied au deſſus du ſol, que la Nature a pratiqué dans une paroi de roc qui paroit très mince. A côté il y a encore une ouverture dans la grande caverne précédente. D'abord à l'entrée cette grotte a environ 5. à 6. pieds de hauteur et plus avant elle a de l'Orient à l'Occident la largeur de 30. pieds, la circonférence ronde et grande proportionnément.

Il ne faut pas être ſurpris de ce qu' en faiſant pluſieurs fois la dimenſion de ces cavernes, on trouve une différence de quelques pieds. Ici il y a des rochers qui avancent, là il y a des creux, et que l'on commence la dimenſion où l'on voudra, on la trouvera toujours différente. Il n'y a pas un endroit uni de la largeur d'une main. La chaleur de cette grotte étoit de 4¼. degrés au deſſous du Tempéré, différence aſſez notable du degré ci-deſſus rapporté. Peut être la chaleur de ſix ou huit perſonnes a-t-elle cauſé cette différence. Cette grotte eſt très joliment décorée de ſtalactites. Je ne ſaurois comparer à rien ce bas relief et les figures qui ſe trouvent ſur les parois. La Nature n'a fabriqué ici ni des orgues, ni des timbales, ni des moines, ni des religieuſes comme dans la Grotte de BAUMANN, mais des figures toutes par‑ ticulieres qui ont un veritable air de miniéres. Le ſol eſt enduit d'une glace humide et très gliſſante, au deſſous de laquelle on a trouvé autrefois des choſes bien remarquables.

Nous avons trouvé ici différentes dents & machoires, dont la deſcription ſera donnée dans la ſuite. Il me ſuffit de dire ici, que c'eſt de cette caverne qu'on commence à deſcendre dans les autres.

D'abord à l'entrée, où l'on n'a devant ſoi qu'un terrein de cinq à ſix pieds, on voit en avant un gouffre effroyable de la largeur de dix pieds. Les ténèbres les plus épaiſſes en re‑ montent. On ne voit pas le fond, mais bien une arcade d'un roc vouté, qui plus avant s'incline vers le gouffre. C'eſt ici qu'il faut ſe ſervir de l'échelle qu'on aura trainée juſqu' ici, et pour cela il faut prendre les précautions ſuivantes: On attache un cable d'une longueur ſuffiſante aux deux extrémités ſuperieures de l'échelle et on la coule ainſi dans le gouffre en retenant le cable à la main. On ne voit rien alors de l'échelle que ſes deux extrémités ſuperieures, et il ſeroit trop dangereux alors d'y monter ſans avoir fait quelques eſſais, vû qu'on ne peut pas ſavoir où et comment elle a atteint le fond, ſi elle s'eſt appuyée ſur une pierre, d'un bout ou de tous les deux, ou ſi elle s'eſt affermie ſur le ſol même. Cependant la profondeur eſt de 15. ou 20. pieds, *) et toujours aſſez dangereuſe, ſi l'échelle étoit mal appuyée, ou ſi elle venoit à gliſſer. On peut aſſez affermir l'échelle, en la tirant et en la coulant alternativement, à l'aide du cable, qu'on aura retenu entre les mains. Malgré cette précaution perſonne ne ſera jaloux de l'honneur d'y entrer le premier. En entrant il faut encore plus de précaution. Le ſol ſur le‑ quel il faut paſſer, eſt fort panchant, et plus gliſſant que la glace la plus unie; on n'a rien à quoi ſe tenir qu'une ſtalactite de grandeur médiocre, qui s'éleve du ſol; on ne voit de l'échelle que les deux extrémités ſuperieures; on ne peut atteindre que ces extrémités, et cela ſeule‑ ment des pieds, qu'on aura avancés, quoiqu' on ſe ſoit aſſis pour ſe couler en bas, de maniere qu'il eſt très aiſé de venir au fond plûtot qu'on ne voudroit, et d'être changé peut-être auſſi en Zoolithe. Cependant on a remedié à préſent à pluſieurs difficultés.

C'eſt ici que l'on voit une voute épouvantable, dont le Diamétre eſt de 15. pieds et la circonférence du ſol circulaire; la hauteur en eſt de 30. pieds. Ses parois ſont ornées de fort belles ſtalactites. Elles repreſentent très naturellement des caſcades de pluſieurs degrés. En ſe tournant on voit là, où l'échelle eſt appuyée, une caverne dont la profondeur n'eſt pas trop conſiderable, et qui entre dans la montagne. Pour des gens qui ont l'oeil curieux, elle

D   renferme

---

*) Comme dans la ſuite on a fouillé plus ſouvent le ſol de ces cavernes, la hauteur en a été changée par là, et c'eſt ce qui m'empeche de la déterminer plus exactement.

renferme beaucoup de chofes qui meritent d'être examinées, quoique furement ce n'ait pas été nôtre deffein de negliger beaucoup. Cependant on fe trouve veritablement dans l'endroit où la corruption s'eft raffafiée de créatures vivantes, et où la, mort victorieufe a terraffé des milliers d'animaux. Jamais les cimetieres fouillés ne font tant remplis de ces trifles marques de la caducité. Le fol même eft fans contredit une terre née d'animaux pourris, comme le prou-veront les experiences que je rapporterai plus bas. Ces offemens y font en partie à découvert, et en partie on les trouve facilement en fouillant la terre. Le rocher même eft paitri de dents et d'offemens. Les ftalactites qui font coulées des parois, ne vont pas tout à fait jufqu'à la pouffiere qui couvre le fol. Il faut que, dans un tems peu éloigné, cette terre ait été plus haute d'un pied et demi, et qu'à prefent elle fe foit affaiffée par la putréfaction. On voit donc le rocher calcaire à découvert, et comme il a la dureté d'un marbre, chacun prendra les os et les dents enchaffées pour une chofe remarquable.

C'eft un fpectacle affreux que celui de voir ici un Tibia, là, à ce qu'il femble, une phalange d'un doigt, là un crâne, tantôt une vertébre, tantôt un os, qui manifeftement doit avoir appartenu à un animal tout à fait inconnu, tantôt une dent terrible, et tantôt encore quelque chofe de plus fingulier, et de voir de chaque efpèce encore quelques doublettes, ou de les trouver en fouillant leur propre pouffiere, ou de les tirer du rocher. Il ne faut pas s'imaginer que dans ces fquelettes on trouve encore les os difpofés dans leur fituation natu-relle. Les hommes, et peut-être des hommes peu intelligens y ont fait, fur tout après que la chofe eût éclaté, des changemens trop arbitraires. Peut-être auffi ces os n' ont ils pas été originairement transportés dans ces cavernes dans leur fituation naturelle.

Cette caverne a encore de petits creux à côté, qui ont à peine un pied de hauteur, et dont je ne faurois determiner la profondeur. On n'y trouve que des offemens de petits ani-maux. Différentes efpèces de machoires, de vertébres et de Tibia y font entaffées de la hauteur d'une main, et y font un mélange fingulier. Quant à moi, il me femble que toute cette montagne eft un endroit où s'eft faite une deftruction terrible d'une quantité immenfe de créatures. D'ailleurs on trouve par tout des reftes d'animaux teftacés affez près; mais des créatures plus parfaites rendent auffi cette couche de terre remarquable par les reftes de leur deftruction.

Sur le fol de l'abîme, dont la voute foutient Gailenreuth, il y a un rocher, qui s'élève en forme de colomne, ifolé et affez éloigné de la pente de la montagne. On vouloit par de-votion y mettre une croix, mais on a trouvé que le fommet du rocher ne faifoit pas un con-tinu. On en a donc abbatu avec des guindas le morceau d'en haut, et on a même trouvé dans la fracture un grand os qui y étoit enchaffé. Il doit y avoir dans ces environs encore plufieurs pareilles cavernes, qui renferment des offemens; on dit que ces gouffres font traverfés par des ruiffeaux fouterrains, et que pour y parvenir, il faut fe couler en bas à l'aide d'un cable, comme l'on fait pour entrer dans les miniéres; mais on a parlé de cela fi myfterieufement, qu'il nous a même été impoffible d'apprendre où étoient les contrées qui contiennent ces cavernes. Ce qui eft fur c'eft qu'à une diftance de deux lieues de là on trouve des os d'éléphant dans les fentes des rochers, ce que plufieurs morceaux prouvent d'une maniere incontestable. Il faudra donc, à ce qu'il me femble, en examinant ces productions, avoir en idée des animaux terreftres, des animaux marins, des hommes et peut-être auffi des créatures encore tout à fait inconnues.

Le fol de cette grotte remarquable va en defcendant et conduit ainfi dans une autre caverne. Elle a, l'entrée y comprife, la longueur de 40. pieds. On paffe fous une arcade, dont la bafe et la hauteur font de fept pieds, pour entrer dans une voute fabriquée par la Nature, qui a 20. pieds de haut fur 15. pieds de long, et dont le pendentif et les murs font joliment tapiffés de ftalactites feches. C'eft le veftibule d'une habitation toute nouvelle de créatures qui n'exiftent plus. Il fe préfente bientôt une grotte remarquable. On voit un terrein de vingt pieds, et au deçà de ce terrein, un gouffre effroyable, comme dans la ca-verne, dont j'ai parlé plus haut. Ce gouffre a à peu près 15. pieds de Diamétre, et le fol

efcarpé

efcarpé va à la profondeur de 18. à 20. pieds. C'eft ici qu'il faut defcendre l'échelle la feconde fois. En entrant il faut prendre les mêmes précautions, dont j'ai parlé ci-deffus. Quand on eft arrivé au bas de l'échelle, on voit une caverne dont la hauteur eft de 40. pieds, et l'étendue égale à celle de la précédente. Les Zoolithes y font difperfées çà et là et on ne marche que fur des offemens. Il y en a une quantité encore plus grande enfoncée dans la pouffiere fine, ou, pour mieux dire, dans la terre animale, qui couvre auffi le fol de cette caverne. Nous avons pris avec nous plufieurs vertébres, phalanges, os du Tarfe et du Metatarfe, et il fe trouve ici principalement des Atlantes et des Epiftrophées, mais qui n'ont rien qui puiffe faire fuppofer qu'elles aient fait partie du même animal. Ces vertébres font en partie trop grandes et en partie trop petites pour être des vertébres d'un homme et elles n'en ont point du tout la forme. Celles qui font plus grandes, donneroient, à proportion des os d'un homme, une taille de 10. à 12. pieds, et les moins grandes feroient à peine le tiers de la premiere mefure. En général tout a été bouléverfé par la longueur du tems, et peut être par la Cataftrophe même qui a tranfporté ces créatures ici, et qui a produit ces cavernes, mais le plus par ceux, qui depuis peu ont vifité ces lieux fouterrains. On trouve tous les os de toute efpèce. On peut fe convaincre par les yeux que d'un animal il n'eft fouvent refté qu'un feul morceau. Cependant de ce grand nombre d'Atlantes chacune doit fans doute avoir fait partie d'un animal à part. Parmi les os de la main ou du pied ou d'autres membres il n'y a que tout au plus deux ou trois qui s'accordent; tant ils différent entre eux par la grandeur, la longueur, les cavités et les apophyfes. Ce qu'il y a de plus remarquable c'eft qu'on trouve auffi des dents enchaffées dans le roc de cette montagne, quoiqu' il foit auffi dur que le fer. Il eft plus aifé de déviner que de découvrir ce qu'il pourroit encore être caché fous la croûte ftalactitique, qui fouvent a l'épaiffeur d'un pied. Sur le fond de cette caverne il y a encore une autre plus petite et trop étroite pour qu'on puiffe y entrer bien avant; à nôtre derniere vifite nous l'avons trouvée entierement comblée. On en tire des morceaux de fquelettes de petits animaux, particulierement de pareilles machoires avec les dents. Les os bien confervés doivent toujours être comptés parmi les productions rares. Je donnerai dans la fuite l'explication au fujet de quelques piéces,

Dans cette quatriéme caverne la Nature a fait en petit un modele des autres cavernes plus grandes. On a en face un mur dans lequel il y a deux ouvertures difformes. Près d'une de ces ouvertures il y a une ftalactite en forme de colomne, comme fi elle y étoit placée pour indiquer les chofes remarquables qui y font cachées. On fe gliffe avec beaucoup de peine à travers une fente du rocher qui fe trouve au fond, pour entrer dans une grotte qui a cinq pieds de haut, autant de profondeur et fept pieds de large. Il y a ici une pareille ouverture, par laquelle on paffe dans une autre petite caverne, qui reffemble à la premiere. Mais ici le fol eft efcarpé comme dans les grandes cavernes, et après qu'on s'y eft coulé de la profondeur de quatre pieds, on fe trouve dans une grotte dont la hauteur eft de 25. pieds et la largeur de la moitié. On voit ici fur le fond peut-être la plus grande ftalactite qui exifte. Sa circonférence eft de huit pieds, et elle repréfente un cone tronqué de la hauteur de quatre pieds. Il faut encore paffer par des détroits bien penibles de la longueur de 20. pieds, jusqu' à ce que ces grottes aboutiffent à une terrible caverne de la même hauteur. Les ftalactites lui donnent un fombre ornement. Ce qui excite le plus l'attention c'eft une colomne de huit pouces de diamétre et de cinq pieds de haut, qui eft très bien placée et affez reguliere pour un ouvrage du hazard. La chofe la plus remarquable c'eft la grande quantité d'offemens, qui fe trouve depuis l'entrée de ces cavernes jusqu' à l'extremité. Malgré toute la fermeté qu'on ait, on fe fent à la fin faifi de frayeur, quand on ne marche dans ce fombre creux que fur des os de créatures mortes, dont on entend le craquement à chaque pas qu'on fait. Dans ces cavernes de même que dans tous les creux de ces montagnes ces os fe trouvent enfévelis dans leur propre pouffiere, dont on ne peut pas, en la fouillant, découvrir la profondeur. On en retire une quantité de morceaux, qui doivent autrefois avoir fait partie de corps animés. Ce font des crânes, des vertébres, des os cylindriques et en général des reftes de tout ce qui eft fujet à la corruption. Il fera bien difficile de comprendre comment des offemens, auffi grands que ceux d'un cheval, aient pû paffer en fi grande quantité au travers de tels détroits et s'amaffer

dans

dans ces cavernes. Il ne faut pas croire que les embouchures et ces cavernes mêmes foient devenues plus étroites, par la ftalactite qui s'y eft attachée; on difcerne très facilement cette croûte ftalactitique, qui a à peu près l'épaiffeur d'un pied, d'avec le roc vif. En fe tournant, l'on trouve vers le Sud-Oueft l'entrée de la cinquieme grotte principale.

Dans la grotte principale, dont nous avons donné la defcription ci-deffus, le fol va auffi en s'inclinant vers la profondeur. Cependant tel curieux pourroit bien ici avoir envie de fe difpenfer de la perquifition des raretés qu'il pourroit y avoir encore. On voit à la verité faci-lement le chemin qui conduit dans un efpace plus large, mais on voit en même tems bien des chofes qui peuvent donner de la frayeur. La caverne fi fpacieufe jufqu'ici, s'étrécit tout d'un coup, pour former un petit veftibule de fix pieds de largeur fur dix de longueur et neuf de hauteur, et il n'y a pour tout paffage qu'un trou affreux à fleur de terre, qui par en bas eft large de trois et haut de deux pieds. Il faut fe coucher par terre et ramper avec bien de la peine, et c'eft ainfi qu'une perfonne, d'une taille un peu plus que médiocre, a précifement la place qui lui faut, pour fe glifter à travers ces détroits incommodes. Ce penible chemin a la longueur d'à peu près huit à dix pieds. Il eft impoffible de fe tenir de bout, et le dé-troit du paffage empeche même de fe fervir des mains comme l'on voudroit: il faut, pour le franchir, faire des mouvemens, pour ainfi dire, vermiculaires. On penfe avec frayeur à la maffe immenfe de roc qui péfe fur le dos. Autant qu'on peut voir, ce paffage eft affez affermi par les ftalactites, ce mortier, moyennant lequel le Créateur a cimenté les rochers et les montagnes fendües. Cependant toute la furface eft inégale et raboteufe, de forte qu'il femble (car on ne fauroit proprement tourner la vûe en haut) qu'il y a eu ici des creux con-fiderables, que le fuc pierreux a remplis. Mais on eft bientôt dedommagé de ce penible paffage.

On paffe dans une caverne de huit pieds de haut et d'autant de large, qui, d'une maniere toute particuliere fait l'entrée d'une grotte qui a 28. pieds de hauteur fur 43. pieds de lon-gueur, et une largeur inégale, et qui reprefente ainfi un théatre fouterrain très fingulier. Une ligne tirée fuivant la longueur de cette grotte feroit précifement la méridienne. Le roc pre-fente des creux très finguliers, et la maniere, dont il eft enduit de ftalactites, eft encore plus remarquable. Ces ftalactites, contre leur ordinaire, ne font pas verticalement fufpen-dües comme les glaçons, mais le fuc pierreux eft coulé d'une épaiffeur confiderable le long des parois et a produit ainfi des figures qui ne reffemblent à rien. Dans le milieu de la hauteur, la caverne paroit avoir plus de largeur que vers le fol. Il eft difficile de comprendre l'origine de ces grottes, vû qu'on ne voit point de marques que l'éboulement de quelques ro-chers ait laiffé ces intervalles, quoiqu'il fe puiffe bien que le roc même ait été fendu. Dans les endroits mêmes, où il femble que tout depend du hazard, les oeuvres du Créateur font au deffus de nos connoiffances. Je doute qu'on puiffe voir rien de plus irregulier et en mê-me tems de plus majeftueux. Ce ne fera qu'un coeur tout à fait infenfible, fur lequel cette fombre magnificence ne faffe pas quelque impreffion de la grandeur de celui, qui a pû pro-duire toutes ces merveilles par une eau coulante. Malgré l'irregularité qui regne par tout, cette caverne femble pourtant être conftruite avec une induftrie particuliere. Des ftalactites de plufieurs couleurs embelliffent par tout la voute et les parois. Ici elles font blanches com-me l'albâtre, là noires comme le marbre, dans un autre endroit elles tirent fur le gris, et tout autour elles font peintes de couleurs lugubres. A peine l'oeil atteint-il la hauteur de la voute, où les ftalactites ne reprefentent pas mal des nües épaiffes remplies de tonnerre. D'un côté le mur eft transverfalement interrompu, et la Nature a formé là une efpèce de Balcon extraordinaire. A côté de la voûte, qui en apparence eft fendüe en des creux très fingu-liers, il y a une colomne d'une affez belle fymmétrie, du chapiteau de laquelle pend une cour-tine blanche de ftalactite retrouffée et très bien pliffée. Je ne fauois donner une defcription plus courte et plus claire de toutes ces beautés magnifiques, lugubres et effroyables, qu'en difant que c'eft l'ébauche la plus parfaite d'un temple du Dieu des morts.

Il n'y a dans aucune des grottes précédentes autant de Zoolithes qu'ici. Tout le fol eft couvert. Il fe peut que pas tous ceux, qui ont vifité ces cavernes, n'aient ofé entrer dans

dans celle-ci, et qu'ainfi on en ait moins emporté de Zoolithes. Cependant lorfqu'on fouille le fol, on voit qu'originairement elles y ont été en plus grande quantité que dans les autres cavernes. Cette grotte étant plus grande que les autres, il fe peut auffi qu'un plus grand nombre d'animaux y ait été enfoui. Nous avons fait fouiller la terre jufqu'à la profondeur de cinq à fix pieds, et nous n'avons jamais trouvé autre chofe que des offemens et la pouffiére née de leur décompofition, qui, comme le prouvent les experiences, que je vais rapporter plus bas, eft une veritable terre animale. En général il eft difficile de s'imaginer la quantité de ces Zoolithes et de la terre, qui eft née de leur décompofition, fans l'avoir vuë de fes propres yeux: je crains même qu'on n'ait de la peine à m'en croire, quand même je ne dis que le moins de ce que je pourrois dire, c'eft à dire, que quelques centaines de chariots ne fuffiroient pas pour la transporter. De certains endroits nous avons retiré des grouppes compofés de trois, quatre à cinq des plus grandes machoires ou de leurs fragmens. Il y a des endroits, où en quelques heures de tems on a rempli une poche de différentes dents.

Lorfque je vis tout cela la premiere fois, la foule de penfées qui fe préfentoit à mon efprit, fit que je m'y perdis. Chaque idée écarta l'autre, et à la fin il ne m'eft refté que l'é-tonnement. Cette quantité d'une terre animale, dans un endroit auffi peu fpacieux, eft tout à fait inconcevable. On ne peut pas douter qu'elle ne foit née d'offemens qui fe font accumu-lés ici. Mais combien peu de pouffiére ne refte-t-il pas de la plus grande créature, que la putréfaction a décompofée? On trouve très peu de terre animale pure dans les cimetiéres, où cependant, comme l'on peut le prouver, depuis quelques fiecles dans un quarré de 10000 pieds le double de corps humains a fubi la putréfaction. J'ai vû des caveaux où tout ce qui eft refté après trois fiecles et demi, de la biere et du corps, a pû être renfermé dans une toute petite urne. En fuppofant même que ces cavernes euffent été remplies de fond en comble d'animaux entiers, nous ne trouverions à préfent dans une caverne qu'à peine cin-quantes atlantes, et bien moins encore dans les cavernes plus petites. Si ces animaux avoient été decompofés en pouffiere, elle couvriroit à peine le fol de la hauteur d'un pouce, et il fe-roit impoffible de trouver encore ces os par centaines. Outre cela presque chaque os indi-que un individu, et s'il eft refté un feul os d'un individu, la pouffiére, dans laquelle il fe trouve, prouve qu'il y a furement quelques centaines d'os qui ont fubi la putréfaction, jufqu'à ce que celui-ci ait trouvé fon fépulcre dans la terre animale. On ne peut donc que fuppofer que toutes ces grottes ont été remplies d'offemens de fond en comble. Une montagne écrou-lée peut les avoir enfouis. Il me femble que je puis prouver cela affez décifivement. Dans la cinquième grotte il y a tout en haut à la voute, à l'endroit, auquel j'ai donné le nom de Balcon, encore des Zoolithes enchaffées dans la montagne calcaire. C'eft à dire à la hau-teur de 18. à 20. pieds il y a des creux plus petits, de longueur et direction différentes. Ce-lui qui veut monter les murs efcarpés, ce qui eft cependant difficile et dangereux, y trouvera un grand nombre d'offemens, qui reffemblent parfaitement à ceux qui fe trouvent plus bas. On trouve des Tibia entiers d'une longueur extraordinaire et de deux pouces de diamétre enchaffés dans la voute. Il eft remarquable de voir que les Oftéolithes, qui fe trouvent en haut, font noircies d'une fumée fort épaiffe, de forte qu'on en peut détacher des lames fines. Peut-être une production très particuliere, qu'on ne chercheroit pas ici, et dont il fera par-lé dans la fuite, fervira-t-elle à en découvrir la caufe. J'ai un pareil morceau de quelques livres, qui prouve décifivement ce que je viens d'avancer. C'eft une grande ftalactite dont la configuration prouve qu'elle a été fufpendüe à la voute. Par la force qu'on a employée à l'abatre, il s'eft auffi caffé un morceau de la voute à laquelle il avoit tenu. On voit ici que toute la fracture eft paitrie de dents et d'os de différens membres d'animaux. Mais par la même fracture, qui eft née de la féparation de la ftalactite d'avec le roc, ces os ont auffi été brifés, de forte qu'une moitié en eft reftée dans le fragment de la ftalactite, et l'autre dans le roc. Ce morceau inftructif fait voir comment l'eau ftalactitique, qui eft fortie du rocher, a circonflué les os qui y étoient enchaffés et qui avançoient, et en découlant ainfi, a donné par la longueur du tems la forme à la ftalactite. Dans la grotte même il y a des endroits, où l'on peut fe convaincre par les yeux, qu'ils font enduits d'une croûte de Zoolithes, et c'eft ce

E.

que

que prouvent auffi les morceaux féparés et les concrétions qui fe trouvent fur le fol, et dont je parlerai dans la fuite.

Je crois donc pouvoir dire fans exagération que ces cavernes font des raretés fouterrai-nes très remarquables de la Franconie. Un efprit jufte ne s'imaginera jamais fans étonne-ment la quantité de créatures vivantes enfevelie ici, et à un coeur fenfible ces ténébres affreu-fes ouvrent d'autant plus un théatre très riche en reprefentations.

Il ne faut pas oublier les reftes d'animaux plus petits, qui fe trouvent ici. Il y en a auffi une quantité confiderable. On trouve des côtes dont la largeur n'eft pas d'au de là de deux ou trois lignes. Dans les creux il y a d'autres membres d'une grandeur proportionelle à celle des côtes. Des Tibia et de très petites phalanges y font difperfées, et lorfqu'on eft accou-tumé à faire des recherches dans ces lieux fombres, on trouve même des os fefamoïdes, ces petits morceaux du fquelette.

Je m'apperçois que j'ai laiffé trop longtems mes lecteurs dans cette cinquieme caverne, et cependant je trouve encore différentes productions, dont il me faudra parler plus bas.

On n'eft pas encore arrivé ici à l'extrémité de ces grottes. Mais l'air commence à deve-nir fort moite, et après qu'on y eft refté une couple d'heures, la meilleure meche ne fert plus à faire du feu, et les habits s'infectent d'une odeur toute finguliere. Une efpèce d'a-creté calcaire fe dépofe fur la peau du vifage, et fouvent, lorfqu'on caffe un os en le détachant, on croit être frappé d'une odeur très pénétrante et d'une acreté repugnante et étourdiffan-te, qui en fort. On peut en trois ou quatre heures de tems prendre un rhume très violent. En différens endroits il y a en haut vers la voute une mauvaife odeur veritablement infup-portable. Cependant pour peu qu'on foit curieux, on ne s'en retournera pas d'ici fans être venu jufqu'au bout.

Plus avant il y a encore une grotte, mais le chemin, qui y conduit eft le plus pénible. L'entrée de la fixiéme et derniere caverne eft un trou de la hauteur d'un pied et demi, et de la largeur de trois pieds, qui donne le paffage par un conduit qui a le double de longueur. Il faut encore fe coucher par terre pour fe glifer par ce détroit. On y trouve auffi plufieurs morceaux de fquelettes, mais le paffage penible ne permet pas de les examiner. L'élargiffe-ment de cet affreux détroit n'eft pas fort confiderable. La caverne, où l'on arrive, a en différens endroits la largeur de 3. 4. jufqu'à 6. pieds, la longueur à peu près de 15. pieds et autant de hauteur. Sa longueur s'étend directement vers le Nord, de forte que ces Caver-nes, en s'inclinant vers la profondeur, forment à peu près un demi-cercle. On voit diftin-ctement que ce roc vafte et couvert de terre a été fendu jufqu'à cette profondeur. Le fol va de même en s'inclinant, et les murs femblent avoir été fendus de deux côtés. On feroit presque tenté de croire, que le Spath, qu'on trouve en dehors de ces montagne, fe fût éten-du jufques dans cette profondeur. La fente même peut bien avoir été large, quoiqu'on en remarque fort peu à préfent dans l'interieur de ces cavernes. Elle eft pour ainfi dire refer-mée d'une maffe très epaiffe de ftalactites.

On fe trouve effectivement ici au bout de ces contrées fouterraines. Le Thermométre y a été à 4¼ degrés au deffous du Tempéré. On ne trouve dans cette derniere caverne au-cune des productions qu'il y a dans les autres, et le fol même eft un roc tout nud. Peut-être y a-t-il des raretés enfevelies derriere cette maffe épaiffe de ftalactites.

C'eft ainfi que la Nature a conftruit ces cavernes des Zoolithes, et je ne doute pas que ce que j'en ai dit jufqu'ici, n'ait produit différentes penfées dans l'efprit d'un lecteur reflechif-fant; particulierement cette grande quantité d'offemens pourroit bien avoir fait naitre plufieurs conjectures. Je fai les différentes hypothéfes qu'on a inventées là deffus; je veux donc épargner aux autres la peine de tomber fur des inventions femblables, et je vais rappor-ter les hypothéfes les plus communes, ou, pour mieux dire, les plus fupportables qu'on a inventées à ce fujet.

Peut-

Peût-être dans les tems plus anciens ces cavernes n'étoient-elles que des repaires des vouleurs, et ces monstres y ont-ils trainé les corps de ceux qu'ils avoient assassinés, pour cacher eternellement dans ces ténébres les marques de leur cruauté aux yeux de la Justice. Cette idée pourroit avoir lieu si les ossemens qu'on trouve, avoient quelque ressemblance avec les os humains. Mais de cette quantité immense d'os il n'y a que quelques piéces qui pourroient avoir fait partie d'un squelette d'homme. Il faudroit que les assassinés n'eussent été que des géans ou des pygmées. Car de mille piéces il n'y en a pas une qui reponde à la grandeur ordinaire des hommes d' à présent. Un homme avec une pareille tête, dont je puis presenter des os du crâne, qui près des futures ont l'épaisseur d'au de-là d'un pouce, ou une tête d'homme telle que celle qui est représentée sur la premiere Planche, n'a peut-être jamais existé que sur les tailles de bois qui se trouvent dans la Cosmographie de Munster. Principalement les dents de la longueur de quatre pouces, ou une denture telle qu' elle est représentée sur les Planches, à quelle tête monstrueuse d'homme n'auroient-elles pas appartenu? Toutes ces rêveries et d'autres suppositions semblables sont refutées outre cela par les os et les dents qui sont enchassées comme les coquilles dans le rocher le plus dur.

Mais peût-être des animaux carnaciers ont-ils amassé ces ossemens; ou cette contrée a-t-elle été une habitation des ours, des loups et des hyénes? Peût-être ces bêtes y sont elles mortes successivement. Supposition, que j'adopterois moi même, si je trouvois premierement, que les animaux carnaciers eussent l'addresse d'amollir les rochers pour enfoncer dans la masse molle les os après les avoir décharnés. Outre cela ce seroit un phénomene tout nouveau dans l'histoire naturelle, que les bêtes féroces se choisissent une retraite commune pour y laisser leurs dépouilles. Il faudroit que ces cavernes eussent été le sepulcre universel des ours et des loups de toute la Franconie, et à peine est-il possible que dans un espace de mille ans de tems il ait pû s'y assembler de la province entiere un nombre de cadavres égal seulement à celui des atlantes qu'on y trouve encore. C'est une idée bien singuliere que celle de croire que toutes les hyénes, tous les ours et tous les loups de la moitié de l'Allemagne se soient accordés depuis mille ans à se faire enterrer sous les rochers de Gailenreuth. Je ne connois jusqu' ici aucun animal dans tout l'Univers, auquel les dents, qu'on a trouvées ici, puissent avoir appartenu; si l'on pretend que les ours d'Allemagne ont transporté ces os dans ces cavernes, il faut premierement prouver, que les animaux, dont ces ossemens ont fait partie, ont été transportés dans nos païs de la mer baltique, ou atlantique, ou de l'Amérique ou même de l'ancien monde; que les bêtes féroces de ces païs s'en sont rassasiés dans ces cavernes et y ont ainsi laissé ces ossemens. Quel animal se précipite avec sa proye, qui, à en juger par les os, doit absolument avoir eu souvent quelques centaines de livres de plus que la bête, qui l'a trainée, dans une sombre caverne, dans laquelle il faut descendre sur une échelle de plusieurs pieds? Aucun ours de tout l'Univers ne pourra faire passer un bœuf ou un cheval (car ces os repondent au moins à la grandeur de ces animaux) par ce détroit par lequel un homme a de la peine à se glisser en rampant, ni sauter avec cet animal dans deux cavernes de la profondeur de tant pieds. Ces bêtes féroces ont-elles aussi enfoncé les os calcinés dans la voute des cavernes, ou les ont-elles enterrés sous le fond de ces montagnes d'où on les retire à présent? La quantité de terre animale et d'ossemens qu'il y a là, et qu'on n'emporteroit surement pas en quelques centaines de charettées, refute assez toutes ces rêveries.

Ne se pourroit-il pas que les hommes eussent amassé ici les charognes des bêtes qui sont mortes dans cette contrée? Voila la conjecture d'un Savant très ingenieux de nôtre païs. Je ne trouve rien à redire, à cela près que dans aucune de toutes ces cavernes on ne trouve point de vestige d'une dent de cheval, de mouton ou de bœuf, ou de pareils ossemens.

Toutes ces suppositions en général auroient encore quelque probabilité, s'il n' étoit pas trop évident que Gailenreuth est en Franconie, et s'il étoit possible de transférer cette contrée dans l'Amérique septentrionale ou sur les côtes de la mer atlantique, car c'est là peûtêtre l'habitation des animaux inconnus, des ossemens des quels ces cavernes ont pû être remplies suivant les Hypothéses alleguées.

ll

Il fe peut donc que dans le premier tems cette contrée ait été le païs natal d'animaux tout différens de ceux qui l'habitent aujourdhui, ou que ce païs ait été autrefois fous un autre climat. Je laiffe à chacun la liberté de penfer à ce fujet ce que bon lui femblera. Je n'ai rapporté et refuté ces conjectures que pour l'amour de ceux qui n'ont qu'une connoiffance médiocre en fait d'hiftoire naturelle.

III. SECTION.

DES DIFFERENTES PRODUCTIONS, QUI SE
TROUVENT DANS CES CAVERNES.

Je dois entretenir les amateurs de l'hiftoire naturelle des chofes dignes de leur attention; je fuis obligé de m'aquitter de la promeffe que j'ai faite ci-deffus, de prefenter toutes les productions qui fe trouvent dans ces cavernes: il faut commencer par des productions auxquelles peût-être perfonne ne s'attendroit. Ce font les debris d'urnes qui fe trouvent ici en quantité. On a été mille fois dans ces lieux fouterrains fans en avoir rien remarqué. C'eft le hazard qui nous les a fait découvrir.

Le fol très compacte de la premiere caverne, dans laquelle il faut entrer à l'aide d'une échelle, nous fournit plufieurs belles Zoolithes; comme l'efperance d'en trouver d'avantage nous fit fouiller la terre, nous trouvames une couche d'urnes britées. Cette couche s'étendoit au deffous de toute l'élevation du fol de cette caverne; immediatement au deffous de cette couche il y avoit une couche de charbons en poudre de l'épaiffeur d'un demi pied, entremêlée de morceaux de charbons encore affez grands, auxquels on pouvoit même très bien reconnoitre les feuillets liffes du bois de chêne. Il y a donc eu, dira-t-on, autrefois un grand feu, et c'eft fans doute de là que les lames de fuye ci deffus mentionnées fe font attachées aux Zoolithes, qui fe trouvent enchaffées dans la voute. Dire que peût-être fuivant la coutume des anciens peuples, qui ont habité ces contrées, on a brulé ici les corps des morts c'eft avancer une chofe abfolument impoffible. Ces cavernes font trop étroites pour de pareils buchers. Il n'auroit jamais été poffible d'entretenir affez longtems le feu, qui furement auroit été étouffé par la fumée. Je fuppofe qu'on pourroit bien avoir fait ici des facrifices aux Manes, ou peût-être avoir jetté les reftes de ces buchers dans ces cavernes, qu'on croyoit être faintes, et y avoir mis les urnes peût-être auffi dans un autre deffein. Dans les autres cavernes on n'en trouve plus de veftige, et ce n'eft que fur le fol de la premiere que nous les avons trouvées dans l'efpace à peu près d'une demi-toife quarrée.

Il n'y avoit plus d'urne entiere. J'ai découvert quant à la forme et la matiere, quatre efpeces différentes de ces urnes, que je nomme en attendant funeraires. Leur grandeur, à en juger par la convexité des fragmens, doit avoir été en partie affez confiderable, et il y en avoit furement de deux pieds de diamétre; d'autres étoient beaucoup plus petites.

Dans une efpèce de ces urnes, dont il y avoit une quantité confiderable, l'argille étoit très finement paîtrie, quoique fur la fracture elle parut feuilletée, de maniere que je ferois tenté de comparer cette ftructure avec les feuilles que les fchiftes préfentent fur les fractures. Ces morceaux font noirs tout outre, et affez durs, cependant encore fciffiles comme la ftéatite. Les deux furfaces, l'externe de même que l'interne, font fusceptibles de quelque poli; mais elles ne font point effervefcence avec aucun acide, ce qui eft particulier vû qu'on n'y remarque aucun vernis, quoique fur la fracture une bonne eau forte faffe une grande ébullition. Je n'ai jamais découvert fur ces fragmens quelque gravure ou infcription, ni quelque veftige d'une anfe. Dans un feu de fufion cette matiere fe gonfle extrémement fans fe fondre, mais

elle

elle devient légére comme une pierre ponce, quoique dans les endroits où l'on a touché la maffe d'un fer, elle donne des fcories qui femblent être vitrifiées.

La feconde efpèce de ces urnes eft faite d'une argille groffiere, un peu arénacée et toute paîtrie, d'efquilles de fpath. Vers le milieu de ces urnes il y a, à la place de quelque décoration, une cannelure étroite circulaire, faite par l'impreffion d'un doigt, telle que nos potiers en font quelquefois fur leurs pots. Dans nôtre païs je ne connois aucun endroit plus proche que les environs de Wonfiedel, où l'on trouve du fpath mêlé avec l'argille. Il fera difficile de prouver que la matiere de ces urnes ait été tirée de ces carriéres. Cependant ce feroit bien la peine d'examiner plus exactement la maniere de cuire dans le feu cette efpèce d'argille. On fait que le fpath, et même les plus petits morceaux, petillent toujours dans un feu médiocre. L'experience prouve que le fpath petillant fait crêver toute poterie faite d'une ar- gille mêlée de ces pierres, au premier degré de chaleur, lors qu'on la cuit au feu. Comment étoit-il poffible de cuire ces urnes dans le feu? A préfent ces molécules de fpath, dont on peut voir fans microfcope la forme cubique, ne fouffrent pas, dans les fragmens de ces urnes, le moindre changement; elles femblent être calcinées. Peût-être y a-t-on ajouté autrefois quel- que chofe pour remedier à ce defaut, d'une maniere que nous ignorons aujourdhui. Car la cuiffon ordinaire les auroit toujours expofées à une chaleur confiderable.

La troifiéme efpèce de fragmens de ces urnes ne reffemble pas mal, par la grandeur et la forme, aux lacrymatoires des anciens, et la matiere en reffemble à une efpèce de terre figillée. On trouve encore par ci par là, dans les cavernes de ces montagnes, des veftiges de cette efpèce de terre, mais la carriere, qui doit avoir exifté, puis qu'on en a encore des vafes, en étoit fans doute très peu éloignée, et peût-être eft-ce le tems ou quelque accident qui l'a refermée, et ainfi refervée à des tems plus induftrieux.

Il y a outre cela des fragmens d'une argille rouge mêlée d'un fable très groffier. Je ferois tenté de les prendre pour des reftes des urnes les plus antiques. Ces urnes femblent être faites fimplement à main levée. Elles ont fouvent l'epaiffeur de cinq à fix lignes. Le cercle qui fe trouvoit au milieu de ces vafes, eft fort rude, et la façon en général prouve que ces vafes ont été faits dans un tems, où, pour leur donner la forme, on fe fervoit plus de la main que de la roue. Tous ces morceaux font imbibés d'une fubftance graffe. Mais ce qu'il y a fans doute de plus remarquable à l'égard de ces fragmens, c'eft qu'ils fe trouvent parmi les Zoolithes, chofe, dont je ne me fouviens pas d'avoir lû ou trouvé de femblable, quoique les urnes mêmes renfer- ment fouvent des dents d'animaux, des offemens et des cendres.

Cela me difpofe à ne point les prendre pour de veritables urnes funeraires; je crois plûtôt que la fuperftition des anciens tems a pris ces offemens d'animaux pour des os humains. Peût- être une nation, qui a habité autrefois cette contrée, les a-t-elle pris pour des reftes de fes ancétres, pour des os de géans, car c'eft pour cela qu'on les donne encore aujourdhui. Ne fe pourroit-il donc pas que c'euffent été des vafes, dans lesquels on a offert des viandes aux Manes? Peût-être dans ces vafes a-t-on porté des viandes confacrées à Flins le Dieu des morts. En fouillant les couches du fol, nous avons trouvé une plaque de pierre, qui reffembloit affez à un autel ou à une place pour les facrifices, que les anciens appelloient Silicernia, (quod fuper filicem feu lapidem fepulcralem offerebantur). La grande quantité de pouffiere de charbons, & la fuye qui s'eft attachée par tout, prouvent auffi qu'il y a eu ici du feu, ou que peût-être auffi une lampe y a brulé pendant un tems affez long, chofe affez ordinaire dans les caveaux. Qu'on a auffi mis dans les caveaux des urnes avec de pareilles libations, c'eft dont KUNDMANN *) rapporte un argument très applicable ici, c'eft à dire une urne fur laquelle il y avoit cette Infcription: D. MART. OSSA. IIII. OLL. LIBA., dont un favant qu'il nomme, n'a pas mal donné l'expli- cation fuivante: Dedicavit Marti Offa quatuor Ollis Libationum. Cependant il ne fera pas moins difficile de dire comment ces cérémonies des Romains fe foient faites en Franconie, qu'il n'a

*) Joh. Chrift. KUNDMANN rariora naturæ et artis pag. 325.

F   été

été de dire comment cette urne eſt venue dans cette contrée, dans laquelle, ſuivant le rapport de KUNDMANN *) on l'a trouvée. Ce qu'il y a de certain c'eſt que les urnes n'ont pas été inconnues aux Huns et aux Vendes, et que ces nations ont auſſi brulé les corps des morts pour prévenir la putréfaction. **) Il eſt donc ſur que les Zoolithes, qu'on trouve à preſent dans ces cavernes, y ſont déjà depuis huit cent ou mille ans. Car c'eſt du moins avant cet eſpace de tems que nous trouvons des nations, qui ont été addonnées à ces cérémonies idolatres, et qui ont fait des ſacrifices aux Manes. Mais il faut en même tems faire attention ici à la grande quantité d'offemens qui doit y avoir été, puiſqu' après un millier d'années il en eſt encore reſté autant qu'il y en a à preſent, ſuppoſé qu'on ne puiſſe pas prouver demonſtrative-ment que tout ce ſouterrain ſoit beaucoup plus ancien, et qu'il tire même ſon origine de la cataſtrophe du premier monde.

Nous avons eſpéré de trouver quelque inſtrument de ſacrifice ou quelque vaiſſelle de métal, mais l'aiguille aimantée même, à l'aide de laquelle nous avons cherché très ſoigneuſe-ment, n'a jamais indiqué le moindre veſtige de fer.

On voit aſſez, par tout ce que je viens de dire juſques ici, à combien de cataſtrophes les productions, qui ſe trouvent ici, ont été expoſées. On connoit au premier coup d'œil qu'on jette ſur ces Zoolithes, que les accidens les ont pluſieurs fois fait changer de place. Or, comme il y avoit tant de morceaux aſſez bien conſervés, dont cependant on ne pou-voit jamais conſtruire un ſquelette entier, il ſembloit qu'il nous reſtoit encore deux découver-tes à faire; l'une, de trouver un ſquelette entier de ces créatures, dont les reſtes preſentoient tant de choſes particulières; l'autre de trouver un endroit, où les couches nous fiſſent connoi-tre que les Oſtéolithes qu'elles renferment, s'y trouvent encore dans leur première ſituation. Nous avons effectivement reüſſi à l'égard de cette dernière découverte, mais jamais à l'égard de la première.

Cet endroit, qu'on avoit cherché tant de fois, n'a été découvert que l'année paſſée. En cherchant les urnes, dont je viens de parler, nous avons découvert dans le ſol de la première caverne, près du mur, à droite une plaque de pierre. Après qu' on eût enlevé la terre et les offemens, qui y étoient de la hauteur de quelques pieds, on trouva que cette plaque ne s'étendoit pas au deſſous de toute la grotte, mais que par devant on pouvoit fouiller plus avant dans la terre. La partie poſterieure de la plaque tient au roc, et probablement elle a été formée avec la montagne même. Sous ce rocher primitif les Zoolithes ſembloient donc être à l'abri de toute deſtruction. Il faudroit donc que les bètes féroces euſſent été bien adroites pour enterrer auſſi habilement, ſous un roc, les offemens de leurs ſemblables dans une telle pro-fondeur, et pour couvrir alors ce roc de la hauteur de dix pieds d'une terre mêlée de ces os. En fouillant la terre au deſſous de ce roc, on a effectivement trouvé pluſieurs morceaux très bien conſervés. Cependant cet endroit étoit trop étroit, pour qu' on y pût diſtinguer les couches de terre. Mais comme on creuſa la terre plus avant, là où cette plaque finiſſoit, pour atteindre la couche qui paſſoit horiſontalement ſous cette plaque, on trouva à la fin, joignant le roc, ce qu'on avoit cherché. Car après avoir enlevé beaucoup de decombres, on trouva une terre humide toute blanche, aſſez compacte et imbibée d'une acreté calcaire, au point qu'elle rongeoit la peau des doigts comme la chaux vive. Elle doit ſans doute ſon origine aux offemens d'animaux détruits par la putréfaction. Immédiatement ſous cette terre il y avoit une couche d'os durcis de la hauteur d'un pied. Cette couche s'étendoit par tout cet eſpace de la largeur à peu près de ſix pieds, mais dont nous n'avons pas pû examiner la lon-gueur

---

*) Elle n'étoit ſurement pas de la même eſpèce que les urnes, qu'on a trouvées dans les environs de Ligniz et qui étoient des creuſets. Pour juger de ces productions ſouterraines, il faut les examiner à l'aide du feu. Breslauer Sammlung. An. 1721.

**) Il eſt très rare en général de trouver des urnes en Franconie. Mr. OETTER en a découvert dans une colline près d'Eſchenbach. voy. Bayreuther Intelligenz-Blat 1773. N. 40. On en a auſſi trouvé au delà des monts, dans le Margraviat de Bareith.

gueur à caufe de la quantité de décombres, qu'il n'étoit pas poffible d'écarter dans ce lieu étroit. Je fuppofe que fon étendüe en avant n' aura gueres été au.de.là de huit ou dix pieds. Car après que nous eumes creufé la terre en ligne droite de la longueur à peu près de fix pieds, l'épaiffeur des couches diminua ; nous trouvames des charbons et d'autres corps étrangers en-tremêlés, preuve, que la fituation primitive n'eft gueres reftée plus avant fans être boule-verfée. La couche que nous trouvames ici, renfermoit beaucoup de Zoolithes de différen-tes efpèces. On en tira un Tibia et en même tems des machoires très grandes. Tantôt il en tomboit des vertébres , qui , à en juger par la grandeur et la ftruĉture , ont appartenu à diffé-rens animaux, tantôt des dents laniaires d'un volume confiderable, des dents molaires et des morceaux du crâne, pêle-mêle. Il fe prefentoit des creux que les offemens avoient laiffés en s'écroulant, après lesquels on trouva encore des os, une omoplate, des phalanges , des griffes, des os innominés, des os occipitaux de ces animaux, et à la fin une tête entiere, petite à la verité, mais affez reffemblante à celle qui eft repréfentée ici. Ses cavités étoient remplies de terre de la premiere couche, qui avoit pris la dureté d'un tuf, et d'un mêlange des plus petites efquilles nées de la décompofition des os. Il faut remarquer que toute la couche étoit entremêlée de pierres particulieres. Elles font une efpèce de roches, qu on trouve par tout dans ce païs. Elles ont la grandeur d'un poing ; il y en a de plus et de moins grandes ; on les trouve en très grande quantité, les unes fur les autres, dans la terre du fol de la premiere caverne. Leur figure fait connoitre qu'elles ont été longtems dans l'eau, et que c'eft probablement par le roulement, qu'elles ont pris le poli, qu'on leur trouve à préfent. Toute la couche en eft entremêlée, de même que de terre et d'offemens fans aucune regula-rité. Quant aux reftes des fquelettes d'animaux, j'ai en particulier remarqué une grande quantité de vertébres obliques, dont je parlerai dans la fuite. Cette couche en général ne contenoit pas moins des vertebres de petits animaux terreftres. Contre toute attente nous avons trouvé à la fin la machoire d'un homme, dans laquelle il y avoit encore au côté gau-che deux dents molaires et une incifive. Bien près de cet endroit nous trouvames une o-moplate parfaitement bien confervée, au point que l'apophyfe coracoïde même n' étoit point du tout endommagée. Je ne veux pas foutenir que ces deux morceaux aient fait partie du même corps. Mais ce font précifément deux os du fquelette humain, qui, par leur ftruĉture, ont le moins de reffemblance avec ces mêmes os des animaux, et qu' ainfi on peut facile-ment reconnoitre pour des os d'homme. Comme ils fe font trouvés parmi les os d'animaux, dont les cavernes de Gailenreuth font remplies, et dans cette couche qui, fuivant toute pro-babilité, eft primitive, je crois pouvoir fuppofer de raifon, que ces os humains font auffi anciens que les autres offemens d'animaux, et que le même accident les a placés ici. Quant à la grandeur, ces deux os ne s'écartoient point du tout de la proportion ordinaire d'une taille de cinq à fix pieds, que le Créateur a donnée à l'homme. Au deffous de cette couche d'offemens il y a un terreau, comme il y en a par deffus, qui s'étend dans la profondeur, et dont nous n'avons pas pû atteindre la fin, puis qu'il n'y avoit point de place où mettre la terre que nous avions enlevée. Cependant ce terreau eft plus entremêlé d'efquilles de Zoolithes. Je fuppofe qu'il eft né d'offemens entaffés. La vapeur qui s'eft élevée, a difpofé à la putré-faĉtion les os qui étoient en bas, et l'air qui y a pénétré par en haut, a diffout ceux qui étoient par deffus ; il falloit donc que ce qui étoit dans le milieu, fe confervat le mieux, et c'eft pro-bablement ainfi qu'eft née cette couche de Zoolithes du milieu. Tout cela étant tant bou-leverfé, on feroit tenté de conjeĉturer avec beaucoup de probabilité, que du commence-ment il y a eu hors de cette caverne fur le fommet de la montagne, de grands tas de ces offemens. Peût-être eft-ce là que cette grande quantité d'animaux, comme les reftes le prouvent encore, à peri et fubi la putréfaĉtion. Peût-être peu après la montagne s'eft elle écroulée, comme il y en a du moins des marques évidentes , et tout ce mon.eau d'os s'eft il enfoncé dans les cavernes nées par cet écroulement. De cette maniere les roches dont j'ai parlé ci-deffus, ont été enfoncées dans les couches. Cette hypothéfe pourroit bien trouver moins de difficulté à l'égard des grandes grottes, mais outre plufieurs autres queftions,

F 2

on ne pourra pas tout à fait comprendre par là comment ces pierres ont pû être transportées, en fi grande quantité, dans les plus petits creux fort longs et en même tems fort étroits.

Avant que de parler des efpèces de terre contenuës dans ces cavernes, je dois remarquer que dans cette même grotte on a trouvé une nouvelle entrée qui conduit dans des gouffres plus profonds, que jamais homme n'a vû jusqu'ici. On a découvert une ouverture couverte de terre, qui en ligne fpirale menoit dans la profondeur, et qui fembloit avoir quelque communication avec une autre ouverture. Les pierres, qu'on y jettoit, rouloient dans une grande profondeur. On fent l'air qui en fort avec affez de force. Peut-être trouvera-t-on encore ici ce que j'ai tant cherché, c'eft à dire un fquelette entier d'un de ces animaux, dont il a peri ici une quantité inexprimable.

J'ai déja dit plus haut que le fol de ces grottes, et particulierement celui de la quatrieme, eft couvert d'une pouffiere de la hauteur de quelques pieds. Nous l'avons trouvée de la même efpèce, dans la profondeur de quatre à cinq pieds, que celle de la furface. En creufant plus avant, nous avons trouvé que fa profondeur étoit au de-là d'une toife, et l'on trouve encore jufqu'à préfent, en la fouillant, des concrétions et des os d'animaux, fans qu'on ait pû jufqu'ici trouver un autre terreau. Les particules de cette pouffiere, telles qu'elles paroiffent à l'oeil, font des os décompofés, dont le tems a laiffé par ci par là quelques petites esquilles, mais qui en plus grande partie font auffi diffoutes en terre franche.

Je ne trouve rien de femblable dans aucun Syftéme de Minérologie, excepté que Mr. WALLERIUS parle d'une terre animale qui n'eft point alterée, qu'il nomme *Humus animalis non terrificata* de Helfingland, et qui eft née des coquilles décompofées. Il feroit bien plus rare d'en trouver, fur tout en fi grande quantité, qui foit née des corps organifés, et même des quadrupedes. Mais comme il ne fuffit pas de juger de ces productions par les yeux, et que pour les examiner, la Chymie nous prête le plus grand fecours, je crois que les experiences, que je vais rapporter, prouveront affez l'opinion, que j'ai propofée plus haut. Elles ont été faites par mon ami Mr. FRISCHMANN, très expert dans ce genre de fcience, et dont l'habilité de même que la maniere de fe fervir d'inftrumens choifis, garantiffent affez la jufteffe de ces experiences, comme les faits le prouveront.

ESSAIS.

J'ai déja parlé plufieurs fois d'une terre animale qui fait le fol de ces cavernes. Je n'ignore pas combien peu probable cela peût avoir paru à plufieurs de mes lecteurs, fur tout puifque j'ai foutenu que cette terre y étoit en fi grande quantité. Une terre animale, une terre née de corps organifés, une *humus animalis*, née peût-être de la deftruction de cétacés, ou même de créatures encore inconnues, peut bien paroitre problematique au Phyficien de même qu'au Chymifte. Il faut donc que je m'y prenne avec toute la circonfpection neceffaire.

Tout le fol du grand veftibule eft couvert d'un terreau légér, moins compacte en été, qui a tous les caractéres effentiels d'une veritable terre. Il y a des cavernes dans cette contrée, dont le fol eft une pierre calcaire décompofée. Par le froid et l'humidité il fe détache continuellement de la voute de petits feuillets, qui etant tombés, fe changent en pouffiere. C'eft bien de cette maniere que font nées ces cavernes en plus grande partie. Ici il en eft tout autrement. Le roc eft extrémement ferme, et le fol eft une terre particuliere. Elle ne fe diffout jamais entierement dans l'eau. Ses molécules ne font pas cohérentes; elle eft d'un jaune tirant fur le brun, et en général il ne faudroit jamais avoir vû de terre, pour ne pas prendre auffi celle-ci au premier coup d'oeil pour une veritable terre. Probablement le vent a fait entrer, depuis un tems immemorial, dans la premiere grotte, par l'ouverture large, le feuillage tombé des buiffons fort touffus, qui fe trouvent à l'entrée, et ces particules végeta-
le

les ont confiderablement augmenté le terreau du fol. Par cette raifon nous n'avons pas exa-miné cette terre, puisque probablement elle ne différoit gueres d'autres pareilles efpèces de terre.

Mais dans le fol de cette même caverne il y a dans le roc de petits creux, dont on tire quelque chofe de bien différent. Ni la poufliere ni le feuillage n'a pû être transporté ici. On en tire en partie une terre compacte, en partie des mottes de terre qui tirent plus fur le jaune, et qui, en comparaifon des autres, font d'une pefanteur confiderable; les molécules en font homogénes, à quelque peu de fable près qui y eft entremêlé, fans qu'on trouve dans cette terre quelque veftige de reftes d'animaux, c'eft à dire, quelques efquilles d'offemens décompofés; c'eft donc de raifon qu'on pourra nommer cette terre une *humus terrificata*. Pour pouvoir la diftinguer d'avec les autres efpèces, elle eft marquée de N°. 1. dans les eflais fuivants.

La feconde forte marquée de N°. 2. eft tirée de la troifieme grotte, dans laquelle il faut, pour la première fois, defcendre à l'aide d'une échelle. Quand même on creufe la terre ici jusqu'à la profondeur de dix ou douze pieds, elle eft toujours de la même efpèce. On en tire de la poufliere mêlée d'offemens et d'efquilles, et après en avoir foigneufement féparé ces der-nieres, il refte une terre qui reffemble parfaitement à celle de N°. 1. Elle eft infipide com-me celle-ci, mais elle a une odeur un peu plus moifie, puisque l'air y a moins d'accés.

La troifieme forte, que nous avons examinée fous le nom de N°. 3. eft tirée de la caver-ne contiguë. Lorsque cette terre eft bien féparée d'avec les particules hétérogénes, l'oeil ne trouve aucune différence entre elle et les efpèces précédentes.

Voici les effets que les efprits acides ont produits fur ces trois efpèces. Elles fermen-tent toutes le moins avec l'acide vitriolique et beaucoup plus avec l'acide nitreux et avec celui du fel commun, comme cela arrive à l'ordinaire. On obferve la même chofe dans les Stalactites de cette caverne. Cette terre par la longueur du tems a été humectée une infini-té de fois de l'eau ftalactitique; cette eau, comme il eft aifé à comprendre, y a dépofé une quantité de particules très fines calcaires ou féléniriques, quoiqu'abfolument invifibles; il faut donc que les efprits acides produifent fur elles cet effet. Mais ce n'eft que la moindre par-tie qui en eft diffoute par ces acides, la plus grande partie de la terre refifte à la diffolution.

Voici les phénoménes, qu'on obferve lorsque l'on expofe ces trois fortes de terre à un feu de rouë. D'abord on fent une odeur urineufe infupportable, indice infaillible des pro-ductions du Regne animal. On remarque déjà cette odeur avec quelque vapeur par la cha-leur d'une fimple chandelle. Mais dans un feu violent cette odeur devient fi forte, qu'elle ne différe gueres de celle des cornes et des os brulés. Lorsqu'on y met du nitre, il fe fait, dans ces trois fortes de terre, une détonation, qui prouve manifeftement la prefence des par-ties inflammables. Lorsque la terre N°. 1. eft mife à nu dans le feu, elle devient toute blan-che, mais elle devient noire quand cela fe fait dans un vafe fermé; c'eft le même changement qui arrive dans les veritables os. Les terres de N°. 2. et 3. mifes au feu dans un creufet ou-vert prennent une couleur plus jaunatre, qui reffemble à peu près à celle de la chaux brulée, ce qui marque qu'il y a auffi plus de fubftance calcaire, vû que dans les cavernes inferieures les eaux ftalactitiques découlent plus abondamment. Cela eft d'autant plus évident quand on brule les deux efpèces dans un creufet fermé, car alors une partie en noircit et l'autre refte blanche comme la chaux. Tant la matiere animale eft donc indeftructible, quand même il ne refte rien de la créature qu'une fimple terre.

Mais la diftillation en décidera le plus infailliblement. Nous l'avons faite à feu nu, et nous avons mis en même tems de chaque forte une livre en trois cornuës au fourneau. Après que nous eûmes entretenu quelques heures de tems le feu dans les degrés ordinaires, les cor-nuës de verre commencerent à fondre, et nous fumes obligés de nous fervir de vaifleaux lu-

G   tés,

tés; & c'est alors que la violence du feu a fait sortir de ces terres les productions suivantes; De l'*Humus* N°. 1. il est sorti une once, une dragme & quatre grains d'un esprit urineux avec une huile empyreumatique, qui s'est attachée au col de la cornuë & à ses parois de même qu'à la surface de cet esprit. La terre N°. 2. nous a fourni exactement une once & demie de cet esprit urineux & de cette huile empyreumatique. La sorte N°. 3. nous a donné de ces mêmes productions une once, trois dragmes & quarante quatre grains. C'est donc en cette quantité différente que ces espèces de terre ont rendu le principe urineux qu'elles contenoient. Je suppose que la différente quantité de la terre calcaire, qui y étoit mêlée, en a été la cause. Ces essais nous ont appris dans la suite que ce phlegme, que nous avions retiré, ressembloit aux esprits urineux des substances animales. L'huile empyreumatique s'étoit d'ailleurs évaporée de cette terre depuis tant de siecles, le feu nu en a chassé une plus grande partie, ce que l'odeur insupportable, qui se repandoit par tout, prouvoit assez; le reste s'est attaché séparement à la cornuë, il y en avoit donc une très petite quantité qui s'étoit mêlée avec l'esprit, celui-ci est donc resté pur en plus grande partie, & ressemble ainsi beaucoup aux esprits urineux purs. Cet esprit a fait effervescence avec tous les acides, il a teint le syrop de violette en verd, il a précipité la dissolution du mercure sublimé corrosif en blanc, & il a épaissi les huiles éthérées dans lesquelles on le versoit. Ces qualités prouvent assez, que cette production est effectivement ce pour quoi on l'a prise.

On pourroit cependant faire quelques objections. L'esprit urineux, dira-t-on, prouve-t-il assez que la terre, de laquelle il est sorti en si grande quantité, est d'une origine animale? vû que ce même esprit ne sort pas moins de la lie, des végétaux, du tuf, de la craye, de différens fossiles & même de la chaux. Je réponds que, lorsque cet esprit sort d'une terre posée dans un feu nu, comme dans le cas présent, il prouve toujours assez que cette terre est d'une origine animale, sur tout si cette terre, comme cela arrive de même ici, & comme je le dirai dans la suite, dans un violent feu de fusion se change en un verre blanc opaque. Tous les esprits urineux des végétaux, lorsqu'on s'y prend comme il faut, retiennent quelque odeur de la plante, de laquelle on les a tirés. Ici on n'a que trop senti le principe animal. Aussi n'obtiendra-t-on jamais un pareil esprit des végétaux, que par la voye humide, lorsque les plantes ont subi le dernier degré de fermentation. Dans ce cas il en sort le premier. Ici toutes les circonstances indiquoient quelque chose de bien différent. Le tuf, la chaux & les fossiles contiennent en partie manifestement beaucoup de restes du Regne animal, vû qu'ils ne sont presque jamais tout à fait destitués de parties d'animaux marins, en partie ces molécules, qui y sont mêlées en quantité, sont trop petites pour être visibles. On n'obtiendra jamais un esprit urineux d'un spath calcaire pur.

Mais je dois encore repondre à une objection. Cet esprit urineux, dira-t-on, ne pourroit-il pas être produit par une combinaison accidentelle, c'est à dire par la conjonction du phlogistique des charbons avec le nitre, qui pourroit avoir été caché dans la terre? Cette objection ne manqueroit pas de vraisemblance, si nôtre terre contenoit la moindre substance nitreuse. Le nitre ne naît pas dans une telle profondeur que celle d'où nous avons tiré cette terre; les humectations frequentes de l'eau stalactitique, qui changent plusieurs fois par an le sol de ces cavernes en limon très mol, empechent, comme l'on sait, sa naissance, & les essais nombreux ont prouvé très clairement, qu'il n'y a point du tout à penser ici au nitre de houssage. Aussi, pour faire naître un pareil esprit, il faut ajouter des charbons au nitre dans la cornuë; la liaison seule des particules ignées avec le nitre ne suffit pas.

La preuve la plus incontestable de l'origine animale de ces terres est l'huile empyreumatique. Aucun feu ne pourra jamais en faire sortir une goutte, si elle ne s'est pas trouvée auparavant dans le corps duquel on l'a tirée. *) Elle naît de la propre substance grasse des corps que le feu a changée. On comprend facilement que cette huile n'est pas sortie en si grande quantité, que si l'on distille des os frais; comme elle étoit un peu épaisse et viscide, et qu'il étoit

*) *Rudolph August* VOGEL Chemiæ §. 531. Ignis tali facultate non gaudet, ut vel miculam olei inflamma-
bilis, de simplici concreto aliquo, possit componere, ubi illud non antea a natura iam efformatum
extiterit.

étoit difficile de la tirer des vaisseaux sans en perdre une quantité notable, nous n' en avons trouvé dans chaque cornüe que cinq à six grains; cependant cela est affez particulier pour une *humus terrificata*. Elle avoit l'odeur urineuse, âcre et desagréable, de même que la faveur, par confequent différentes de celles des huiles empyreumatiques des plantes et des minéraux. Comme fa couleur étoit brune jaunatre, elle teignoit neceffairement le fyrop de violette en vert, fans que je pretende en tirer un argument ulterieur, quoique ces mêmes huiles tirées des végétaux et des minéraux, mêlées avec ce fyrop produifent une couleur rouge.

Je ne crains pas qu'on me repete ici l'objeſtion, qu'on tire auffi des huiles empyreumatiques des végétaux et des minéraux. Nôtre huile fe diftingue affez de ces huiles par la cou-leur, l'odeur et le goût. Auffi n' avons nous pas mis dans la cornüe un minéral ou une plante, mais une terre. Les particules conſtituentes des corps animés font trop déterminées. Qu'on prenne en revanche du bois petrifié de cette contrée, et des pierres calcaires paitries de corps marins, comme de bélemnites, d'ammonites et d'autres coquilles, et qu'on pofe dans le four-neau des morceaux, qui contiennent autant de bois que de corps marins, on en fera fortir une huile empyreumatique neutre.

Il faut encore ajouter une remarque. Toutes ces fortes de terres nous ont bien prefenté une huile, mais point d'alkali volatil en fubftance. Il eft aifé d' en deviner la caufe. Lorsque la diftillation commence, la calcination commence en même tems. Par confequent les parties cauftiques de la chaux et l'alkali volatil s'uniffent enfemble, comme cela arrive dans la diftilla-tion de l'efprit volatil de fel armoniac avec la chaux. Mais lorsque l'on fait diftiller encore une fois cet efprit en y ajoutant un alkali fixe, les parties cauftiques s'infinuent d'abord dans cet alkali. C'eft alors que l'alkali volatil fe prefente en fubftance.

Il me refte encore à dire quel changement nôtre terre a fubi dans un feu de fufion. Pour accélérer la fufion nous avons ajouté un alkali minéral, et l'humus calcinée fût changée en un très beau verre couleur de lait, qui reffembloit parfaitement à celui, qui naît de l'addition des os calcinées. L'humus, qui n'étoit pas calciné faifoit par l'addition de l'alun un mêlange propre à en faire un pyrophore; ce mêlange calciné, cuit dans la leffive de tartre et précipité avec le vinaigre donnoit un foufre. On fait bien que par la fufion du fel alkali avec le triple de fpath il naît auffi un verre couleur de lait. Mais ici on a mis dans le creufet une terre franche & rien moins que du fpath.

A quoi toutes ces experiences peuvent-elles fervir? Il eft decidé à prefent par les ex-periences de Chymie que les os enchaffés dans les pierres, ou les os pétrifiés, qu'on trouve dans le fein ou fur la furface de la terre, ont effectivement fait partie d'un animal. Les phé-noménes qui paroiffent, lorsqu'on les met dans le feu, font les mêmes que ceux qui fuivent, lors qu'on y met des os frais, et les productions qui en naiffent, fe reffemblent beaucoup. Ne pourra-t-on donc pas fuppofer avec la plus grande certitude, que la terre, dont j'ai parlé jùsqu' ici, eft auffi née des os décompofés par la putréfaction, vû que dans le feu elle fournit précifement ce qu'on retire des Oftéolithes. Or voici ce qu'en dit Mr. LESSER [*]) d'après le *Lapis lydius* de CARL: Toutes les Oftéolithes noirciffent dans un feu clos; il en a été de même de nôtre terre; dans un feu nu elles blanchiffent; l'humus des Grottes de Gailenreuth fubit le même changement. Elle a rendu comme les Oftéolithes, une odeur fétide, comme celle de l'efprit de corne de cerf. On obtient des Oftéolithes, et de la vapeur qui monte dans le réci-pient, un efprit urineux, dont nôtre terre a de même fourni une quantité confiderable. Une livre d'os pétrifiées donne deux onces de cet efprit; nous en avons retiré la moitié de nôtre terre, ce qui eft toujours quelque chofe de particulier, fi l'on confidere combien cette terre eft plus décompofée & plus difpofée à l'évaporation qu'une pétrification. Une pareille quantité de corps pétrifiés donne une dragme d'une huile empyreumatique. Nôtre terre en contenoit de même. Nous avons allegué plus haut la caufe de ce qu'il ne s'eft pas prefenté un fel volatil

en

*) LESSER Lithologie, §. 340.

en fubftance. Comment auffi feroit - il poffible qu'il s'en confervat une grande quantité dans une terre peu compacte auffi longtems que dans une pétrification auffi peu difpofée à l'évapo- ration, tandis que dans les pétrifications mêmes la quantité de ce fel eft fi petite? Les Oftéo- lithes calcinées à l'air donnent, par l'addition d'un fel neutre, un foye de foufre, ici l'addition de l'alun a de même produit un foufre. Mais voici en quoi la terre de nos cavernes diffère un peu des productions ci deffus alleguées. Si l'on cuit dans l'eau de pareils offemens calcinés à l'air, ils donnent un fel alkali. Nôtre terre calcinée n'en fournit gueres. La quantité qui nous en étoit reftée encore pour faire cet effai, étoit petite , & les circonftances ne nous ont pas encore permis de faire cet effai avec une plus grande quantité; mais il eft probable que cela importeroit très peu, quand même on feroit cet effai avec quelques livres. Il fe mon- troit à la verité quelques indices d'un fel alkali, mais jamais affez pour pouvoir le péfer ou faire quelque experience. L'os pétrifié, par l'addition d'une matiere vitrefcible, donne un verre blanc couleur de lait; nôtre terre a produit un pareil verre, & même d'une beauté particuliere.

Toutes ces experiences ne fuffiroïent - elles pas pour prouver que le terreau des cavernes de Gailenreuth eft une humus animalis, qui doit être née de la décompofition des os, & com- me nous avons trouvé cette terre dans la profondeur de cinq à fix pieds ; comme, en creufant plus avant, nous n'en avons retiré qu'une pareille terre & des offemens, & que même dans l'autre caverne on ne trouve rien d'autre dans une profondeur de huit à dix pieds; il faut fûre- ment que , pour faire naître une terre animale feulement de la hauteur de cinq pieds, les offemens aient été entaffés d'une hauteur dix fois plus grande, ou que les cavernes mêmes, comme je veux le prouver par là, en aient été remplies. Si cela paroit merveilleux, je ne fau- rois repondre autrement à ceux qui trouvent de la difficulté à croire une chofe qu'ils ne com- prennent pas, ou qui ne s'accorde pas avec le fyftéme qu'ils ont adopté, que : c'eft ainfi que nous l'avons trouvé moi & d'autres après avoir fait les experiences d'une maniere qu'on ne fauroit fûrement pas nommer fugitive, comme le fait le prouve. Suivant mon opinion c'eft l'argument le moins important dans l'hiftoire naturelle de revoquer une chofe en doute puis- qu'on ne la comprend pas.

Ce font là les preuves inconteftables que le terreau, qui couvre le fol de ces cavernes eft une terre animale. Mais outre cette terre on trouve encore par ci par là, principalement là ou la fituation a empeché les productions d'être détruites par les frequentes vifites, quel- que chofe de plus remarquable. Je ne fauois la nommer autrement qu'une veritable marne animale.

Cette marne fe trouve le long des roches qui font les parois des cavernes inférieures; fouvent elle eft couverte d'une autre terre animale , fouvent elle y eft toute nüe, de diffé- rente épaiffeur, qui eft fouvent d'au de-là de deux pieds. Elle eft toute blanche & reffemble parfaitement à la fubftance cellulaire des os, comme celle des têtes des os cylindri- ques, lorfqu'elles font calcinées & concaffées. Mais pourtant la maffe en eft compacte & molle du commencement; au toucher elle paroit d'une mixtion inégale, & alors elle eft fouple comme l'argille, mais elle n'eft pas fufceptible de quelque forme, elle prend en peu de tems la dureté d'une pierre arénacée, & alors elle ne fe diffout plus entierement dans l'eau; elle eft compofée de particules crétacées très fines. Lorfqu'on examine cette maffe à œil nu, on voit qu' elle eft compofée en plus grande partie de molécules infiniment petites des fibres offeufes qui font la fubftance des os möelleux; l'eau forte, avec laquelle cette maffe fait une grande ébullition, en fait d'abord fortir le principe gelatineux en quantité. Cette terre mife dans le feu donne une odeur urineufe infupportable. Par les autres experiences on voit que cette terre contient les mêmes parties, que la terre animale précédente. Je me difpenfe de les repeter. Cependant je crois avoir affez de raifon pour donner le nom ci- deffus rapporté, faute de meilleur, à une maffe, qui a tant de reffemblance avec la marne, & qui en même tems fait connoitre par tant de preuves fon origine animale. Cette production femble juftifier la conjecture de Mr. HOLLMANN, que la marne , dans laquelle il a trouvé des os de rhino- céros,

céros, peut fouvent être née de la putréfaction des animaux mêmes qu'on y trouve, fur tout lorsque l'on fuppofe, que la plus grande partie de la matiere primitive, a été originairement une terre calcaire. A prefent on ne trouvera qu' avec beaucoup de peine cette production rare dans les grottes de Gailenreuth, vû que j'ai trouvé la derniere fois que j'y ai été, les endroits, où ce terreau fe trouvoit autrefois, couverts d'une autre terre, d'une hauteur confiderable.

Je viens à prefent à une efpèce toute nouvelle de curiofités, dont peût-être il y en aura peu dans les Cabinets des Curieux. On connoit affez les marbres qui renferment des coquilles, ou les pétrifications qui leurs reffemblent, où dans un morceau de quelques livres il y a des centaines de coquilles, de maniere que la maffe entiere en eft paitrie. Mais ici on trouve des maffes pierreufes paitrie, d'offemens d'une maniere femblable. Elles font nées, pour ainfi dire, de la conglutination des fragmens des ftalactites, de la pierre calcaire grife qui fait la bafe de toute la chaine de ces montagnes, d'un peu de fable, d'une fubftance marneufe & d'une quantité infinie de fragmens d'os. Il y a dans une feule pierre, dont on a trouvé des maffes de quelques centaines de livres, un mêlange de dents de différentes efpèces, de côtes, de cartilages, de vertébres, de phalanges, d'os cylindriques, en un mot, de fragmens d'os de tous les membres, qui y font par milliers. On trouve fouvent dans une pareille pierre un grand os, qui en fait la piéce principale & qui eft entouré d'un nombre infini d'autres. Il n'y a pas la moindre regularité dans la difpofition des couches. Si l'on verfoit de la chaux detrempée fur un mélange d'esquilles d'os, il en naitroit quelque chofe de femblable. Ces maffes font déjà affez dures dans les cavernes, au point que ce n'eft qu' en employant beaucoup de force qu'on peut les brifer, mais lorsqu' elles font expofées à l'air, elles durciffent au point, que, quand on s'y prend comme il faut, elles font fufceptibles d'un mediocre poli. On trouve rarement des creux dans leur interieur, mais les interftices font remplis d'une matiere compacte que la putréfaction a encore décompofée davantage. Je m'en fuis à la fin procuré avec beaucoup de peine une collection fi complette, que je puis prefenter presque chaque os remarquable du fquelette de ces animaux, enchaffé dans une propre piéce, dont il fait l'os principal. En entrant la premiere fois dans ces cavernes, nous en avons trouvé une fi grande quantité, qu'il eût été facile d'en amaffer quelques charretées.

Un heureux deftin m' avoit refervé à moi & à mes amis entre autres un morceau de cette maffe pierreufe à peu près de trois pieds de long fur deux de large & autant d'épaiffeur. Ce morceau fembloit être tombé des parois ou de la voute de la caverne. La curiofité nous le fit mettre en piéces, car il étoit impoffible de le faire paffer par ces détroits pour le fortir entier. Chaque morceau, à peu près de deux livres, nous prefenta plus de cent fragmens d'os. Dans cette même contrée on trouve de pareilles pierres compofées d'un nombre infini de térébratules, mais ces animaux marins ne font pas, à beaucoup près, un pareil mélange, comme l'on en voit un dans ces pierres remplies de reftes d'animaux plus grands. Lorsque nous mîmes ce morceau en piéces, j'eus le plaifir, dont un naturalifte feul eft fufceptible, de trouver dans le milieu une dent canine longue de quatre pouces, & auffi bien confervée dans fa matrice, comme fi elle venoit d'y être mife. Nous avons trouvé des dents molaires de différentes efpèces dans d'autres morceaux de cette maffe. Cette feule piéce nous a prefenté bien des particularités, mais par un accident nôtre découverte auroit bien pû devenir tragique. Je donnerai dans la fuite une defcription plus détaillée de toutes ces productions.

Dans la profonde pouffiere du fol il y a des dents d'animaux de différentes efpèces. Lorsque nous y fumes la premiere fois, nous en avons trouvé en peu de tems au de-là de deux cent. J'ofe bien dire que jufqu' à la fin de l'année paffée on en a trouvé deux mille, & que même une feule perfonne en a amaffé au de-là de quinze livres. Il y a des endroits d'où l'on ne tire du fol compacte que de ces dents, fans qu'il y ait d'autres offemens mêlés, comme s'il y en avoit des carriéres fuivies, mais ce n'eft que par hazard qu'on trouvé ces places.

H

On

On ne les cherche jamais en vain là où l'on peut miner le roc. Le plus souvent on tire ces dents de la pouffiere avec d'autres offemens. On voit par la structure qu'elles ont appartenu à de très grands animaux. On n'a qu'à les regarder pour distinguer les dents incisives, les canines & les molaires. Nous avons auffi découvert, après avoir cherché plusieurs fois, les machoires pour quelques unes de ces dents, & même des machoires entieres, dans lesquelles les dents étoient encore enchaffées. Si les crânes particuliers & tout à fait différens, qu'on trouve par ci par là, s'accordent précifement avec ces machoires, c'est ce qui fera decidé, lorsqu'on aura examiné la chofe plus exactement.

Outre ces piéces il y a encore une efpèce particuliere de concrétions; mais je ne faurois en parler avec autant d'affurance que des précédentes. Peût-être font-ce des productions de la Nature uniques dans leur efpèce. C'est à dire on trouve des maffes à peu près de la longueur d'un pied fur un demi pied d'épaiffeur. Elles font triangulaires & pointûes, & elles ont quelque reffemblance avec la tête d'un animal. Cependant il y a d'autres morceaux d'une forme différente. Nous les avons tirés des creux les plus fombres, encore n'étoient-ce que deux morceaux, par lesquels nous avons crû fatisfaire nôtre curiofité fans en chercher davantage. Là où l'on trouve ces morceaux, ils font affez moux, mais étant expofés à l'air, ils durciffent en peu de tems, & deviennent confiderablement compactes au point qu'il est plus difficile alors de les mettre en piéces que le grais. L'eau ne les diffout jamais comme elle diffout les autres marnes. Lorsqu'on ne les regarde qu'en dehors, & cela fans beaucoup d'attention, ils reffemblent en tout aux concrétions de maffes ftalactitiques, dont j'ai parlé ci-deffus, mais un œil accoutumé à faire des obfervations, y découvre quelque chofe de différent. Lorsqu'on y applique des inftrumens pour les fendre, ils fe fendent facilement, & fe feparent en plaques unies, qui font foupçonner quelque chofe d'extraordinaire. Pour rendre ma defcription plus intelligible je dois me fervir de comparaifons veritablement fingulieres, vû que je ne faurois comparer les fractures unies de ces fragmens qu'avec les os mafticatoires du Manati, dont Mr. STELLER a donné une reprefentation. *) Il y a une reffemblance entre ce mêlange particulier de petits os, qu'on y découvre, & dont ces morceaux font compofés, & la furface de ces os du Manati. On voit dans un morceau, qui a à peu près la longueur de fix & la largeur de trois pouces, fur chaque furface une cinquantaine d'os d'une ftructure toute particuliere, qui y font enfoncés, & qui différent tout à fait des autres os, que cette grotte renferme. La maffe entiere eft compofée de pareils os. On trouve très rarement parmi ces os des reftes d'autres animaux. Un feul os, qui eft fans contredit d'un oifeau, fe trouve dans un morceau, que j'ai dans mon Cabinet, avec une pareille côte, telle que pourroit à peu près l'avoir un aigle ou un autre grand oifeau. Il y a à côté de cet os encore un fragment, que je ne faurois placer convenablement dans le fquelette d'aucun animal. Lorsque ce morceau fût fendu, il fe prefenta en dedans un limaçon, mais qui dans cette opération même a été endommagé au point qu'on ne peut plus difcerner fi c'eft un limaçon de terre ou de mer. On voit que ces corps étrangers ont été enfoncés par quelque accident dans la maffe, tandis qu'elle étoit molle. Les fubftances offeufes, qui en font le total, font d'une efpèce particuliere. Elles ont fouvent le diamétre d'un pouce, & fouvent pas même celui d'une ligne; elles font fouvent plus longues qu'un pouce & fouvent elles ont moins d'une ligne de longueur. Quelques unes font placées horifontalement, d'autres verticalement, & encore d'autres obliquement les unes près des autres; & lorsque le morceau fût fendu, leur figure paroiffoit tantôt ronde tantôt ovale. Tous ces os font plus blancs que les autres offemens de ces cavernes, mais avec cela bien compactes & fans la moindre forme par laquelle on puiffe reconnoitre quelque articulation, quelque apophyfe ou quelque fymphyfe, On voit que la fubftance offeufe eft compofée d'un nombre infini de fibres. Ces os reffemblent à cet égard à l'asbeft, excepté qu'ils n'ont point d'éclat, & qu'ils font furement d'une fubftance animale.

*) Com. Soc. erud. Petrop. Tom. II. p. 302.

Tous

Tous ces os font couverts d'une croûte pierreufe qui les lie enfemble de maniere, qu'il y refte des interftices confiderables. Il femble que l'humeur glutineufe fuintée des os mêmes, a difpofé l'eau ftalactitique, qui s'y méloit, à former cette incruftation particuliere, qui eft très compacte & qui reffemble à une matiere originairement gélatineufe. Il eft affez vifible que dans un animal ces os n'ont jamais été difpofés dans cet ordre, mais bien, dont je conviens facilement, qu'ils en ont conftitué une partie. Ils ont beaucoup de caractéres propres aux os des poiffons; ils font fpongieux & n'ont point de moëlle ni dans les cellules ni dans les cavités cylindriques; on pourroit donc les prendre pour des os de la tête de grands poiffons de mer, ou d'Amphibies, que peût-être le même accident a transportés ici avec les autres offemens. Probablement la putréfaction a dépouillé les têtes de la chair, les os font reftés entaffés les uns fur les autres, le fuc lapidifique s'eft mêlé avec leur fubftance glutineufe; un accident les a mêlés & l'eau ftalactitique qui y eft tombée dans la fuite, en a fait naître ces maffes. C'eft tout ce qu'on peut dire avec quelque affurance au fujet de ces productions. Il fe pourroit bien que des animaux marins euffent auffi été enféivelis ici; les coquilles qu'on trouve affez près d'ici, le prouvent, & cette obfervation pourroit bien être de quelque importance dans la fuite.

On trouve auffi fouvent ces os, qui fe diftinguent des autres, & qui conftituent ces maffes, ifolés dans des concrétions compofées d'os d'autres animaux. Ils font toujours revêtus de la croûte brune dont je viens de parler, & à laquelle la fubftance gélatineufe des os mêmes femble avoir fait ce changement par lequel elle différe de la forme ordinaire des incruftations ftalactitiques.

Mais il y a dans ces cavernes encore d'autres concrétions, & je dois à cette occafion expliquer ce que je comprends proprement fous le nom de concrétion, ou bien il me faut prier mes Lecteurs de fe fouvenir de ce que j'en ai dit plus haut. C'eft à dire j'entends fous ce nom ces maffes très dures, compofées de ftalactites & d'une fubftance arénacée, marneufe & calcaire, dans lesquelles une grande quantité d'offemens eft enfoncée comme les coquilles le font dans les coquillieres. Je vais en donner une defcription plus détaillée.

On a trouvé des morceaux de différente grandeur, & même des piéces de vingt à trente livres. Le hazard leur a fouvent donné des formes très fingulieres. J'ai encore dans mon Cabinet un pareil morceau de grandeur médiocre, qui ne reffemble pas mal à un vaiffeau. Sur un grouppe d'os conglutinés il y a une des plus grandes machoires inférieures, telle que nous l'avons repréfentée fur une Planche. Toutes les dents molaires y font encore fi fraiches & entieres, qu'on pourroit le fouhaiter. Elle eft tellement placée qu'elle reprefente un vaiffeau en profil, & par devant il y a près de la dent canine un os cylindrique de la longueur d'un pied, qui y eft perpendiculairement érigé & qui en reprefente le mât. Dans le milieu il y a une machoire, qui pourroit reprefenter la même chofe fi elle n'étoit pas caffée. Dans la partie qui fait la bafe du bloc il y a encore un doigt du pied avec d'autres offemens. Ce font des fragmens de vertébres, de machoires, d'os de la tête & de plufieurs autres. Tout cela eft conglutiné par une fubftance calcaire, qu'on croit être née des esquilles d'os décompofés par la putréfaction.

Dans une autre maffe de deux ou trois livres, qui étoit pareillement compofée d'os conglutinés & qui reffemble à un tuf compacte, la piéce principale étoit une des côtes fuperieures, &, autant qu'on peut reconnoître, la feconde, mais dont la Tête de même que l'extremité, par laquelle elle a été jointe au Sternum, manquent tout à fait, de forte qu'il n'en eft refté que la portion mitoienne de fix pouces de longueur. La face externe a bien la largeur de dix lignes, mais elle fe retrécit vers la face interne au point qu'à celle-ci il refte à peine la largeur de quatre lignes. La côte même eft blanche en dehors comme l'yvoire, & tellement calcinée, que jamais ni l'art ni le feu n'auroient pu effectuer une calcination plus parfaite. Cependant cette côte n'eft rien moins qu'une côte d'homme. Il lui manque auffi les cannelures qui fe trouvent dans les côtes des animaux herbivores de nos païs. Les cellules moëlleufes font beaucoup plus groffieres & plus larges qu'elles ne le font d'ordinaire.

H 2

On

On trouve encore dans le même morceau différentes côtes plus petites. Elles ont à peine la largeur de quatre lignes fur deux ou trois lignes d'épaisseur, & avancent d'un pouce ou d'un demi pouce de la pierre, tandis que l'autre moitié y eſt enchaſſée. On remarque entre ces côtes une différence particuliere. Il y en a qui dans leur interieur n'ont rien du tout d'un tiſſu cellulaire, mais elles ſemblent être compoſées de fibres oſſeuſes longues & aſſez ſerrées, d'autres ſont ſpongieuſes & d'un tiſſu cellulaire, & il y en a qui ont un creux dans le milieu, comme les pipes à fumer du tabac, pour le reſervoir de la moëlle, dont la ſubſtance oſſeuſe eſt d'une dureté extraordinaire. Ne pourroit - on pas inférer par là que les animaux ont été de différentes eſpèces? en général la couleur de ces os, qui, en comparaiſon des autres, tire toujours ſur le jaune, prouve qu'ils ſont nés des ſucs nourriciers d'autres animaux. On trouve les fragmens de ces petites côtes preſque dans toutes les concrétions, comme en général il y a une très grande quantité de petits os de forme & grandeur differentes. Il y a des empreintes de côtes fauſſes de la largeur de deux pouces, mais les côtes mêmes ne s'y trouvent jamais. Ces os ſont trop ſpongieux pour ſe conſerver quelques ſiecles, quand même ils ſont enchaſſés dans une matiere ſtalactitique.

Je trouve encore dans ce morceau des oſſelets, qui par la forme reſſemblent à la pointe caſſée d'une épée, mais je ne ſaurois dire de quelle eſpèce d'animaux, ou de quel uſage ils ont été, à moins qu'ils n'aient fait partie de l'interieur de la tête. Il y a tout près encore un os le plus ſingulier, qui par ſa figure extraordinaire différe de tout ce que l'Oſtéologie nous a préſenté juſqu'ici. Je ne ſaurois lui aſſigner une place parmi les vertébres d'aucun animal, puiſqu'il ne fait point d'articulation avec aucune de ces vertébres. Il ne reſſemble pas plus à un os d'un pied d'homme qu'à un os de la main ou de la tête. Il pourroit avoir le plus de reſſemblance avec un Os Sacrum, & à en juger par la grandeur, il ne ſeroit pas trop grand pour un ſinge de la grande eſpèce. Cette concrétion peut donc ſervir de preuve combien les autres concrétions renferment de morceaux différens, & quel mélange d'oſſemens d'animaux doit être caché dans ces blocs qui peſent quelques centaines de livres.

Il y a encore différens morceaux qui renferment des côtes. Quelques unes en ſont preſque droites & très peu courbées, & ainſi enfoncées dans les concrétions pierreuſes; elles ont en haut, près de la tête, la forme quadrangulaire, qui dans les fragmens de la longueur de 6. à 8. pouces s'arrondit tout à fait vers l'extremité. Toutes ces côtes n'ont plus les têtes; ces têtes caſſées ſont enchaſſées dans d'autres pierres, & font connoitre la force du mouvement des animaux, dont elles ont fait partie; comme en général la grandeur de ces os prouve aſſez que les animaux ont été des créatures plus que médiocres, vû qu'on trouve des côtes, dont la partie, qui étoit attachée aux vertébres, a la largeur d'un pouce & demi. Il eſt impoſſible de trouver une vertébre qui s'accorde avec ces côtes, quoique dans la pierre il y en ait une tout près d'une côte. On trouve auſſi facilement dans ce morceau un os du tarſe, un os ſcaphoïde ou un os cuboïde près d'un crâne, qu'un os du crâne près d'un os avec lequel il a encore moins de rapport.

On trouve encore des concrétions de vertébres conglutinées par la matiere ſtalactitique. Ces vertébres ſont d'une eſpèce tout à fait différente de celles qu'on trouve iſolées ſur le ſol des cavernes. Dans quelques unes le corps eſt évaſé d'une maniere ſinguliere vers la cavité du bas ventre, de ſorte que dans le milieu il y a une éminence ronde, qui, s'étendant vers les deux extrémités en forme d'arc, y diſparoit. Les apophyſes épineuſes ont à peine la longueur de trois lignes, quoique la vertébre même, d'une apophyſe à l'autre, ait la longueur de trois pouces, & le corps de la vertébre l'épaiſſeur d'un pouce & demi, & que le grand trou, pour le paſſage de la moëlle épiniere, ait ſouvent autant de diametre dans des exemplaires plus grands, mais d'ailleurs reſſemblants à celui - ci, qui cependant dans ces animaux, comme le prouvent les reſtes de leurs ſquelettes, eſt beaucoup plus grand que dans d'autres animaux terreſtres.

J'ai trouvé un ſeul des cartilages qui ſont placés entre les vertébres, dans un morceau que j'ai dans ma collection, tandis que dans une ſi grande quantité de fragmens il ne s'eſt preſque

que

que rien confervé des parties cartilagineufes. Ce cartilage ayant trouvé une place dans le milieu de la pierre avec quelques dents fort grandes, eft echappé à la deftruction. Mais je n'y trouve aucun veftige de la fymphyfe par laquelle ces cartilages font d'ordinaire joints aux os durs.

Les fragmens d'autres parties du fquelette fe préfentent en grand nombre parmi ces maffes pierreufes. Dans un morceau il y a la partie fuperieure d'un Tibia, dont la tête eft caffée & qui pourtant a le diamétre de deux pouces et huit lignes, dans un autre il y a un os du Rayon enchaffé à côté d'un os du Coude. Il y a encore à côté quelques phalanges mitoïennes du pied ou de la main ou d'un pareil membre, mais qui n'ont rien de commun avec les phalanges d'un homme que la forme; encore un os fpongieux d'un autre membre; outre cela une côte, & encore un autre os, qu'il feroit impoffible de décrire en detail.

Celui qui fe plait à inventer de nouvelles dénominations des pétrifications & de leurs efpèces particulieres, pourroit donner le nom de Phalangites à ces pierres qui ne renferment quedes phalanges.

J'ai un groupe de Stalactites, fur lequel il y a des premieres, des fecondes & des troifiemes phalanges de tous les rangs, avec les os du Metacarpe. Il y a auffi l'empreinte d'un os cylindrique, dont le diamétre a été de deux pouces, & la maffe entiere ne reffemble pas mal à un pâté de pierre. Souvent ces phalanges avancent fur les fractures des Stalactites les plus dures. Aux plus petites on reconnoit, que l'extremité anterieure a été jointe à une griffe. Outre cela ces os font très compactes. Il arrive fouvent qu'en fendant ces pierres on les trouve tout frais en apparence. Ils femblent venir d'être decharnés, & encore tout enfanglantés, du moins ils font marqués d'une pareille couleur, qu'on voit fouvent auffi fur la fracture; on voit par là combien peu de tems après leur premiere deftruction ils ont été enduits du fuc lapidifique. Il y a des phalanges qui n'ont pas au dela de huit lignes de longueur, & à peine deux lignes d'épaiffeur, & dont l'extremité anterieure a de même été armée d'une griffe.

Je remarque encore que les os, qui dans le fquelette d'un homme font connus fous les noms d'os cuneiforme, fcaphoide, trapeze etc. fe trouvent ici dans des maffes pierreufes à part, mais d'une forme tout à fait différente.

Ils ne reffemblent point du tout aux os qui portent ces noms, quoique dans les animaux ils ayent fait leur fonction; comme leur dimenfion eft fouvent au de là d'un pouce, il feroit fuperflu de dire qu'ils ont appartenu à de grands animaux. Je n'entreprends pas de determiner exactement la dénomination de ces os.

Parmi les concrétions rares que nous avons tirées de ces cavernes, il faut ranger celle qui renferme un veritable ongle tel qu'il fe trouve au gros orteil d'un homme. Je ne faurois trouver rien de plus reffemblant; il y a inconteftablement la convexité qui devient pointuë par devant, les boffes & les excrefcences de cette corne dont les pieds d'un homme font armés, & en général tout ce que peut donner de la reffemblance avec un veritable ongle. Mais en même tems je n'ignore pas, que fuivant le rapport mal fondé de quelques Naturaliftes, il y a des animaux marins, qui aux pieds de devant ont quelque chofe de femblable à un ongle.

Probablement on fera curieux de favoir comment ces concrétions font nées, & on ne manquera pas d'inventer des hypothéfes pour expliquer leur origine. On dira: lorfque l'eau ftalactitique eft tombée fur la terre animale mêlée d'offemens, & que celle-ci en a été humectée, il falloit qu'il s'en format fur le fol de ces cavernes une croûte, qui, n'étant pas détruite depuis fi long-tems, eft devenuë d'autant plus épaiffe, que ces fucs y ont pû pénétrer plus avant. C'eft ainfi que tout ce qui étoit fur le fol, a été conglutiné en une maffe. Il eft probable qu'en différens tems on ait creufé la terre ici, & par confequent caffé cette croûte, dont les morceaux fe trouvent encore à préfent. Il eft aifé de s'imaginer le mélange qui en eft né, & c'eft ce qui a fait naitre ces productions. Effectivement il eft facile de créer ces

I

maffes

maffes pierreufes dans le Cabinet. Mais ce qu'il y a de pis c'eft que dans les cavernes mêmes on ne trouve rien du tout qui puiffe confirmer cette hypothéfe. L'eau ftalaëtitique ne con. glutine plus, comme l'on voit, l'humus qui s'y trouve & les offemens, quand même ils en font entierement pénétrés. Tout ce qui arrive c'eft que le fol eft couvert comme d'une glace fta. laëtitique, fous laquelle tout eft en desunion. Les gouttes, qui tombent des rochers, font qu'en automne & en hyver la terre eft amollie comme l'argille. En printems & en été cette terre redevient une pouffiere feche & légére. On n'y obferve point de veftige de quelque concrétion naiffante.

Probablement ces concrétions font nées peu après la naiffance de ces Cavernes mêmes, & dans le tems que ces Oftéolithes contenoient encore leur fubftance gélatineufe. Je fuppofe que les os enfouis & déjà mis en defordre, ont été caffés en fragmens de différente gran. deur par l'écroulement de la montagne. Ce qui fe trouvoit en haut, a été le plus endom. magé & mêlé avec une fubftance arénacée & marneufe. La terre humeëtée de l'eau qui y avoit pénétré, a contribué à la diffolution de ces fubftances & a produit ainfi la maffe calcai. re dans laquelle ces os fe trouvent à préfent. Tout cela fe conglutinoit facilement tant qu'il y avoit encore des parties gélatineufes. Par la longueur du tems il falloit bien que ce mélan. ge fe durcit à la fin, furtout fi l'eau impregnée de particules calcaires, comme il n'en pouvoit être autrement, a dépofé fa fubftance calcaire dans les plus petits interftices. Dans ce tems là ces offemens ont auffi été attaqués, du côté où ils touchoient le fol, des humidités qui s'ex. haloient d'en bas. Le tas de ces os s'eft affaiffé; il s'eft féparé ainfi de la croûte dont il étoit couvert, & a fait naître par fa décompofition la terre animale qui s'y trouve encore; c'eft ainfi que les Zoolithes qui fe trouvent dans le milieu, fe font toujours le mieux confervées. Les tremblemens de terre & la propre pefanteur ont caufé la féparation de plufieurs mor. ceaux de cette croûte pierreufe; ce qui en eft refté adhérent, a été uni avec la voute par la matiere ftalaëtitique, & ce qui en eft tombé, fe préfente fous la forme de ces concrétions. On les tire fouvent de la profondeur, où elles font attachées au roc fous la forme d'une croûte épaiffe, ce qui confirme cette diffolution. On les trouve auffi dans la voute derriere les Sta. laëtites, comme l'on voit par les fragmens qu'on en a abatus.

J'espere de pouvoir quitter cette matiere fans être obligé de repondre à l'objeëtion, que ces produëtions pourroient n'être que des jeux de la Nature. Auffi ne pretend-t-on pas, à ce que je fuppofe, les examiner d'après le *Lapis Lydius* du célébre CARL. Il fuffit de les voir pour fe convaincre du contraire. Cependant je donnerai dans la fuite une reponfe en abregé fur cette objeëtion.

Je viens aux os qui fe trouvent Ifolés fans incruftations & fans l'admixtion de quelque matiere hétérogène. Il y en a une très grande quantité, mais on en a trouvé très peu d'en. tiers ou d'affez inftruëtifs, pour determiner les animaux desquels ils ont fait partie.

J'ai fait dans ce deffein des recherches bien exaëtes pendant plufieurs heures de fuite; mais le plaifir de trouver quelque chofe d'entier n'a été que le prix d'un ouvrage très penible de fouiller la terre, & de la patience la plus conftante, de maniere que je ne crois pas que dans la fuite quelcun trouvera quelque chofe de plus connoiffable. La tête repréfentée Pl. I. Fig. 1. eft le feul morceau le mieux confervé que nous en ayons tiré. J'ai fait mention plus haut d'une autre tête, qui lui reffemble un peu, mais qui eft plus petite.

Le premier morceau merite bien, à ce qui me femble, d'être examiné de plus prés. Mais avant que j'en donne la defcription on me permettra de faire une digreffion neceffaire. La tête entiere eft calcinée comme les autres morceaux, & doit être rangée, de même que tou. tes les autres produëtions de cette caverne, fuivant Mr. WALLERIUS *), parmi les *Xyloftea qua-drupedum calcinata*, quoiqu'à l'égard du prefent morceau, je ne pretende entrer en dispute avec perfonne, qui fuivant ce Syftéme voudroit le ranger fous l'efpèce fuivante, quand même les autres morceaux appartiennent inconteftablement à l'efpèce ci-deffus rapportée. Il eft difficile de claffifier nos produëtions fuivant le Syftéme de Mr. de LINNE. Ce Naturalifte a rangé fous

un

*) Minérologie. Gen. VI. §. 144. pag. 453.

un article & fous le nom d'*Ebur foffile* toutes les Zoolithes, qu'on a tirées jusqu' ici du fein de la terre. Il n' admet point d'autres pétrifications de quadrupédes outre les fquelettes de cerfs qu'on a trouvés en Irlande. Les offemens d'Elephants qu'on a tirés jusqu' ici du fein de la terre, font fuivant lui, des os de la Vache marine (*Trichecus Rofmarus*). Quant à ces os remarquables de Rhinoceros fur le Harz, que Mr. HOLLMANN a décrits, il n'en eft pas même fait mention. Même les très grands morceaux de Momotovakoft appartiennent au rosmare, duquel cependant la grandeur furpaffe rarement celle d'un grand bœuf, tandis que le *Trichecus Manati*, qui fe trouve affez près de la Sibirie, a de toutes les efpèces d'animaux les plus grands os[*]. Les dents pétrifiées, qui ont inconteftablement appartenu à des quadrupédes exotiques, & dont on trouve une fi grande quantité dans les cavernes, dans le milieu du continent, ne font pas même alleguées dans ce fyftéme. Il fe peut donc bien qu'un Obfervateur de la terre auffi clairvoyant n'ait jamais remarqué des veftiges d'une inondation univerfelle; mais il n'eft pas prouvé par là que d'autres ne les aient trouvés effectivement.

Il feroit fuperflu d'expliquer comment fe fait la calcination des os dans le fein de la terre, où d'ordinaire les os fe décompofent par la putréfaction en peu d'années. Mr. WALCH a très bien expliqué cela dans fon Ouvrage[**]. La marne dans laquelle ces os d'animaux font enfoncés, en attire les parties huileufes, & il fe peut que cette marne foit née de la terre originairement calcaire. Ces parties s'en évaporent lorsque la terre fe deffeche. Mais cette terre commence bientôt à s'imbiber des matieres graffes qui reftent, & d'attirer ainfi tout ce qu'il y a d'humidité, jusqu' à ce que ces offemens foient tout à fait fecs, & qu'ils reffemblent à un os calciné dans le feu; mais il eft aifé de croire qu'il faut un tems fort long pour cela. Lorsque dans les interfti- ces vuides il s'infinue une eau lapidifique ou une eau imprégnée de particules terreftres, la pre- miere fait naître les veritables pétrifications, & la derniere les os dercis; quant aux os, qui n'ont point été imprégnés de quelque matiere hétérogéne, il faut les ranger parmi les os calcinés. Au refte il eft étonnant que l'ancienne opinion, que les pétrifications ne foient que les reftes du premier fol bouleverfé par les tremblemens de terre & les volcans, trouvant à préfent de nouveau plufieurs partifans, on n'allegue pas les os calcinés comme les preuves les plus inconteftables, que nos montagnes ne font pas nées des fédimens des eaux mais par les feux fouterrains, vû que cette calcination pourroit fervir le plus à faire adopter la premiere opinion à des perfonnes d'une connoiffance bornée. Cependant cet argument fpécieux feroit bientôt refuté par les yeux mêmes. La couleur de toutes ces oftéolithes eft très bien exprimée d'après nature dans les figures.

Je reviens à mon propos. Il me faut expliquer les figures qui reprefentent les Zoolithes d'une tête affez complette. On a reprefenté cette tête de différens points de vûe de la maniere fuivante:

Pl. I. Fig. 1. reprefente la forme externe de ce morceau & principalement celle du côté droit.

Pl. II. Fig. 2. reprefente la partie fuperieure de cette tête, pour rendre d'autant plus vifibles les futures.

Pl. III. Fig. 3. eft l'Os Occipital de cette même tête du côté interne, comme il s'unit avec les Os Pariétaux.

Pl. IV. Fig. 1. fait voir ce même Os Occipital du côté externe, & tellement placé qu'on peut voir l'articulation de fes apophyfes avec la premiere vertèbre.

Fig. 2. met en vûe la ftructure interne de la tête, telle qu'elle paroit lorsque les piéces antcrieures e. f. Pl. I. Fig. 1. en font feparées dans les futures.

I 2　　　　　　　　　　　　Pl,

---

[*] STELLER Comment. Petropol. Tom. II. p. 96. Offa manati magnitudine & foliditate omnium terreftrium animalium offa vincunt.

[**] Steinreich, P. I. p. 60. §. 6.

Pl. V. Fig. 1. repréfente la face inferieure avec le refte de l'os du palais.

Tous ces morceaux font repréfentés, de même que les autres qui fe trouvent fur toutes les Planches, dans leur grandeur naturelle; il n'y a que cette différence que l'original paroit plus grand & plus monftrueux, comme cela arrive ordinairement à l'égard des copies, vû qu'en examinant l'original même, le toucher prête fon fecours aux yeux, qui dans la copie ne voyent qu'une figure platte. Je ne crains pas de dire trop fi je foutiens, que la quantité des animaux qui ont peri dans cette contrée, doit avoir été immenfe; au moins la quantité d'offemens qui y font enterrés, eft immenfe. Car on y trouve un très grand nombre de fragmens ifolés de pareilles têtes, des os pariétaux, des apophyfes pierreufes, des os des tempes, des fragmens de vertébres & d'autres offemens. Cependant il faut que le préfent morceau n'ait appartenu qu'à un animal de mediocre grandeur, comme il eft affez prouvé par les reftes dont je viens de parler & qui font fouvent plus grands de la moitié. L'os occipital fe rencontre en ligne perpendiculaire avec les os pariétaux, comme nous l'avons repréfenté Pl. IV. Fig. 1. & dont les morceaux font exprimés par *a. b. c.* Pl. I. Fig. 1. L'os occipital repréfenté Pl. III. Fig. 3. fera très diftinctement connoitre la façon dont il s'articule. On voit que ces os, lorfqu'ils font joints enfemble, donnent à la tête une figure triangulaire. Suivant les lignes latérales de l'os occipital Pl. III. Fig. 2. *a. b.* & *a. c.* les os pariétaux s'étendent en avant, ils s'entretouchent fous un angle aigu près d'*a. a.* dans cette Figure, & donnent ainfi à la tête une forme prismatique, qui de niveau avec la hauteur de l'os occipital *a. a.* avance en ligne droite jufqu'à ce que fucceffivement près de *d.* & *g.* Pl. I. Fig. 1. elle prenne la figure triangulaire platte *d. e. f.* & s'incline vers la bouche. Comme cette tête avance ainfi en quelque diftance dans la même hauteur de l'os occipital fans quelque convexité remarquable, elle fe diftingue principalement par là des têtes des animaux connus, dont les crânes repréfentent communement une voute ronde.

Les futures font affez apparentes. On voit Pl. I. Fig. I. *a. b. c.* comment l'os occipital s'engraine dans les deux os pariétaux, & c'eft ce qui paroit encore plus diftinctement Pl. II. Fig. 2. *a. b.*, où la pointe de cet os avance entre les deux os pariétaux. La future fagittale eft exprimée Pl. I. Fig. 1. *a. d. e.* entrecoupée de la future coronale *g. h.* Ces futures font exprimées plus diftinctement Pl. II. fig. 2. *c. d. e. m.* La future fagittale n'eft qu'une fimple harmonie. Dans la future coronale les deux os, qu'elle unit, font couchés les uns fur les autres, dans quelques morceaux au de là d'un demi-pouce. Pl. I. Fig. 1. *i. b.* on voit une autre future que je nomme la future transverfale. On ne voit pas dans tous les morceaux, qu'on a trouvés, quelque veftige d'une autre future, excepté les deux apophyfes anterieures, qui s'allongent vers le mufeau. La partie oblique ou plûtôt le coin arrondi, que cette tête préfente fur cette même Planche de *d.* vers *f.* eft toujours un os tout folide dans les grands morceaux de même que dans les petits.

Le trou qui donne paffage à la mœlle épiniere eft exprimé près de *k.* Pl. II. Fig. 2. *m.* ce trou eft auffi repréfenté; & beaucoup plus diftinctement encore Pl. IV. Fig. I. *a.* Dans l'original cette ouverture a un pouce & cinq lignes de largeur & de hauteur. Dans les fragmens nous l'avons trouvée encore plus grande de quelques lignes. Les connoiffeurs trouvent la grandeur de ce trou bien remarquable. Il y a des morceaux qui, étant comparés avec le fquelette d'un cheval, ont ce trou confiderablement plus grand. Dans les os de rhinoceros, que le célèbre MR. HOLLMANN a découverts, le trou qui donne paffage à la mœlle épiniere, n'a eu dans la troifieme vertébre du col qu'un pouce & cinq lignes de hauteur. *) Pl. I. Fig. I. *l.* repréfente le conduit auditif externe, qui, comme l'on voit ici, va obliquement en dedans. Ce conduit a fouvent la largeur de fix lignes dans d'autres fragmens qu'on a trouvés, & qui ont fait partie de la tête marquée par *i. b l. m.* La portion pierreufe eft d'une grandeur confiderable

*) Commentarii Societ. erud. Gœtting. Tom. II, p. 221.

fiderable & dans plufieurs morceaux le conduit auditif a un pouce de diamétre, & la caiffe du tambour n'eft gueres plus petite. Pourquoi le Créateur a donné à ces animaux, qui n'ont pas la tête d'une grandeur extraordinaire, les organes de l'ouïe d'une dimenfion auffi grande, c'eft ce que j'ignore. Sont-ce les créatures, dans le conduit auditif defquelles le fon peut fe repandre, qui ont l'ouïe plus fine, ou font-ce celles qui le concentrent dans les détroits, & le font ainfi paffer d'autant plus aigu jufqu' à la membrane du tambour, ou bien eft-ce que tout cela depend de la qualité des nerfs ? On trouve dans ces cavernes une quantité de ces os qui font partie de l'organe de l'ouïe. Tantôt il n'en eft refté entier que la portion pierreufe, tantôt le conduit auditif, tantôt l'os qui reçoit la membrane du tambour. Chaque paire & fouvent chacun de ces os prouve qu'un individu entier y a peri. Mais la putréfaction en a détruit des centaines, en comparaifon de ceux, qu'une place favorable ou la folidité de leur fubftance a confervés. Il eft évident par la ftructure de tous ces os, qu'ils ont fait partie des mêmes animaux, dont la tête étoit telle que nous l'avons repréfentée. Je ne trouve pas le moindre veftige des autres trous, qui fe trouvent dans ces os d'autres animaux, pour donner paffage aux vaiffeaux.

Je vais expliquer en detail les morceaux de cette tête. Pl. I. Fig. I. n. o. on voit les apophyfes de l'os occipital, qui s'articulent avec l'Atlante. Mais elles fe prefentent plus diftinctement Pl. II. Fig. 2. f. g. On voit fort diftinctement Pl. IV. Fig. I. b. ç. comment ces apophyfes tiennent à l'os occipital. Leurs extremités font éloignées l'une de l'autre de deux pouces & dix lignes. On a auffi trouvé l'Atlante, qui s'articule avec ces apophyfes, & dont il fera parlé plus en detail dans la fuite de même que d'autres pareils morceaux. Ces os ont à peine dans un cheval la dimenfion auffi grande. Les cavités dans lesquelles ces apophyfes s'infinuent, font très profondes dans les Atlantes, & les éminences qui y appartiennent, ont été beaucoup plus grandes qu'elles ne font repréfentées ici, vûque dans le prefent morceau elles étoient beaucoup endommagées. De pareilles articulations font un chignon très fort, &, pour ainfi dire, une nuque d'airain.

Il me faut encore ajouter quelque chofe au fujet des reprefentations de l'os occipital L'os Pl. II. Fig. 2. qui eft l'os occipital de l'animal en queftion, & qui eft reprefenté ici du côté où il eft uni aux os pariétaux, eft un os entier très folide. Il eft d'une dureté extraordinaire, & là même, où il eft calciné, on connoit combien il doit avoir été fort dans l'animal vivant. Son épaiffeur eft en différens endroits d'un pouce entier. La hauteur de cet os d' a. a. jusqu' à la bafe du crâne e. eft de quatre pouces. La vûe même fait connoitre combien les os pariétaux doivent s'élargir pour s'engrainer dans les furfaces larges b. g. & f. c. Il y a même de pareils morceaux dont l'épaiffeur ou la ligne perpendiculaire d' a. a. jusqu' à la furface du cerveau b. eft de deux pouces & quatre, fix à dix lignes, ce qui fait furement une épaiffeur extraordinaire d'un crâne. Je ne connois presque aucun animal dont la Nature ait renfermé la cervelle dans des cuiraffes auffi épaiffes. Cependant c'eft un os d'un tiffu cellulaire, plein de petits interftices, comme les têtes des os cylindriques; mais les lames externes & internes ne cedent en rien, quant à la dureté, à aucun os. Dans plufieurs animaux carnaciers, par ex: dans l'ours, la cloifon qui appartient en particulier à ces bêtes, eft une apophyfe qui nait d'une origine commune de l'os occipital & des os pariétaux & s'unit en defcendant vers la bafe du crâne, en une lame fine qui forme le pavillon ordinaire pour le cervelet. Mais ici on voit une différence remarquable, c'eft à dire, que cette cloifon nait du crâne feul, & c'eft par cette raifon que cet os occipital s'eft féparé fi facilement des os pariétaux.

Quant aux reprefentations du côté externe de l'os occipital Pl. IV. Fig. I. je ne faurois dire autre chofe fi non, qu'il eft beaucoup endommagé; on ne pouvoit donc pas copier fa fuperficie entiere ni fa conformation, & il falloit fe contenter d'en exprimer les contours. Il feroit fuperflu de rapporter plufieurs noms des petits os de ces morceaux.

Il y a encore plufieurs chofes dans ces reprefentations qui marquent la différence qu'il y a entre ces animaux & les autres animaux connus. Je commence par les Os Pariétaux

K

&

& particulierement par celui Pl. I. Fig. I. qui eſt ſeparé des autres parties de la tête par les ſutures *a. g. g. h. h. i.* & *i. a.* L'original a quatre pouces de longueur ſur deux pouces & dix lignes
de largeur. On n'a qu' à regarder ces morceaux, dont il y a une grande quantité dans ces cavernes, pour voir qu'ils ont appartenu à des animaux d'une eſpèce toute particuliere. Pluſieurs de ces morceaux ſont d'un pouce plus longs & plus larges que ceux de la tête qui eſt repreſentée Pl. I. Ils ſont tout à fait plats, & ce n'eſt que là, où ils s'uniſſent avec l'os occipital
a. b. c., qu'ils ont du côté externe un enfoncement pour loger les muſcles ordinaires de la tête,
qui diſparoit ſucceſſivement en avant vers *g.*

Dans les morceaux fort grands ces os en ſe rencontrant, forment quelque choſe de reſſemblant à la crête de la tête d'un lion. *) Là où ils s'uniſſent avec les autres os, ils ont ſouvent au dé là d'un pouce d'épaiſſeur, qui, à meſure que ces os avancent vers la ſuture *g. h.*,
diminue de la moitié. Leur ſurface interieure eſt voutée & forme ainſi la cavité qui renferme le
cerveau. Il ſeroit ſuperflu d'ajouter que ces os ont des ſillons très profonds, nés des artéres de la
dure-mere.

Il me faut encore dire quelques mots au ſujet de l'apophyſe ou de l'excreſcence qu'on
voit Pl. I. Fig. I. *m. b.* Cet os me ſemble auſſi devoir être rapporté à la ſtructure particuliere
qui diſtingue ces animaux d'avec les autres. D' *m.* vers *h.* il y a la cavité articulaire, dans laquelle la machoire inferieure & ſes Apophyſes Condyloïdes ont le mouvement, qui eſt auſſi
exprimée Pl. V. Fig. I. *a. b.* & *c. d.* mais qui ſe preſente ici beaucoup plus diſtinctement. On
voit bien que ces os, dans les cavités deſquels les apophyſes de la machoire inferieure s'articulent, ſont d'une force ertraordinaire, au point que le plus grand lion ne pourroit à peine les
avoir plus forts, quoique dans le preſent morceau ils ſoient beaucoup endommagés. Dans
l'ours cette partie eſt compoſée d'os très ſoibles. Cependant en comparant la preſente tête,
ces os ne paroiſſent pas bien grands. J'ai dans ma collection le fragment d'une machoire, dont
l'Apophyſe Condyloïde, qui repreſente un rouleau, & qui a été articulée dans cette cavité,
a le diamétre de 14. lignes; de ſorte que la cavité qui la recevoit, doit avoir eu d' *a.* vers *h.*
deux pouces & quatre lignes, & pour le diamétre transverſal quinze à ſeize lignes.

Il faut bien à un chien la hauteur de deux pieds & demi, pour que cette apophyſe cylindrique, comme l'on voit clairement dans les ſquelettes, ait ſeulement l'épaiſſeur de 4. à 5.
lignes. Or, proportion gardée, nous aurions des animaux, & comme l'on connoit par les
dents, des animaux carnaciers, de la hauteur 6. à 7. pieds. Quels monſtres! Mais je preſenterai
dans la ſuite encore d'autres os, qui doivent avoir appartenu à des animaux qui n'etoient guères
plus petits. La ſtructure de ces os eſt outre cela une preuve de la force épouvantable que ces
animaux doivent avoir eue dans les machoires. Les apophyſes cylindriques s'enfoncent très exactement dans la cavité exprimée Pl. V. *a. b.* & l'appuy du levier, qui avec cette apophyſe
cylindrique eſt fort court, eſt un os immobile, que la jointure ferme empeche abſolument
de céder; il faut donc que tout ce qui ſe trouve entre des dents tellement ſoutenües, ſoit mis
en piéces, ſur tout ſi l'on ajoute les muſcles & les nerfs proportionels à la force de ces os,
comme l'on peut juger par les empreintes & les trous, dont on voit encore les veſtiges ſur ces
machoires.

Si les figures des ſquelettes de lions, que j'ai conſerées, ſont juſtes, il s'en faut beaucoup que les machoires de ces animaux, qui cependant briſent tout, ſoient d'une ſtructure
auſſi avantageuſe pour le carnage.

Mais outre cela l'os entier, repreſenté Pl. I. Fig. I. *i. h. l. m. n.* merite quelque attention.
Le morceau *h. m.* ſe trouve à côté de la tête avançant en ligne droite. Pl. IV. Fig. 2. *i. k.*
on voit comment il eſt placé, plus diſtinctement que je ne ſaurois l'expliquer. Suivant la longueur d' *m.* vers *k.* Pl. I. Fig. I. il paſſe une gouttiere large qui ſe retrécit ſucceſſivement vers *k.*

Cette

---

*) Ephem. nat. cur. de anno 1671. p. 39. De leone vertex capitis erat elevatus inſtar criſtæ in galea, quam
muſculi tegunt ſecundum Ariſtotelem, id leonibus particulare.

Cette canelure eft encore mieux exprimée Pl. II. Fig. 2. *b. i.* Il n'y a pas lieu de douter qu'elle n'ait renfermé un mufcle très fort, vû que j'ai des morceaux ou ces cavités ont près de *b.* Pl. II. Fig. 2. deux pouces & quatre lignes de diamétre. On voit dans ces piéces comment dans les endroits *b.* & vis à vis près d' *n.* les os de la pomette, qui ont un volume & une courbure très larges, y ont été unis, de forte que fuivant toute probabilité la tête doit avoir eu le double de la longueur qu'elle a dans la reprefentation, fi je m'imagine les machoires proportionnelles, ou que j'en choififfe une convenable parmi celles qui fe trouvent ici, ou que le lecteur même en place une en idée, de celles qui font reprefentées, dans la cavité au deffous de *b.*, à quoi il faut encore ajouter une longueur confiderable de la machoire fuperieure entre la premiere dent molaire & la canine, pour y placer les dents. Le fquelette de la tête d'un lion dans les Ephem. nat. cur. *) n'a pas eu tout à fait un pied de longueur; la prefente tête, qui cependant eft une des plus petites de nos animaux, a cette dimenfion beaucoup plus grande. Nous avons des machoires de la longueur de 12. à 14. pouces, nous pouvons donc en quelque maniere, en gardant la proportion, nous imaginer la grandeur des animaux mêmes.

Les piéces *e. f.* Pl. I. Fig. I. font cloifonnées de plufieurs parois offeufes très fines, qui forment des compartimens ou les Sinus Frontaux, dont il n'eft pas moins difficile d'indiquer le nombre qu'il n'eft de décrire la fituation. On peut fe les imaginer en regardant la copie Pl. V. Fig. I. *e. f.* où ces piéces font reprefentées du côté inferieur. Ces cavités s'étendent confiderablement au delà de la future *g.* Pl. I. dans la tête même, mais je ne fai pas fi originairement elles ont été remplies de quelque humeur, ou de quelle efpèce a été cette humeur. Probablement elles n'ont été que tapiffées des membranes ordinaires. Elles font feparées par en haut du cerveau par la cloifon offeufe interne qui le couvre, & même, par les ouvertures très fines, qui pourroient peut-être donner paffage à quelques nerfs, elles n'ont point de communication avec cette partie. Quant à la copie Pl. II. Fig. I. il a été difficile de bien exprimer fur une plaine la forme prifmatique & triangulaire de cette tête. On voit comment elle s'élargit par devant *l. k.* là où les yeux étoient placés. Si je fuppofe que dans plufieurs animaux les yeux font placés dans le milieu de la longueur de la tête, il ne fera pas difficile de calculer la longueur entiere de cette Zoolithe, & de trouver par là la grandeur de l'animal même.

La reprefentation donnée Pl. IV. Fig. 2. fait voir plus diftinctement la conformation interne de cette tête, dont j'ai décrit jufqu' ici la forme externe. Si en idée on emporte les morceaux marqués d' *e. f.* Pl. I. & qu'on tourne l'original de maniere que les apophyfes *n. o.* foient de l'autre côté de la Planche, & qu'on ait en vûe la ftructure interne & la cavité de la tête, il fera dans la fituation dans laquelle il eft reprefenté Pl. IV. Fig. 2. pour faire paroître les cavités qui renfermoient autrefois le cerveau. D'abord on verra la cloifon particuliere *a. b. c.* La Nature en alongeant les lames du crâne, qui forment une cloifon vers la bafe de la tête, de maniere que le demi-cercle *a. b. c.* dont la hauteur eft d'un pouce & dix lignes, & la bafe un peu plus étroite, eft refté ouvert, a formé un compartiment feparé pour le cervelet, dont la hauteur eft de deux pouces & dix lignes, le diamétre transverfal de deux pouces & huit lignes, & la profondeur de deux pouces là où la cloifon tient à la bafe du crâne; mais comme cette cloifon au lieu de defcendre en ligne perpendiculaire, fait un angle aigu avec l'os occipital, cette profondeur n'eft que d'un pouce, en mefurant de l'extremité fuperieure de la cloifon jufqu' au grand trou de l'os occipital. Le trou *d.* a donné paffage à la moëlle épiniere. Communement dans les animaux, qui en prenant leur nourriture, font obligés de brifer entre les dents des os très durs, la bonté du Créateur a affermi les compartimens du crâne d'une telle paroi mitoyenne, pour prevenir le mal qui fans cela feroit arrivé à ces créatures, lorfqu' en brifant leur proye entre les dents, elles ferrent les machoires avec beaucoup de force, & que par l'articulation, qui eft au deffous du cerveau, elles ébranlent trop ce vifcére. C'eft là la raifon pour quoi les animaux herbivores n'ont pas cette cloifon, puifqu' il machent plus lentement, & qu'il n'y a point de danger que les compartimens du crâne ne foient ébranlés ou enfoncés, comme il pourroit arriver dans les animaux carnaciers,

K 2 lors-

*) Ephem. nat. cur. an. 2. p. 6.

lorsqu'ils concaffent avec plus de force des os durs entre les dents. La famille des chiens,*) le lion, **) le tigre, ***) les Phocas, ****) l'ours *****) & plufieurs autres animaux ont cette cloifon. L'ours a, outre cette cloifon, encore fouvent une bande qui defcend le long de la furface interne du crâne; cependant cette ftructure differe encore confiderablement de celle de la tête de nos animaux. Dans les animaux qui ont cette cloifon dans la cavité du crâne, elle fuit la direction des futures, elle paffe à peu près par le milieu du cerveau, & ne confifte qu'en une feuille offeufe tres mince; ici nous la trouvons dans la partie pofterieure de la tête, dans un endroit indeterminé, fans qu'elle ait quelque rapport avec une future, & confiftant en un os presque auffi épais que le crâne même. Outre cela cette cloifon naît feulement de la partie fuperieure du crâne & s'alonge vers la bafe, & il y manque la paroi offeuffe, qui, fuivant le rapport des Anatomiftes allegués, naît de la bafe du crâne, & monte vers celle qui va en defcendant. La concavité même eft beaucoup plus regulierement voutée qu'elle ne l'eft dans la tête d'un lion, & elle reffemble le moins aux cloifons encore plus minces & moins regulierement difpofees, qui fe trouvent dans la tête d'un ours.

‣Suivant la dimenfion des cavités du crâne, le cerveau de cet animal a quatre pouces & trois lignes, par confequent, lorsqu'on y ajoute le cervelet, fix pouces & trois lignes de longueur; lorsque l'on mefure la plus grande diftance de la future fagittale jusqu'à la bafe du crâne, deux pouces & deux lignes d'épaiffeur, & fuivant la ligne transverfale entre les deux os pariétaux, la largeur de trois pouces & cinq lignes. Il avance vers la partie anterieure de la tête en s'etreciffant, & près de la future coronale Pl. I, Fig. I. g. il a encore deux pouces & onze lignes de diamétre. Ces dimenfions ne s'accordent pas non plus entierement avec celles qu'on donne au cerveau des animaux ci deffus nommés. Il fe peut que la grandeur des animaux mêmes y faffe quelque différence; mais j'ignore fi le Créateur n'a pas établi dans chaque genre de ces animaux une certaine proportion entre la longueur, l'épaiffeur & la largeur du cerveau, de forte que tous les individus de la même efpèce ont entre eux quelque reffemblance à cet égard. Tout ce que je trouve c'eft que ce cerveau eft de la moitié plus petit que celui du lion, mais plus long que celui de l'ours, & en revanche de la moitie moins épais & d'un pouce plus large que ce dernier. Outre les endroits ci-deffus décrits, où le crâne eft d'une épaiffeur auffi extraordinaire, il a, à la partie anterieure de la tête, fouvent à peine celle d'une ligne. Les finus frontaux font exprimés Pl. IV. fig. 2. e. f. g. h., où l'on voit leur fituation particuliere fuivant laquelle ils avancent confiderablement au delà de la future g. Pl. I. & à peu près de la moitié vers d. fur la même Planche. On voit auffi qu'ils font beaucoup plus grands du côté droit e. f. Pl. IV. Fig. 2. que du côté gauche. Je m'arrêterois trop en rapportant les dénominations des autres parties internes, qui d'ailleurs font affez connoiffables. La partie inferieure de la tête, telle qu'elle eft repreféntée Pl. V. Fig. I. a beaucoup de reffemblance avec celles des autres animaux à l'égard des trous, & c'eft ce qu'on obferve communement dans les créatures de la même famille ou du même genre. Si le fquelette d'une tête de cette efpèce eft revêtu de fes mufcles, qui, fuivant la grandeur des empreintes, doivent être très forts; la tête aura furement une forme épouvantable.

Je

*) Gerhardi Blafii Anatome animalium, p. 23. Cerebrum a cerebello non fola Meninge feparatur in canibus. Sepimentum hic datur offeum — fic ut cerebellum, capfulæ quafi cuidam offeæ, feu fingulari inclufum reperiatur — Non vero huius interftitii offei ope cerebrum totum a cerebello feparatum eft — fuperius, a cranio defcendens feptum hoc offeum fefe ad latitudinem pollicis transverfi magis magisque attenuatum dimittit in interftitium illud, quod inter cerebrum & cerebellum fuperius, quodammodo lateraliter datur. Huic ex inferiori cranii parte, Proceffu nempe petrofo, occurrit feptum fimile, at vix minimi digiti latitudinem habens, nec tamen licet fe invicem contingant, quin aliquid fpatii inter ea intercedat.

**) Blafius l. c. p. 84. de Leone. Cerebrum canino fimile — id a cerebello intercedente apophyfi interna cranii offea, juxta ductum futurarum, fagittalis ac lamdoideæ, ut in canibus dirimebatur.

***) Mich. Bernh. Valentini Amphitheatrum Zootomicum pag. 94. de Tigride. Cerebellum a cerebro proceffu offeo, ut in leonibus dirimebatur. Eph. nat. cur. de ann. 1671. pag. 2. de Leæna. Cerebrum canino fimile - id a cerebello intercedente apophyfi interna cranii offea, juxta ductum futurarum fagittalis & lamdoideæ ut in canibus dirimebatur.

****) Valentin: L. c. pag. 91. de Phoca vitulina. Inter cerebrum & cerebellum aderat os non fecus ac in canibus aliisque animalibus rapacibus.

*****) Valentin. l. c. p. 48. Os quod feparat cerebrum a cerebello, eft fimiliter tenuis & magis irregularis figuræ quam in leone.

Je viens à une nouvelle efpèce de créatures qui fe trouvent dans les cavernes de Gailen-reuth. Si tout ce que j'ai dit jusqu'ici, ne fuffit pas pour nous fournir des conjectures folides fur l'efpèce de quadrupédes à laquelle appartient le fragment précédent, de tous les autres le moins endommagé; je ne fuis pas moins hors d'état de dire quelque chofe de decifif au fujet d'une autre tête d'une efpèce tout à fait différente, dont la forme externe fe trouve repre-fentée Pl. I. Fig. 2. & la forme interne Pl. II. Fig. I. Il n'y a pas lieu de douter que cette tête, comparée avec les précédentes, n'ait apparenu à un animal tout à fait différent.

On n'a qu'à remarquer combien la convexité a. c. s'incline, que les portions g. e. f. Pl. I. Fig. I., qui fe trouvent à la première tête, manquent ici, & qu'à la place de ces portions, le morceau a. b. c. eft d'une forme tout à fait différente; on n'a même qu'à confiderer la ftructu-re interne de cette tête Pl. II. Fig. I. & la chofe fera décidée. On ne voit point ici quelque cloifon qui s'alonge obliquement de d. Pl. II. Fig. I. vers la bafe interne du crâne. Si l'on vouloit prendre pour cette cloifon l'os e. f., la différence même de cette ftructure prouveroit la différence de l'animal. Le cervelet n'eft pas renfermé dans une cavité à part, & l'on ne trouve aucun veftige dans le crâne qu'il ait été feparé, par quelque paroi, du cerveau même. Dans cette tête, qui cependant eft confiderablement plus petite, la cavité du crâne eft de la même longueur que dans la tête précédente, qui eft beaucoup plus grande. L'épaiffeur ex-traordinaire du crâne a. b. c. Pl. II. Fig. 2. fait que la différence eft palpable. Voila donc la feconde efpèce d'animaux qui a peri de la même maniere dans cette caverne, & dont les offemens fe font confervés. La quantité des animaux de cette efpèce enterrés fous ce ro-cher doit auffi être fort grande. Car on trouve par ci par là des os pariétaux Pl. I. Fig. 2. a. b. d. e., qui fe diftinguent par les fragmens mêmes, & le morceau anterieur a. b. c. qui y appartient, & qui ne reffemble pas mal à un mufeau. L'empreinte mufculaire très confide-rable d. & e. de même que la crête f. fourniffent principalement des caractéres très diftin-ctifs. Je ne faurois trouver le fquelette de quelque animal, dont la tête eût une reffem-blance parfaite avec celle - ci. Dans le fquelette de l'ours on trouve un morceau ref-femblant, mais, lorfque l'on y fubftitue la prefente Zoolithe, il en naît une forme tout à fait différente de celle de la tête de l'ours Arctos. L'abfence de la cloifon prouve que c'eft un autre animal. Si je me reprefente l'endroit que l'oeil a occupé, qui ne fauroit être un autre que celui entre f. & g. ou fi je m'imagine celui de la cavité glenoïde pour l'articulation de la machoire inferieure, à laquelle ce n'eft que la place entre b. & g. qui foit convenable, vû que les parties inferieures de la tête manquent ici, fi je fuppofe en même tems qu'il eft impoffible que la tête ait été encore beaucoup plus longue au delà de c. f. puisque ce morceau étant alongé en forme d'arc fuivant la convexité a. c. lui donneroit une forme trop finguliere: il faut, fuivant cette proportion, vû que l'animal doit pourtant avoir été d'une grandeur con-fiderable, que les machoires foient extraordinairement courtes; fi l'on ajoute à cela le morceau d'une épaiffeur confiderable pour l'organe de l'ouie, qui, fuivant la future très apparente près de b., doit avoir été en bas de b. vers e. avec une quantité d'autres os, la tête aura une gran-deur disproportionnée, & les machoires feront extraordinairement petites, & quand même on fuppoferoit la dimenfion de ce qui manque, auffi petite qu'on voudroit, la groffeur de la tête la fera toujours paroître toute ronde. Lorfque l'on y ajoute encore les mufcles, la peau & d'autres parties molles, il en naîtra une forme tout à fait monftrueufe.

Les animaux carnaciers ont en plus grande partie l'oeil placé dans le milieu de la longueur de la tête. Si nous fuppofons la même chofe ici, il faut abfolument que la tête entiere ait eu un alongement de c. f. g. pour le mufeau, qui a été auffi long que c. b. e. Très probable-ment cette partie alongée ne s'eft pas inclinée fuivant la convexité c. a. Si nous fuppofons qu'elle s'eft étendue en avant de c. g. en ligne droite, & de niveau avec la future b. e., il faut que les os, qui ont formé le mufeau, & qui ont été joints près de c. g., aient été beaucoup recourbés, à peu près comme les ont les dauphins. Je parlerai dans la fuite de la partie an-terieure d'une tête, où cette ftructure, fuivant laquelle le mufeau commence après une grande convexité du crâne, paroîtra encore beaucoup plus diftinctement dans une Oftéolithe qu'on a trouvée dans nos cavernes.

L.

Si l'on fçait que le crâne, ou proprement l'os coronal d'un lion a communement l'épaiſ-
feur d'un pouce, on pourroit bien par l'épaiffeur du prefent os Pl. II. Fig. I. *a. b.* être porté à
fuppofer le même animal, quoique de dix autres caractéres, il ne s'en trouve ici pas un feul.
Mais ce qui reſſemble dans la copie à un os folide, n'eſt dans l'original qu'une paroi qui partage la tête en deux parties, & dans laquelle il y a un ſinus, qui s'étend, independemment de
la future, fans interruption d' *a.* jusques vers *c.* au deſſus du cerveau. Tout cet eſpace contient, fuivant la hauteur de la paroi offeuſe, qui eſt à peu près d'un pouce & demi, un grand
nombre de cavités, comme l'on voit dans la partie anterieure *a. b.* Dans un autre morceau
plus ouvert j'en ai compté jusqu'à vingt. Mais dans l'eſpace qui ſe trouve tout près derriere
la clòiſon *c. a. b.* il n'y a qu'une feule cavité de la même longueur & hauteur que la cloiſon.
Toutes ces cavités n'ont pas la moindre communication avec le cerveau. Il pourroit bien
paroitre à des perſonnes d'une connoiſſance moins étenduë que la Nature eût donné à ces
animaux un double cerveau, ou du moins de pareils avant-murs, ſous lesquels le cerveau
fût à l'abri des bleſſures les plus profondes. L'odorat de ces créatures doit avoir été fans
doute extraordinairement fin. Si ces animaux doivent être rangés parmi les animaux marins
ou terreſtres; ſi les analogues vivans ſe trouvent dans les contrées les plus proches, comme
l'ont pretendu certains gens fans même avoir vû ces os calcinés; ou ſi jamais quelcun ſe donnera la peine de ſe mettre au fait à cet égard, c'eſt ce que j'ignore encore à prefent.

Quant aux autres membres de cette eſpèce de créatures, le tems & la deſtruction n'en
ont gueres laiſſé de reſtes, du moins il eſt impoſſible d'y ranger avec certitude ce qui ſe
trouve dans ces cavernes. Il n'y a plus que des fragmens iſolés, des os de la partie anterieure & poſterieure de la tête fendus dans les futures, malgré toute la peine qu'on s'eſt donnée,
on n'a pas pû trouver des dents ni des machoires convenables. Les dents pétrifiées dont je
parlerai dans la fuite, paroiſſent toutes être d'une grandeur disproportionnée pour ces créatures. C'eſt quelque choſe de particulier, que ces différens morceaux de ces têtes ſoient de la
même grandeur, & qu'on ne remarque point du tout ici cette diverſité de la grandeur, qu'on
remarque autrefois entre les parties de la même eſpèce. Peut-être cette eſpèce d'animaux,
à laquelle appartenoit la tête Pl. I. avoit elle ſon domicile dans cette contrée, puisque les reſtes qu'on en trouve, ſont les plus frequens, & que nous trouvons des oſſemens de ces animaux bien jeunes, plus âgés & très grands mêlés enſemble, par confequent des familles entieres. Mais il ſe peut qu'un accident n'ait transporté ici d'un autre païs que les individus
plus âgés & plus grands de la feconde eſpèce. Cependant on peut faire auſſi contre cette
conjecture des objections très difficiles à refoudre.

En donnant à prefent & dans la fuite la defcription des autres morceaux qui ſe trouvent dans ces cavernes, je fuivrai très à propos le même ordre dans lequel le Créateur a
joint les os qui compoſent la charpente offeuſe d'un animal. Je viens donc aux machoires,
qui ſe trouvent repreſentées Pl. VI. & Pl. VII. Elles me paroiſſent aſſez fortes & bien armées
pour avoir appartenu à un animal très redoutable; elles ſont repreſentées ici, de même que
les os précédens, dans leur grandeur naturelle. La ſixieme Planche repreſente une machoire
inferieure toute entiere avec les dents molaires, qui doit fans doute être d'un animal bien âgé,
comme l'on voit par les dents émouſſées & gâtées, telles qu'on en trouve pluſieurs. Je puis
me diſpenſer de dire que communement la place vuide entre *b.* & *c.* eſt deſtinée à recevoir la
dent canine ſuperieure, lorsque les machoires ſe ferment, quoique cela n'ait pas lieu ici, vû
qu'il y a des morceaux de la machoire ſuperieure qui prouvent inconteſtablement, que la dent
canine ou laniaire ſuperieure a paſſé ſur l'inferieure, & que dans ces animaux elle s'en eſt trouvée aſſez près. On fait de même très bien que les trous *a. a.* y ſont pour donner paſſage aux
nerfs & aux vaiſſeux, qui paſſent par les machoires de la plus grande partie des animaux, &
qui ſortent de l'autre côté près d' *f.* pour ſe diſtribuer dans les muſcles. Je remarque feulement que ce canal, qui paſſe par les machoires, a fouvent dans le milieu le diametre de cinq
à ſix lignes. Dans l'alvéole *c. d. e.* il y avoit une dent canine ou laniaire, telle qu'elle eſt reprefentée ſur cette même Planche Fig. 3. du côté externe & Fig. 3. *. du côté interne, ſuivant la ſituation qu'elle avoit dans la machoire. Fig. 2. eſt la dent qui étoit enchaſſée dans la

con-

concretion dont j'ai parlé ci-deſſus. Je ſuppoſe qu'elle eſt de la même eſpèce que les deux autres, la ſtructure entiere le prouve; la pointe, qui manque ici, pourroit être uſée; cependant cette dent eſt preſque toute ſolide, au lieu que les autres ſont toutes creuſes, au point que la ſubſtance oſſeuſe, à la pointe près, a ſouvent à peine l'épaiſſeur d'une ligne.

Probablement les preſentes dents n'ont pas appartenu à cette machoire-ci; elles ſont un tant ſoit peu trop groſſes. On voit cependant que ſa propre dent ne peut guéres avoir été beaucoup plus petite, vû que l'alvéole d. c. e. s'étend vers a. dans une profondeur de deux pouces & demi. On voit auſſi que cette dent, & les autres qui lui reſſemblent, ne peuvent guéres être ſorties des gencives au de là de huit lignes ou d'un pouce. On a trouvé des machoires dans lesquelles les dents Canines, parfaitement ſemblables à celles qui ſont repreſentées ici, étoient encore enclavées, & c'eſt ce qui prouve inconteſtablement, que de pareilles dents ont appartenu à ces machoires. Elles reſſemblent parfaitement à ces dents que Mr. HOLLMANN a trouvées parmi les os de rhinocerots, dont il a donné la deſcription. On les a priſes pour les dents d'un lion. Mais ce que je viens de dire, prouve qu'elles ont appartenu à des animaux tout à fait différens. Il y avoit parmi ces os de rhinocerots d'autres os plus petits, qu'on a jettés puisqu'on les a pris pour les os d'un cheval; mais peut-être étoient-ce des oſſemens de nos animaux; du moins les dents, qu'on y a trouvées en même tems, ne les rendent que trop connoiſſables.

Je me diſpenſe d'expliquer pourquoi le Créateur a affermi auſſi extraordinairement ces dents qui avancent ſi peu hors des gencives, & qui par conſequent ſont ſi peu propres à l'uſage qu'un animal carnacier en doit faire. Il me ſuffit de dire que pluſieurs perſonnes, qui ſont entrées pluſieurs fois dans ces cavernes, après que la choſe a été plus connue, ont trouvé ſurement près de deux cent de ces dents de différente grandeur. Il y a encore d'autres pareilles dents, enchaſſées dans les concrétions. La grandeur monſtrueuſe des alvéoles dans les machoires qu'on a trouvées, qui ſouvent eſt le double de celle qui eſt exprimée ici d. c. e., de même que les empreintes qu'on a trouvées ſur des pierres, prouvent que les machoires mêmes doivent avoir ſurpaſſé d'autant en grandeur celle qui eſt repreſentée ici. Près de c, il y a des alvéoles, qui dans chaque machoire doivent renfermer trois dents inciſives, mais c'eſt de quoi je ne parle pas encore à preſent. On voit facilement que g. b. exprime l'apophyſe condyloïde qui s'articule dans la cavité glenoïde.

On a bien trouvé jusqu'à deux cent fragmens de pareilles machoires inferieures, ſans compter celles qui ſont entieres. Dans quelques uns de ces morceaux l'eſpace entre c. & d. ou l'intervalle entre la dent laniaire & la premiere dent molaire eſt de trois pouces; la machoire entiere pourroit donc, étant comparée avec celle-ci, proportion gardée, avoir eu la longueur d'un pied & demi. L'endroit c. où les deux parties de la machoire étoient jointes l'une à l'autre, avoit vers a. la longueur de trois pouces & trois lignes, & de d. vers c. la largeur d'un pouce & ſept lignes. Chaque machoire renferme trois dents inciſives, de ſorte que le peu de place, qu'il y a pour les alvéoles, eſt admirablement ménagé. Mais ce qu'il y a de particulier c'eſt que dans un ſi grand nombre de fragmens il n'y avoit que deux de la machoire du côté droit, comme l'on remarque auſſi en général à l'égard des os dont je parlerai dans la ſuite, qu'ils ſont preſque tous du côté gauche. Un accident violent ou la rapidité du torrent d'une grande inondation, ou l'écroulement des montagnes a-t-il peut-être couché tous ces animaux enſemble ſur le côté droit, de ſorte que les os, qui touchoient la terre, ont été décompoſés plûtot, tandis que les autres, après la deſtruction de la chair, étant arroſés des ſucs ſtalactitiques, ſe ſont conſervés plus longtems, comme l'on voit par leurs reſtes. Je n'oſerois cependant pas propoſer cette hypothéſe même comme une conjecture.

Outre cette eſpèce de trés grandes machoires j'ai encore trouvé des eſpèces particulieres. Elles reſſemblent aſſez à celle qui eſt repreſentée Pl. VI. à cela près qu'elles ſont plus courtes d'un quart & quelquefois d'un tiers. On diroit qu'elles euſſent appartenu à des animaux jeunes, qui n'avoient pas alors atteint leur croiſſance. Mais les dents y ſont extraordinaire-

ment

ment fortes. Quant à la ftructure ces dents reffemblent parfaitement à celles qui font enclavées dans les grandes machoires, mais dans ces grandes machoires on ne trouve jamais
les dents d'une grandeur auffi extraordinaire. Il y a encore un point dans lequel ces deux
machoires diffèrent l'une de l'autre. La dernière dent molaire fe trouve toujours derrière
l'apophyfe *i. k. l.* Pl. VI. dans l'endroit *m.* La courbure inferieure de ces machoires a beaucoup plus de rondeur que dans celle qui eft reprefentée ici. Cette courbure diminue fucceffivement vers la partie anterieure, là où fe trouve la dent laniaire, de forte que l'extremité entiere de la machoire fe termine avec la dent laniaire même, avec laquelle elle fait un
continu; tant les parois de l'alvéole *d. e. c.* font minces dans ces machoires. Peut-être ces
machoires ont-elles appartenu aux femelles des animaux qui font enterrés ici en fi grande
quantité. Cela ne fuffit pas pour expliquer la grande varieté des machoires, non obftant laquelle elles prefentent toujours la même denture. Très probablement cette famille d'animaux
a compris plufieurs varietés, à peu près comme celle des chiens. Car il en eft presque de
même ici comme de la famille des chiens, où les machoires d'un doguin, d'un levrier, d'un
dogue ont neceffairement la forme différente, quoique la denture foit toujours la même.

Pl. VII. Fig. 1. & 2. nous avons reprefenté deux machoires, avec la denture presque
complette. Dans l'original les dents *a. b. c.* & *d. e.* fig. 1. s'emboitent fort exactement les unes
dans les autres, probablement donc ces deux morceaux font du même animal. Les animaux,
dont nous avons reprefenté une tête Pl. I. fig. 1. ont eu la denture pareille, & c'eft ce que je
prouverai dans la fuite d'une maniere incontestable. Il y avoit feulement encore une petite
dent molaire au deffous d'*f.* fig. 1. & dans la machoire inferieure fig. 2. il n'y avoit non plus
qu'une feule dent avant *a.*

Fig. 3. fur cette même Planche reprefente un fragment d'une machoire fuperieure du
côté droit, avec l'alvéole pour la dent laniaire, dont la profondeur, c'eft à dire, jusqu'où
cette dent entroit dans l'alvéole, eft exprimée par le contour ponctué *a. b. f.;* la ligne *a. b. c.*
marque la pointe de la dent qui en eft fortie. Ce morceau a de même fait partie d'un animal
de la même efpece, dont nous avons reprefenté la tête Pl. I. fig. 1. Car dans les originaux la
dent *d.* fig. 3. Pl. VII. reffemble parfaitement à celle de *d.* fig. 1. à cela près qu'elle eft plus
ufée, & comme je fai très furement par d'autres morceaux, il y avoit fans contredit près d'*f.*
une dent comme celle près d'*e.* fig. 3. Cela fera prouvé plus clairement dans la fuite, où
il me faudra determiner la denture entiere de ces animaux, pour trouver fuivant, la difpofition & le nombre des dents, l'animal même dans le Syftéme de Mr. de LINNE. En trouvant le fragment fig. 3. on vit bien que la cavité *a. b. f.* fuppofoit une fort grande dent lania-
re. Cependant nous reuffimes affez tard à trouver de pareilles dents laniaires fuperieures
enclavées dans les alvéoles. A la fin je fus affez heureux pour trouver la piéce, qui eft très
bien exprimée Pl. V, Fig. 2. avec quelques fragmens & quelques autres pieces entieres. On
voit par la ftructure, qu'elle a été enclavée dans la machoire fuperieure. Quelque grande
que foit cette dent laniaire, il lui manque pourtant encore beaucoup pour remplir l'alvéole *a.
b. f.* Pl. VII. Là où la fubftance offeule de ces dents eft la plus épaiffe, elle a à peine l'épaiffeur d'une ligne. Je n'ai trouvé que très peu de pareilles dents laniaires, qui, à un tout petit trou près, ont été tout à fait folides. Ces dents appartenoient-elles bien à une autre efpece de créatures, ou feulement à des animaux plus vieux? Je doute du dernier, vû que les
piéces les plus grandes ont communement les parois les plus minces. Mais les varietés de la
Nature combien ne font-elles pas frequentes? Au moins il eft fur, que fi l'on confidere la partie pofterieure de la tête de nos animaux, qui eft reprefentée Pl. I. fig. 1., que l'on fuppofe
que le morceau Pl. VII. fig. 3. ait fait la partie anterieure de la tête, & qu'on applique les
deux morceaux, d'une grandeur proportionelle, l'un à l'autre, il en nait pourtant un animal tout
particulier, qui ne reffemble pas trop à aucun des animaux carnaciers connus. La denture
Fig. 1. & 2. Pl. VII. exigeoit furement auffi un crâne proportionné, en comparaifon duquel
celui, qui eft reprefenté Pl. III. fig. 2., feroit furement encore de beaucoup trop petit.

Si

Si de la forme externe on pouvoit avec certitude tirer quelque conclufion, il faudroit que cette dent, telle qu'elle eft repréfentée Pl. VII. *a. b. c.*, à l'égard de fa grandeur, de fa figure & de fon ufage, eût eu beaucoup de reffemblance avec les deux dents laniaires du rosmare, & qu'elle fût fortie, presque comme celles-ci, de la machoire fuperieure. Je n'ignore pas à la verité que les racines des dents laniaires fuperieures du rosmare paffent à travers la tête & fe joignent par derriere l'une à l'autre fous un angle; du moins *Monti* & d'autres d'après lui ont-ils repréfenté ainfi ces racines. Cependant on ne peut point du tout inférer de là que la Nature ne puiffe pas, fuivant les différentes vues, affermir auffi d'une maniere différente les dents laniaires dans une efpèce d'animaux qui appartient au même genre. Il fera aifé de s'imaginer la grandeur que la tête aura, fi l'on ajoute à un fragment, comme le prefent, ce qui manque encore, c'eft à dire le grand nombre d'os neceffaires pour la vie de l'animal, pour l'organe de l'ouie, pour le cerveau, pour les orbites & les machoires.

Je viens aux autres dents de ces créatures, dont il y a un grand nombre qui fe font très bien confervées, de forte qu'il ne femble pas être trop difficile ou de trouver l'efpèce d'animaux même fous les genres dans le Syftéme de Mr. de LINNE, ou de la chercher plus loin, peut-être dans l'ancien monde, ou dans quelques coins du prefent. Quoiqu' en donnant les copies des machoires on ait en même tems déjà repréfenté différentes dents, plufieurs lecteurs pourroient pourtant trouver plaifir à les voir à part & avec les racines. Je leur ai donc affigné une Planche à part c'eft à dire la huitieme, d'autant plus que j'ai encore trouvé plufieurs dents d'autres animaux. La raifon pourquoi j'ai rangé ces dents précifement dans cet ordre & non pas dans un autre, c'eft que je les ai trouvées ainfi rangées dans différens fragmens de machoires, dans lesquels les dents étoient encore enclavées.

La dent marquée d' *a.* eft une des dents incifives anterieures de l'animal, dont il y a quatre dans la machoire inferieure, c'eft à dire deux de chaque côté. Dans les originaux les couronnes font plus pointiées & les tuberofités latérales beaucoup plus élevées. Ces dents font rangées alternativement, & l'on voit qu'elles font trifourchiies, ou à trois pointes, ou, fi l'on veut, à trois lobes. Les dents de la machoire fuperieure reffemblent parfaitement à celles-ci, à cela près que leur racine eft d'un quart plus courte. Dans la machoire inferieure il y en a quatre. A côté des deux dents laniaires de la machoire inferieure il y a deux dents de l'efpèce repréfentée fous *b.* & même fi près des laniaires, que dans la machoire il n'y a entre ces dents qu'une paroi très mince. Ces deux dents avancent au deffus des quatre dents incifives qui fe trouvent entre elles; je les nommerai les dents à deux lobes; & comme elles font placées aux deux extremités du rang, que les quatre incifives forment, il y a dans la machoire inferieure fix dents anterieures (*primores*). Les dents laniaires placées tout près de ces dents anterieures font affez diftinctement repréfentées Pl. VI. Fig. 2. 3. & 3*. Elles font beaucoup éloignées des dents molaires, & dans chaque partie de la machoire inferieure il n'y en a jamais plus qu'une feule.

On peut de même determiner avec certitude le nombre & la forme des dents de la machoire fuperieure. On a trouvé des os maxillaires fuperieurs, dont les alvéoles indiquent le nombre des dents, & par d'autres fragmens, qui renferment encore tantôt une dent incifive, tantôt une autre, il eft aifé de reconnoitre leur forme. Dans aucun morceau il n'y a quelque veftige qu'il y ait eu plus de dents que quatre. Elles reffemblent en tout aux dents inferieures, dont il y en a une fig. 2. à cela près, comme je l'ai dit plus haut, qu'elles font confiderablement plus courtes. Près des deux dernieres dents il y a une petite dent laniaire, telle qu'elle eft exprimée Pl. VIII. fig. *c. d.* La dent *d.* paroit ne point être parvenue à fa perfection, mais on trouve de pareilles dents, très minces par en bas, fouvent d'une grandeur plus confiderable que celle qui eft repréfentée Fig. *c.*

Les dents laniaires plus grandes de la machoire fuperieure Pl. V. fig. 2. & Pl. VII. fig. 3. ont déjà été décrites. Je remarque feulement qu'elles fe trouvent fort près des dents anterieu-

M   res,

res, il faut donc qu'elles aient repondu aux dents laniaires inferieures, & c'eſt ce qu'on voit auſſi très diſtinctement dans différens morceaux par les ſillons qu'elles y ont imprimés. Entre ces dents & les dents molaires il y a un intervalle conſiderable. Nous avons donc ici des animaux qui, dans la machoire ſuperieure, ont quatre dents inciſives trifourchues & autant de laniaires. Il faut avouer que, lorsque l'on place dans les alvéoles vuides les dents qui y repondent, il en nait une denture bien redoutable. La machoire ſuperieure eſt donc beaucoup mieux armée, & les dents molaires prouvent, que, conformement à ce qui ſe trouve dans la plus grande partie d'animaux, elle eſt beaucoup plus richement garnie que l'inferieure.

Je ne crois pas m'être arrété trop longtems ſur un article qui cependant pourroit paroître peu important. La determination du nombre des dents eſt dans le cas preſent, comme les gens inſtruits en conviendront, l'unique moyen ou de trouver ces animaux mêmes dans le ſyſtéme, ou de les inférer dans le vuide qui y eſt reſté. Je puis être plus court en parlant des dents molaires. La Fig. e. exprime aſſez la premiere dent molaire, qui ſuit la dent laniaire de la machoire ſuperieure. Cette eſpèce de dents a toujours les trois grandes pointes; elles reſſemblent aux dents d'un loup, mais il eſt très ſur qu'elles appartiennent aux animaux dont il eſt queſtion ici, & qu'elles doivent occuper la place qui leur eſt aſſignée ici. C'eſt ce qui eſt prouvé par les fragmens des machoires, dans lesquels ces dents ſe trouvent encore enchaſſées. Dans le morceau Pl. VII. Fig. 3. cette même dent ſe trouve près d' e. La dent qui ſuit eſt de même diſtinctement exprimée par la fig. f. Quoiqu'il y ait des exemplaires fort gros de cette eſpèce de dents, ils ont pourtant tous, comme l'on voit ſur la Planche, les trois grandes pointes dirigées vers la partie externe de la tête, & les trois petites éminences dirigées vers le palais, toutes de la même ſtructure. On n'a qu'à conférer Pl. VII. Fig. 1. Les trois, quatre ou cinq racines prouvent qu'elles ont été placées dans la machoire ſuperieure, où elles ont eu plus de place. Quel ſoin du Créateur, qui n'a pas même manqué d'affermir d'une racine de plus les dents d'une bête feroce, & d'employer pour cela dans les machoires une place meſurée juſqu'à une ligne! Ce Créateur n'auroit-il plus ſoin de l'individu, n'auroit-il pas ſoin de l'homme tout comme il a eu ſoin des racines de ſes dents? La derniere des dents molaires ſuperieures eſt celle qui eſt repreſentée Fig. 9. Elle eſt plus groſſe de la moitié que les autres, mais auſſi, lorsque les animaux machent, elle ſoutient de la moitié plus de force; par cette raiſon le créateur pourvoyant à tout, lui a donné un plus grand nombre de racines, c'eſt à dire quatre à cinq.

Nous avons trouvé de cette eſpèce de dents des exemplaires de la longueur de deux pouces & demi. Lorsque l'on prend la machoire pour un levier & les alimens de ces créatures pour la reſiſtance, c'eſt préciſement l'endroit où le levier opére avec la plus grande force; il faut donc qu'il y ait là les os les plus forts, vû que la ſageſſe du Créateur n'a pas ſeulement eu ſoin du total des créatures, mais auſſi de leurs parties les plus petites en detail. Ce qu'il y a de particulier c'eſt que, dans la machoire ſuperieure, il n'y a que trois dents & que, dans la machoire inferieure, il y en a quatre. La nourriture de ces animaux ſemble avoir exigé cela. Il falloit que la machoire ſuperieure eût une grande force, & pour la lui donner, la derniere dent, qui ſuivant ſa ſituation peut opérer le plus lorsque l'animal mache ſes alimens, ou qu'il briſe les os, a été conſtruite d'une ſeule pièce. Mais ce que le Créateur, qui opére toujours avec la plus grande épargne, a ajouté à cette dent en volume, il l'a très ſagement rabattu ſur le nombre des dents.

Les dents molaires de la machoire inferieure ſe ſuivent dans le même ordre qu'elles ſont repreſentées Pl. VIII. h. i. k. l. Leur grandeur diminue vers la partie anterieure à meſure que la force diminue par l'alongement de la machoire, de ſorte que la dent b. eſt la premiere après la laniaire. Qu'on mette en idée à la place des dents, qui ſe trouvent enclavées dans la machoire Pl. VI. de b. juſqu'à m. les dents Pl. VIII. fig. b. i. k. l. & dans l'alvéole d. e. c. Pl. VI. la dent laniaire fig. 3., outre cela à côté de cette dent près d' e. la dent anterieure b. Pl. VIII.

&

& à côté de celle-ci alternativement deux dents incifives, comme celle d' *a.* fur la même Planche, & on aura la denture complette telle qu'elle fe trouve dans une moitié de la machoire inferieure. La derniere dent molaire *l.* ne fe trouve pas toujours dans nos animaux. Ce ne font que les plus grandes machoires qui l'ont. Elle ne fort donc que dans les animaux plus âgés, à fin que, lorsque les autres dents font déjà un peu émouffées, elle leur donne un nouveau fecours pour brifer leur nourriture, après que la derniere dent molaire fuperieure eft parvenue à une grandeur & longueur à pouvoir lui fervir d'appui.

Mais pour faire voir auffi aux Curieux ce qu'il y a de particulier dans la machoire fuperieure de ces animaux, je communique fur la Pl. IX. la copie d'un morceau qui a été trouvé dans ces cavernes. Fig. I. eft fans contredit la machoire fuperieure de ces animaux, dont nous avons déjà examiné les reftes. Le morceau entier ne confifte qu'en un feul os, fur lequel on ne voit pas le moindre veftige de quelque future, & c'eft, comme tous les autres, une Zoolithe calcinée très compacte. Les deux dents *a. b.* y font fi fermement enclavées qu'on ne fauroit les en tirer fans caffer la machoire même. *c. d. e. f.* font quatre dents incifives, telles que nous en avons reprefenté une Pl. VIII. *a.* Pl. IX. *g.* & *h.* expriment les places où fe trouvoient les petites laniaires comme il y en a une Pl. VIII. *c.* On voit dans les originaux que les deux dents laniaires *i.* & *k.*, quoique moins grandes & plus ufées, font cependant les mêmes que celle Pl. V. Fig. *2.* J'ai trouvé fans beaucoup de peine, dans un fi grand nombre de dents, celles qui repondoient exactement aux alvéoles, après que j'ai été affuré par d'autres fragmens, dans lesquels ces dents fe trouvoient encore enclavées, que c'étoit précifément dans cet ordre & non pas dans un autre qu'elles ont été rangées. Les dents molaires du côté gauche ont été détruites de même que la machoire, au point, que, comme nous le voyons dans la copie, il n'en eft refté que les creux. Mais près d' *a.* & *b.* nous avons les mêmes dents, telles qu'elles font reprefentées Pl. VIII. *f.* & *g.* La dent *e.* fur cette même Planche ou plûtôt une dent femblable a occupé dans nôtre Zoolithe la place *l.* Pl. IX. Cela peut fuffire pour nous donner quelque idée des dents dont la machoire fuperieure de ces animaux eft garnie. Il fera fuperflu de dire que la longueur de *c. d. e. f.* jusques à *m.* exprime l'os du palais. Il y a les trous ordinaires, comme dans les autres animaux, pour donner paffage aux vaiffeaux. A l'endroit *n.* tenoit l'os de la Pomette, lequel, à en juger par la fracture qui fe voit dans l'original, étoit fort grand & placé un peu plus haut qu'il ne l'eft dans d'autres animaux. La furface de l'os *n. o. k.* eft un peu concave vers *o.* pour fermer ici la tête anterieure, ou pour lui donner fa forme prismatique fuivant la ligne *o. k. b.* Il femble que cette tête a auffi été fermée d'un pareil os plat comme celle Pl. I. Fig. I. *d. g. e. f.* Le côté droit, qui dans la copie ne fe voit pas, reffemble parfaitement à celui qu'on a en vûe *m. n. o. k.* Dans l'interieur de ce morceau je ne trouve pas beaucoup de chofes remarquables. Il n'y a que le veftige d'une cloifon très mince, qui a paffé par le milieu d' *e.* vers *m.*; mais ce qu'il y a de particulier c'eft qu'elle ne partage pas la tête, comme à l'ordinaire, en plufieurs finus, mais feulement en deux cavités. Car il n'y a pas la moindre marque de quelques autres lames offeufes nées des parois latérales. En comparant ces dents laniaires avec les autres, on voit que cette Zoolithe a fait partie d'un animal à peine de mediocre grandeur. Cependant plufieurs dimenfions conviennent avec celle de la tête d'un cheval. Mr. le Comte de BUFFON *) donne fept pouces & quatre lignes pour la largeur de la tête d'un cheval au deffous des yeux. Ici il y a déjà presque autant de largeur de la fracture d'un os zygomatique jusqu' à l'autre. Dans la tête d'un cheval la machoire fuperieure a dans fon milieu la hauteur de deux pouces & quatre lignes; ici les fragmens font déjà plus hauts d'un pouce. La diftance entre les dents incifives d'un cheval, & l'endroit où l'angle de la machoire inferieure eft oppofé à la machoire fuperieure, eft d'un pied; ici cette longueur étoit furement d'onze pouces.

M 2

Cette

*) Hiftoire naturelle, Edit. II. Tome V. p. 346.

Cette Zoolithe a-t-elle fait partie d'un animal du même genre ou de la même efpèce que celui, dont étoient les repréfentations précédentes? Je me fuis engagé plus haut à repondre à cette queftion. Je foutiens que la tête Pl. I. Fig. 1., que les Planches & les Figures fuivantes repréfentent de différens points de vüe, eft de la même efpèce d'animal à laquelle appartiennent les machoires Pl. VI. fig. 1., les dents fig. 2. fig. 3. fig. 3*. & Pl. VII. fig. 2. & le fragment fig. 3. fur la même Planche. Il ne fera pas difficile de prouver cela; les morceaux mêmes fourniffent les argumens. Dans nos cavernes on a trouvé beaucoup d'Ofteolithes qui reffemblent très parfaitement à l'os *b. m. l. n. k.* Pl. I. fig. I. lorfque dans la future *b. i.* il eft feparé du total. Or les Apophyfes Condyloïdes des machoires, telles qu'il en eft repréfenté une Pl. VI. Fig. I. repondent très exactement aux cavités glenoïdes qui fe trouvent dans les fragmens. Il s'articuloit ainfi dans la cavité glenoïde *m.* Pl. I. fig. 1. ou, comme elle fe prefente plus diftinctement *a.* & *b.* Pl. V. Fig. 1., une pareille machoire; par confequent les dents qui y font enclavées, appartiennent à la même créature de laquelle étoit la premiere tête. Mais les dents *b.- m.* Pl. VI. Fig. 1. reffemblent parfaitement aux dents Pl. VIII. fig. *b. i. k. l.* & les dernieres *i. k. l.* ont la plus grande reffemblance avec *a. b. c.* Pl. VII. Or les dents molaires *d. e.* fur la même Planche fig. 1. fe ferrent très exactement avec ces dents, &, comme nous l'avons vû plus haut, les dents *d. e.* fig. 3. reffemblent parfaitement à ces dents. Toutes ces reffemblances prouvent donc ce que nous avons fuppofé, c'eft à dire que toutes les dents que nous avons examinées jufqu' ici, appartiennent au même animal dont la tête eft repréfentée Pl. I.

J'infére de la que la Zoolithe repréfentée Pl. IX. fig. 1. a conftitué la partie anterieure de la tête Pl. I. Fig. I. quoique non-pas du même individu, mais de la même efpèce d'animal. Car les dents *a. b.* font toutes les mêmes que celles *f. g.* Pl. VIII. L'extremité des os du palais, qui eft marquée Pl. IX. *m.* a donc paffé fous la tête de la premiere Planche fig. 1. près d' *b. m.* à peu près jufques vers *l.* L'os Zygomatique a été joint près d' *m.* fur cette même Planche, il a donc formé en haut vers *n.* Pl. IX. Fig. I, un arc oblique. C'eft ici qu' étoit l'apophyfe malaire & plus avant l'orbite. Le crâne s'eft incliné en avant des morceaux *e. f.* Pl. I. fuivant la direction *o. k. b.* Pl. IX. C'étoit là la forme externe du fquelette de la tête de nos animaux. Il fera aifé de fe la repréfenter & de trouver en quoi elle différe des têtes d'autres animaux, ou en quoi elle leur reffemble.

On me paffera encore une conjecture fur ce que je viens de dire. Comme les animaux, dont nous avons confideré jufqu' ici les têtes, doivent avoir été des créatures d'une grandeur très confiderable, je fuppofe, avec affez de probabilité, que les offemens, qu'on trouve dans ces cavernes, ont aufli appartenu en plus grande partie à des animaux de la même famille. Voici comment cette conjecture peut être prouvée. Dans la plus grande partie des animaux carnaciers la cavité glénoïde, qui reçoit les apophyfes condyloïdes de la machoire inferieure, fe trouve au tiers ou au quart de la longueur de la tête entiere. La longueur de la machoire eft donc deux tiers ou trois quarts de la longueur entiere de la tête même. Or fi la longueur des machoires, qu'on a trouvées, eft de 12. à 16. pouces, quand même nous n'y comptons pas les fragmens d'une grandeur extraordinaire, il faut que les têtes qui y appartiennent, aient eu la longueur de 16. à 20. pouces, ou fi l'on compte fur le tiers, celle de 18. à 24. pouces. Si l'on prend le fextuple de la longueur de la tête pour celle de l'animal entier, & qu'on donne à celle-ci, comme cela fe trouve dans le lion, vingt-fept vertébres, le corps entier a eu la longueur de huit à dix pieds, ou celui des plus grands animaux, la longueur de dix à douze pieds, & le corps d'une vertébre auroit eu alors la hauteur de 4. à 5. pouces. Or on trouve des vertébres de cette grandeur, fi l'on met en compte l'épaiffeur des cartilages, qui manquent ici, fi l'on fait attention à l'inégalité des vertébres du col, du dos ou des lombes, fi l'on compare la grandeur de l'Os Sacrum, & enfin fi l'on compte fuivant les conjectures là où l'on n'ofe pas donner la probabilité la plus claire pour une certitude. Le volume des autres Zoolithes de ces cavernes, comme celui des Atlantes, des Tibia & de leurs têtes, des os de la cuiffe, n'admet pas non plus abfolument des animaux de moins de grandeur.

Je

Je n'ai pû me difpenfer de rapporter ces comparaifons pour prouver, que les dents, que nous avons vûes jufqu'ici, ont appartenu aux têtes reprefentées. Or fi le hâfard nous en a laiffé autant qu'il nous en falloit pour nous reprefenter le fquelette de la tête, & fi nous avons pû, par les fragmens des machoires, retablir d'une maniere inconteftable la denture complette, ce feront là les moyens les plus furs de trouver l'animal même dans le Syftéme de mr. de LINNE. L'animal principal des cavernes de Gailenreuth, auquel je ne faurois encore donner un nom, a les dents rangées dans l'ordre fuivant. J'ai mis à côté les termes latins, puisque les Naturaliftes leur donnent une fignification plus déterminée que n'eft celle des expreffions arbitraires d'une traduction.

L'ordre dans lequel les dents de l'animal principal des Cavernes
de Gailenreuth font rangées.

In Maxilla inferiori.		Dans la machoire inferieure.	
Primores inciforii, intermedii, trifurcati, alterni	4.	Les dents anterieures incifives, alternativement enclavées dans la machoire, à trois pointes	4.
Primores inciforii, laterales, longiores, lobati	2.	Les dents anterieures incifives, à côté des premieres, plus longues & garnies d'une tuberofité	2.
Laniarii, a molaribus remotiffimi, primoribus approximati, conici, compreffiufculi	2.	Les dents laniaires beaucoup éloignées des dents molaires & fort près des dents incifives, coniques & un peu comprimées	2.
Molares, dextræ maxillæ	4.	Les dents molaires de la machoire droite	4.
finiftræ maxillæ	4.	de la machoire gauche	4.
In Maxilla fuperiori.		Dans la machoire fuperieure.	
Primores inciforii, trifurcati	4.	Les dents anterieures incifives à trois pointes	4.
Laniarii breviores, inciforibus approximati	2.	Les dents laniaires plus courtes, fort près des dents incifives	2.
Laniarii majores, a molaribus remotiffimi, conici, forfan exferti	2.	Les dents laniaires plus grandes, beaucoup éloignées des dents molaires, coniques & qui peut-être fortent de la bouche	2.
Molares, maxillæ dextræ	3.	Les dents molaires de la machoire droite	3.
maxillæ finiftræ	3.	de la machoire gauche	3.
	30.		30.

Voilà la bafe fuivant laquelle il faut chercher les animaux auxquels ces fquelettes ont appartenu.

Comme nous parlons des dents je veux encore dire quelques mots au fujet des dents d'autres animaux, qui font reprefentées fur la dixieme Planche. Il feroit fuperflu de dire que des fragmens de ces dents de toutes efpèces fe trouvent enchaffés dans les concrétions ftalactitiques, on les trouve même enfoncés dans le roc vif le plus compacte, & c'eft bien dommage qu'on ait tant de peine, ou plûtôt qu'il foit impoffible, de les en retirer avec la matrice. Mais avant de confiderer cette Planche, il me faut encore donner quelque explication au fujet d'un morceau reprefenté fur l'onzieme Planche; je dois en même tems demander pardon à mes lecteurs, de ce que les Planches ne fe fuivent pas dans un ordre plus commode,

N   mais

mais c'eſt qu'il falloit ici s'accommoder à la place qu'il y avoit ſur les Planches & à l'ouvrage du graveur. Pl. XI. Fig. I. repreſente une dent fort remarquable, enchaſſée dans une concrétion de ſtalactites, d'os décompoſés, de marne & de pareilles ſubſtances, qui a pris à l'air une très grande dureté. On n'a qu' à la regarder pour reconnoitre qu'elle a appartenu à un grand animal, & peût-être à un animal carnacier. Sa partie ſuperieure a. eſt ſortie de la gencive au delà d'un pouce, & elle eſt d'une ſolidité égale à celle des dents d'éléphant. Cette dent a été creuſe en dedans, comme l'on voit très diſtinctement par le remplage calcaire b. c. & ce creux a ſans doute été rempli de quelque apophyſe de la machoire ou d'une ſubſtance oſſeuſe, ſur laquelle cette dent étoit affermie, vû que par en bas elle s'élargit de plus en plus vers b. c., de ſorte que, ſuivant la proportion de la courbure, le diametre inferieur doit avoir été de ſeize lignes, & que par conſequent il eſt impoſſible que la dent ſe ſoit terminée en une pointe qui ait rempli la cavité. Cette dent épaiſſe n'a donc gueres pû trouver ſa place dans la machoire inferieure. Par cette raiſon je la prends pour une dent laniaire de la machoire ſuperieure, ſans qu'il me ſoit poſſible d'indiquer l'animal marin ou terreſtre auquel elle a appartenu. Elle ne ſeroit pas à la verité trop grande pour avoir appartenu à un des plus grands lions; mais les dents laniaires de cet animal ſont d'une ſtructure tout à fait différente, & ne ſont, autant que je ſai, qu'un os ſolide qui finit par en bas par une pointe, & qui n'eſt pas creux comme la preſente dent. Je remarque ſeulement que ce reſte eſt d'un animal tout à fait different des animaux précédens, & que par conſequent il eſt inconteſtable qu'une troiſieme eſpèce de créatures a ſubi ici la deſtruction.

Pl. XII. Fig. I. repreſente dans une petite concrétion, & parmi pluſieurs fragmens d'Oſtéolithes, une dent laniaire marquée d' n. qui reſſemble parfaitement à celle d'un loup. Il ſe peut auſſi que dans un tems moins ancien pluſieurs de ces bêtes ſe ſoient égarées & entrées dans ces cavernes, ſans pouvoir retrouver l'iſſùe; il ne ſe peut pas moins, que dans la deſtruction générale des animaux enterrés ici, il y ait peri auſſi pluſieurs de ces bêtes qui ont peût-être habité ces contrées. Cependant les Phocas ont auſſi des dents qui reſſemblent à celle-ci. *) Je ne ſaurois donc rien dire de ſur à ſon ſujet, ſi non qu'elle nous prouve qu'un quatrieme genre d'animaux a mêlé dans ces cavernes ſes cendres avec celles des autres. Nous trouvons une dent ſemblable ſur la Pl. X. que nous allons conſiderer.

Le morceau repreſenté Fig. a. a ſans doute appartenu à un animal de la même eſpèce. On a encore trouvé de petites dents laniaires iſolées, de cette eſpèce. Pl. V. Fig. 3. il y a deux dents qui ont quelque reſſemblance avec celles-ci, qui ſont repreſentées du côté externe & du côté interne. On les trouve encore dans les cavernes d'une grandeur plus conſiderable, de ſorte qu'il y a toujours entre elles quelque reſſemblance & quelque différence. A la forme des dents on reconnoit des animaux de la famille des chiens. Mais un homme inſtruit trouvera encore pluſieurs varietés; tantôt les dents anterieures du morceau Pl. X. Fig. a. lui paroitront trop grandes en comparaiſon des petites dents molaires; tantôt il obſervera d'autres différences, par ex. que le renard a ſouvent les dents canines encore plus longues; il ne ſera donc pas moins embaraſſé que moi de dire quelque choſe de poſitif. Nous voyons encore Pl. V. Fig. 5. une autre dent laniaire, dont il y en a une grande quantité de pareilles dans ces grottes, & qui reſſemble beaucoup aux précédentes; mais c'eſt trop peu pour déterminer l'animal duquel elle a fait partie.

A cette occaſion je parle encore d'une autre dent ſemblable. La dent repreſentée Pl. X. e. eſt probablement d'un animal, auquel les dents Pl. V. Fig. 3. & 4. ont appartenu; elle a trop de reſſemblance avec cette dent laniaire, & paroit beaucoup convenir avec les dents du Phocas. Peût-être eſt-elle d'un jeune animal, ou peût-être étoit-ce une des dents inciſives ou des petites laniaires. Malgré la varieté qu'il y a entre ces dents, je ne veux pas pour cela ſuppoſer une nouvelle eſpèce d'animaux.

La

*) Johnſton de quadrupedibus p. 221. Art. VI. de Phoca. Inferior maxilla lupinæ ſimilis - - Dentes ſunt ſerrati & lupinis ſimiles.

La place ne me permet pas de donner des repreſentations d'une autre eſpèce de dents, qui prouve qu'une cinquieme eſpèce d'animaux eſt enterrée ici. Ce ſont des fragmens de la machoire ſuperieure, qui renferment quatre ou cinq dents molaires. Le plus grand de ces fragmens a cinq pouces de longueur. Les dents qui y ſont enclavées, ſont d'une forme par-ticuliere. Elles repreſentent des cubes, dont un côté a trois quarts de pouce; la partie ſu-perieure ſort autant de la machoire, & n'a point du tout un tiſſu lamelleux comme l'ont les dents des animaux herbivores, mais c'eſt un os ſolide comme les dents des autres animaux carnivores. La diſpoſition de ces dents diffère de la diſpoſition ordinaire. Celles du milieu avancent conſiderablement au deſſus des extrémes. La derniere ſort à peine de la moitié autant de la machoire. C'eſt un os compoſé de tuberoſités & de pointes, d'une forme ſingu-liere, & qui reſſemble plus à une ſubſtance cartilagineuſe qu'à une dent. Cette dent a enco-re cela de particulier, qu'elle tient à la racine par une ſynchondroſe, & qu'elle peut facile-ment en être ſeparée. Toutes les autres dents ont à côté des tuberoſités pointuës qui les défigurent beaucoup. Lorſqu'on ne les regarde que d'un oeil fugitif, on pourroit leur trou-ver quelque reſſemblance avec les dents molaires d'un fort grand ſanglier, mais cette reſſem-blance diſparoit auſſitôt qu'on les compare effectivement. Je n'ai pas pû trouver quelque os qui ſe fut accordé avec ces machoires. Auſſi n'eſt-il pas poſſible de décider par un ſeul mor-ceau, quel os de cent autres qui ſe preſentent, y a appartenu. J'ai cherché en vain des crâ-nes d'une eſpèce d'animal différente de celle dont les têtes ſont repreſentées Pl. I. & Pl. III.

Je ne pretend pas non plus déterminer de quelle eſpèce d'animal eſt la dent repreſen-tée Pl. X. Fig. b. car ce feroit trop entreprendre que de vouloir, par un ſi petit reſte, dé-cider de l'animal même duquel il a fait partie. J'ai trouvé dans le fragment d'une machoire inferieure quatre dents ſemblables à celle-ci, de grandeur égale, & qui étoient placées l'une tout près de l'autre. Elles ſont presque les plus rares de toutes les odontopétres des Grottes de Gailenreuth. Le morceau qui tient par en bas à la dent b, eſt un fragment de la macho-re, & calciné par la longueur du tems, au point qu'il n'y a plus rien de la ſubſtance oſſeuſe. Quant à la forme externe c'eſt une dent en forme de lis, telle que les ont les lions *) & les tigres **). On pretend que l'ours en a de pareilles ***), à cela prés qu'elles ſont plus petites. Suivant la deſcription de M⁻ˢ· de LINNE & KLEIN dans l'Hiſtoire naturelle des quadrupedes, il n'en eſt rien de tout cela, vû qu'à ce dernier animal on attribue des dents en forme de ſcie, mais d'une telle ſtructure qu'elles n'ont aucune reſſemblance avec les ſcies dont nous nous ſervons. Juſqu'à ce point l'Hiſtoire naturelle du Regne animal eſt elle encore peu éclair-cie, & celui qui n'aura lû avec quelque attention, que depuis peu d'années, les informations que nous ont données des hommes d'ailleurs très ſavans dans cette ſcience, ne pourra aſſez s'étonner des variantes, même à l'égard des creatures communes & qu'on voit tous les jours, & je pourrois alleguer des auteurs qui donnent au lion & au tigre tantôt les dents d'un chien, tantôt d'un chat, tantôt de quelque autre animal. Il nous ſuffit en attendant de ſavoir, que le fragment en queſtion prouve d'une maniere inconteſtable, que nous avons ici la ſixieme eſpèce d'animaux, dont les individus ſont enſevelis dans leur propre pouſſiere, dans les Grottes de Gailenreith.

Il y a Fig. c. une dent qui reſſemble beaucoup à la précédente. Les dents de cette eſpèce ſont moins frequentes dans ces cavernes, & je n'en ai trouvé que dix ou douze. En regardant cette dent, on diroit qu'elle eût appartenu à l'animal duquel étoit la dent précéden-te Fig. 6. puisqu'elle lui reſſemble autant. Mais il eſt inconteſtable que nous avons ici une eſpèce particuliere d'animaux, qui eſt la ſeptieme, dont les individus ſont enterrés ſous les rochers de Gailenreith. Car les dents repreſentées fig. c. fig. i. & fig. k. ſont de la même denture. La Zoolithe d. eſt un fragment de la machoire ſuperieure, où les deux dents g. et

N 2   b.

---

*) Blaſius, anatome animalium p. 160. de Leone . . . molares habent tres inæquales mucrones, repræſen-tantes florem Lilii.

**) Ephemer. nat. cur. d. a. 1670. p. 6. de Tigride --- Reliqui molares grandiores ſunt et habent tres in-æquales mucrones, repræſentantes quaſi florem Lilii (ſcilicet Iridis).

***) Blaſius l. c. dentes non differunt ab iis qui Leoni, niſi minores. Mais je ne comprends pas comment l'obſervation de cet habile Anatomiſte peut être juſte.

b, fe trouvent tout près l'une de l'autre, & elles y font fi fermement enclavées, qu'on ne peut les arracher fans caffer l'os même. Ce font les deux dernieres dents molaires, & l'animal même n'en a jamais eu plus que trois à chaque côté, dont la premiere, à en juger par l'alvéole *f*., doit avoir été de la moitié plus petite que les autres; mais elle manque toujours. Fig. *k*. reprefente la derniere dent de la machoire inferieure, à laquelle la dent *b*. a repondu. On a trouvé de pareilles dents de la largeur de deux pouces, mais les pointes en étoient toutes ufées. Je ne hefite pas de les prendre pour les dents d'un lion, auxquelles elles reffemblent beaucoup *). Quand même les originaux, avec lesquels on les compare, ne prefentent pas tant de reffemblance, ma conjecture femble pourtant être affez prouvée, tant par leur ftructure, que parcequ'on n'a trouvé de chaque côté que trois de ces dents quoique différentes pour la forme. La premiere dent eft auffi, comme celle du lion, beaucoup plus petite que les autres. Il eft très fur qu'elles n'appartiennent pas, comme l'on pourroit le fuppofer, au Phocas, car celui-ci a quatre molaires dans la machoire fuperieure, qui font d'une forme cylindrique, & beaucoup moins larges. Parmi les copies des Pétrifications que scheuchzer donne, il en communique une, qui reffemble parfaitement à mon Original reprefenté fous *c*. & encore bien plus aux exemplaires plus petits. Il les range parmi les Petrifications de Suiffe, & fuivant fon hypothéfe, parmi les preuves inconteftables du Déluge.

Les dents femblables à celle d'*l*. fe trouvent en quantité dans nos cavernes. Elles fe diftinguent d'avec toutes les autres par la couleur, par la fubftance, par les petits fillons longitudinaux, & par l'obliquité particuliere, fuivant laquelle elles ont été enclavées dans la machoire, & dans laquelle elles font forties de la gencive. Elles paroiffent plûtôt être d'une fubftance cartilagineufe qu'offeufe, vû qu'elles font creufes, très minces & fragiles. Nous avons des poiffons de mer qui ont les deux machoires garnies de pareilles pointes recourbées, d'où l'on pourroit fuppofer, que ces dents fuffent d'un pareil animal marin. Ce feroit donc la huitieme efpèce d'animaux que nous euffions trouvée. On trouve ces dents tantôt plus petites tantôt beaucoup plus grandes. Par la forme externe elles reffemblent aux pointes des dents laniaires, comme nous en avons reprefenté une Pl. VI. Fig. 3. Mais leurs pointes ne font jamais auffi longues ni d'une fubftance offeufe auffi mince, à peine de l'épaiffeur d'un papier fort, quoique différens morceaux aient en en bas à la fracture marquée d'*m. n*. encore la longueur d'un pouce. Auffitôt que ces dents font expofées quelque peu de tems à l'air, elles fe décompofent tout à fait en esquilles, à moins qu'on ne les empeche de fe fecher trop vite.

Les dents reprefentées fig. *o*. & fig. *p*. me paroiffent être du même animal que les précédentes, mais de la machoire fuperieure. Elles font de même toutes creufes jufqu'à la pointe, mais elles différent par la grandeur & par l'épaiffeur de la fubftance offeufe. Je ne veux pas pour cela compter la neuvieme efpèce d'animaux. On pourra toujours objecter que ce font les pointes caffées des dents que nous avons déjà decrites. Quant à la dent reprefentée fig. *q*. on pourroit encore plûtôt la rapporter à une neuvieme efpèce d'animaux. Elle différe tout à fait de toutes les précédentes. Mais voila tout ce que je faurois dire à fon fujet, en ajoutant que ces dents font très rares dans ces cavernes.

On ne trouvera donc gueres, dans aucune des grottes, qu'on a connuës jufques ici, autant d'efpèces d'odontopétres, & les reftes de huit à neuf efpèces d'animaux qui y font enterrées, mais on aura auffi de la peine à croire que l'hiftoire naturelle des animaux, tant cultivée depuis un demi-fiecle, foit encore auffi incomplette, qu'on a tant de peine à déterminer l'efpèce de créatures à laquelle ces dents appertiennent proprement. Sans le Syftéme de la Nature de Mr. le Chevalier de linne on ne fauroit pas même, lorfqu'il n'eft refté d'une créature que les dents, fi elle a habité la lune ou la terre, & il eft très fur que la Claffification, fondée fur la denture, a de très grands avantages fur les autres, pour trouver les créatures mêmes auxquelles les dents ont appartenu. La plus grande partie de ce qui nous eft refté des quadrupedes de l'ancien monde c'eft les dents, mais nous ne trouvons prefque jamais une denture complette; il n'eft prefque jamais poffible de dire quelque chofe de pofitif fur le nombre des

dents,

---

*) Ephem. nat. cur. ann. II. obf. VI. p. 15. De Leone . . . Molares funt valde inæquales, præcipue in maxilla fuperiori, ubi ille, qui canino affiftit, tam parvus eft quam incifivus.

dents, qui étoient dans les deux machoires, & ce n'eſt que la forme & la ſtruĉture qui doit nous en informer. Un ſyſtéme fondé ſur la forme & ſur la ſtruĉture des dents & non pas ſimplement ſur leur nombre ne contribueroit-il donc pas beaucoup à une connoiſſance plus exaĉte des créatures du premier monde? Au moins il y a un grand rapport entre la forme & la diſpoſition des dents & la nourriture des animaux, & entre l'eſpèce de nourriture & le naturel, c'eſt à dire, l'eſſence des animaux mêmes. Il ſera aiſé de trouver les caraĉtéres ſuivant lesquels on fera la diviſion. Nous avons des dents d'animaux d'une ſubſtance oſſeuſe, ſolide, lamelleuſe, cartilagineuſe & de différentes matieres entretiſſuës de fibres. Elles ſont, dans la même eſpèce, prismatiques, coniques, cubiques ou d'une autre forme reguliere, & à cet égard les dents inciſives & les molaires ont toujours quelque choſe de commun entre elles. Le nombre des dents pourroit fournir les ſous-diviſions & par là il feroit facile de connoitre les odontopétres & de déterminer ſi elles appartiennent à des créatures qu'on connoit aujourd'hui; c'eſt ce qui nous procureroit une connoiſſance d'autant plus ſure des créatures de l'ancien monde, de leur naturel & de pluſieurs choſes utiles. Cependant ſi quelcun avoit aſſez de tems, d'argent & de connoiſſance pour communiquer une colleĉtion complette & exaĉte de toutes les odontopétres, qu'on a trouvées, & qui ont été décrites dans différens ouvrages, nous trouverions ſurement dans cette eſquiſſe des animaux de l'ancien monde, bien des choſes extraordinaires, dont nous ne pourrions plus montrer aujourdhui les analogues: nous aurions raiſon de ſuppoſer l'extirpation de quelques genres entiers d'animaux.

Parmi les autres morceaux qui ſe ſont trouvés dans nos cavernes, il y a encore deux têtes remarquables, dont j'ai différé jusqu'ici de donner la deſcription. L'une eſt repreſentée Pl. XI. Fig. 2. & peût-être mes leĉteurs la trouvent-ils auſſi extraordinaire que je l'ai trouvée moi même. Elle eſt, comme l'on voit, repreſentée de maniere qu'on voit principalement ſa ſurface & même ſous un point de vuë qui eſt en ligne perpendiculaire au deſſus de ſon milieu. Le morceau entier n'a été dans l'animal que la partie mitoyenne de la tête, c'eſt à dire de la naiſſance du muſeau près de g. d. h. jusqu'à la Suture Coronale g. c. & c. f. Il n'y a pas à douter que les yeux n'aient été placés dans les orbites a. g. & h. b. Si ſuivant l'analogie des autres animaux, on place les yeux dans le milieu de la longueur de la tête entiere, il y avoit encore près de d. g. h. une apophyſe pour le muſeau, qui étoit du moins d'une longueur égale à celle de b. k. f. Mais s'il y avoit encore des Os Pariétaux qui tenoient à la ſuture c. f. & que ces os avoient du moins deux tiers de la longueur b. k. f., ſi cela ajoute même quelque choſe à la longueur de l'Os Occipital, il en reſulte, que l'os du muſeau joint près de g. d. h. doit avoir eu du moins ſept à huit pouces de longueur, & la tête entiere à peu près celle de deux pieds. Voici ce qui prouve encore cette ſuppoſition. Les apophyſes des machoires doivent avoir été aſſez près d'i. & de k. & alors la derniere dent molaire a été au deſſous de h. b. Suppoſons que cet animal n'ait eu que trois ou quatre dents molaires, il faudra toujours encore ajouter un morceau conſidérable près de g. d. h. pour la place qu'il faut à la dent laniaire, pour l'intervalle qui recevoit la dent laniaire ſuperieure & pour les dents, qui, ſuivant la grandeur de l'animal, doivent avoir eu un pouce de longueur. Il naît de tout cela une tête d'une ſtruĉture tres particuliere. Déja le preſent fragment fait voir que la ſtruĉture, étant comparée avec celle des autres animaux, a eu bien des particularités. Il y a des élevations ou des bourlets conſidérables, qui s'étendent d'a. & de b. vers c. On ne voit point de veſtige de quelque ſuture; tout cela eſt ſolide. Mais en deça de c. ces bourlets commencent à former une crête aſſez étroite & pour cet endroit beaucoup elevée, qui des deux côtés forme des concavités déja aſſez profondes. Ce qui excite le plus l'attention c'eſt la place entre a & b. Tout le crâne de cette tête va bien depuis c. en s'inclinant, & la hauteur diminue ſucceſſivement, mais entre a. & b. cette obliquité eſt brusquement interrompue; elle ſorme une voute ronde, ou pour mieux dire, un front beaucoup élevé, & après une grande inflexion près de g. b. elle ſe termine en un muſeau droit. Voila préciſement la ſtruĉture de la tête d'un dauphin. Lorsqu'on tire une ligne perpendiculaire de c. ſur la baſe, la hauteur ſera de quatre pouces. En dedans on voit, dans l'intervalle entre e. & f., les grandes cavités pour le cerveau. Leur profondeur s'étend encore de quatre pouces en avant vers i. k. & elle n'eſt que d'un pouce moins large qu'entre e. & f. Suivant toute probabilité le cerveau de cette tête

a eu du moins huit pouces de longueur, quatre d'épaisseur & trois de largeur. Plusieurs Sinus Frontaux passent de *d.* jusqu'à la pointe *e.* même au dessous du cerveau, avec lequel ils
ont eu en bas, là où naissent les cartilages du nez, une communication par des ouvertures
très grandes. Ces Sinus font la cause de ce que, dans le milieu entre *i.* & *k.*, il y a une distance de deux pouces & huit lignes de la surface externe jusqu'aux Membranes Meres. Je trouve en général dans ce morceau, dont le côté inferieur est ouvert & beaucoup creusé, un nombre de Sinus presque plus grand que dans la tête representée Pl. I. Fig. 2. Qu'on ne me demande pas quel a été l'animal duquel cette Zoolithe a fait partie. Il doit être rangé sous le titre, que j'ai mis à la tête de cet Ouvrage, c'est à dire, c'est une créature inconnue. Si l'on
s'imaginoit que ce morceau fut fendu dans la ligne *d. e.*, la moitié *d. g. a. i. e.* auroit la plus
grande ressemblance avec le morceau representé Pl. I. Fig. 2. Il faudroit seulement que les
animaux eussent été très différens à l'égard de la grandeur. Le morceau Pl. VI. Fig. 2. confirme ce que j'ai dit au sujet de celui Pl. I. Fig. 2. c'est à dire que de *c. f. g.* il y avoit encore
un os droit pour le museau, & Pl. XI. nous voyons comment cette apophyse y a été jointe.
Ces deux morceaux ont encore plus de ressemblance en dedans. Mais si malgré tout cela on
aime mieux soutenir que la Zoolithe Pl. XI. soit d'un animal tout à fait différent de celui,
dont la Zoolithe Pl. I. Fig. 2. a fait partie, on pourra se prevaloir de la liberté qui regne à cet
égard dans l'Histoire naturelle.

Mais il est très sur que Pl. XII. Fig. 2. represente un morceau d'une créature tout à fait
particuliere, qui appartient à une nouvelle & même à la neuvieme espèce d'animaux, dont
nous avons trouvé les restes dans les cavernes de Gailenreith. J'en donnerai une description
très succincte. Le morceau representé sur cette Planche est sans contredit la partie anterieure de la machoire superieure d'un très grand animal carnacier. J'avoue que je n'ai rien trouvé de semblable dans l'Histoire naturelle des animaux terrestres. Car la hauteur d'un pareil
morceau de la tête sera toujours quelque chose d'extraordinaire. Ni les lions, ni les tigres,
tout grands qu'ils soient, n'ont pas, de la pointe de la derniere dent molaire jusqu'à l'extremité des os, comme ici d'*a.* jusqu'à *b.*, la machoire superieure de l'épaisseur de cinq pouces.
Lors qu'on y ajoute la machoire inferieure, proportion gardée, la tête auroit eu, assez près
du museau, le diametre de huit pouces. La courbure brusque d'*a.* vers la dent laniaire *e.*
paroit toujours une chose extraordinaire. Quelle est la forme d'une pareille tête? Le front
étoit-il encore plus élevé par derriere depuis *a.* suivant la courbure *a. e.*, ou la partie posterieure étoit-elle applatie? L'un & l'autre donnera à la tête une forme extraordinaire. L'os
de la pomette a été sans contredit joint près d'*e.*, ainsi l'oeil n'a pas été plus en arriere qu'à
peu près de deux pouces, par consequent, suivant toute conjecture, la tête entiere n'a pas eu
plus de longueur que le double du present fragment. Près d'*f.* il y a un trou assez large pour
le passage des vaisseaux, dont la grandeur de même que tout le reste fait connoitre un très
grand animal. Ce qu'il y a de plus particulier c'est la denture. L'original de la dent laniaire
e. ressemble parfaitement à celles qui sont representées Pl. VI. fig. 3. Cependant il est très
sur que ces dents là ont été enclavées dans des machoires qui ne correspondent pas à ce
fragment, & que celle-ci a été dans cette machoire, où elle tenoit encore ferme lorsque la
Zoolithe fut trouvée. Outre cela cet animal n'a pas eu absolument plus que les deux dents
molaires *d.* & *b.* On voit dans l'original que près de *g.* il n'y a rien de cassé, mais que l'os est
entierement uni, de sorte qu'il ne peut plus y avoir eu de dent en arriere. J'ai encore un
fragment de la tête de ce même animal, c'est à dire une dent comme celle *b.* avec un morceau de la machoire superieure du côté droit, où l'os est aussi uni près de *g.* La dent même
est encore plus large de deux lignes que celle près de *b.* Derriere la derniere pointe de cette dent je trouve dans l'un & dans l'autre morceau deux alvéoles très petits à peine de la
largeur d'une ligne & de la profondeur de deux lignes, qui font supposer une dent transver-
salement placée au dessous de *g.* vers le palais, & tellement jointe à la dent *b.* qu'elle eut formé avec elle un angle droit. Mais cette structure s'éloigne de celle de tous les animaux connus

nus dans l'Hiſtoire naturelle, au point que j'aime mieux prendre ces alvéoles pour quelques autres enfoncemens, malgré la reſſemblance viſible qu'elles ont avec les alvéoles. Je ne connois point d'animal qui n'ait que deux dents molaires dans la machoire ſuperieure. On voit d'abord que ces dents différent de celles qui ſont repreſentées Pl. X. Fig. i. & k, Elles ont les pointes tout à fait différentes. On ne peut pas non plus prendre le fragment Pl. XII. pour le même que celui qui eſt repreſenté Pl. X. d. f. g. h. vû qu'il faudroit qu'entre b. & d, Pl, XII. il y eut eû encore une dent comme celle de c. Pl. X. Il pourroit bien y avoir autant de reſſemblance & autant de différence entre la denture d'un tigre & celle d'un léopard, qu'il y a entre ces deux fragmens. Mais toutes ces odontopétres ſont de beaucoup trop grandes pour ces animaux. On voit bien que l'os entier c. a. b. eſt enchaſſé dans une concrétion. Près d' b. il y a une grande tête d'un Tibia, & tout ce morceau eſt paîtri de différens fragmens. Au deſſous d' a. il y a de l'autre côté, qui ne peut ſe voir de ce point de vûe, qui repreſente le morceau principal, trois très petites vertébres du dos, dont chacune a à peine la longueur & la largeur de trois lignes. Les oſtéolithes les plus petites de ces cavernes ont donc la même origine que les plus grandes, vû qu'elles doivent déjà avoir exiſté lorsque l'accident terrible a formé toutes ces concrétions de créatures inconnues. Ce fragment doit donc de même être rangé parmi les Zoolithes d'animaux inconnus,

J'ai déjà pluſieurs fois fait mention des Atlantes qui ſe trouvent en quantité dans ces cavernes. On en a trouvé des centaines; elles ſe reſſemblent toutes, elles ont donc appartenu à la même eſpèce d'animal. On peut outre cela ſoutenir avec certitude qu'elles ont appartenu à des créatures, dont la tête eſt reprenſentée Pl, I. Fig. I. Car nous avons trouvé pluſieurs os occipitaux, qui reſſembloient à cet os, & dont les apophyſes, telles qu'elles ſont repreſentées Pl. II. Fig. 2. f. g. s'emboitoient très exactement dans les cavités des atlantes. Il me faut en donner une deſcription auſſi exacte que poſſible; puisqu'il n'y avoit pas aſſez de place ſur ces Planches pour en donner des copies, & que je n'ai voulu repreſenter que les morceaux qui fourniſſent des caracteres de l'animal, & qu' outre cela les Atlantes en général ſont des os, qui ſouvent dans les créatures de la même Claſſe & du même genre ne different entreux que fort peu. Ces os ont communement, d'une apophyſe transverſe jusqu' à l'autre, la longueur de ſix pouces & ſix lignes. Le corps même n'a que 12. à 13. lignes de largeur au deſſus du trou qui a donné paſſage à la moëlle épiniere, & il eſt d'une épaiſſeur très mediocre, quoique la partie externe vers les tégumens ſoit voutée & garnie d'une Apophyſe mamillaire, qui originairement pourroit avoir eu plus de reſſemblance avec une apophyſe épineuſe. Les apophyſes en forme d'aîles de ces Atlantes, qui ſe trouvent ordinairement dans ces animaux, ont ici, tout près de l'os, la largeur de deux pouces & deux lignes, & elles ſont percées des deux côtés de quatre trous de la largeur de quatre lignes, pour le paſſage ordinaire des vaiſſeaux; les Apophyſes mêmes ſont inclinées vers les vertébres du col, & ſe terminent en un os très mince & pointu. Les cavités pour les Apophyſes de l'Os Occipital ſont communement éloignées l'une de l'autre de trois pouces; elles ont un pouce & demi de profondeur; pour la moëlle épiniere, & l'Apophyſe Odontoïde; qui pourroit y être entrée, il y a une ouverture qui a autant de largeur, & ſeulement à peu près de deux lignes moins de hauteur. Lorsque l'on compare ces Atlantes avec les mêmes os d'un cheval, on voit que pour la grandeur il y a beaucoup de reſſemblance, quoiqu'il n'y en ait point du tout du côté de la forme. Voici les dimenſions qu'en donne Mr. le Comte de BUFFON *). Les Apophyſes Transverſes ont deux pouces de largeur; ici elles ſont de deux lignes plus larges; elles ſont auſſi beaucoup plus écartées que dans un cheval & donnent par conſéquent plus d'épaiſſeur au col près de la tête. Le trou pour la moëlle épiniere a dans cet animal la largeur de 17. lignes & la hauteur d'un pouce & huit lignes, ici il n'eſt que d'une ligne plus étroit. Voila des dimenſions très extraordinaires pour un animal carnacier,

Une ſeconde eſpèce toute particuliere d'Atlantes, qu'on trouve là, appartient manifeſtement à une autre créature tout à fait différente de la premiere; cependant je n'oſerois pas

O 2

pour

*) Hiſtoire naturelle T, V. p. 346. de la ſeconde Edition.

pour cela compter une dixieme espèce d'animaux qui soient enterrés ici, vû qu'il se pourroit bien que parmi les dents, qui ont été representées, il y en eût plusieurs, qui eussent fait partie du même animal, & qui ainsi eussent déja été comptées. Je n'ai trouvé qu'une seule dent entiere, mais bien vingt à trente fragmens assez considerables. Peût-être la substance des os est-elle moins destructible dans une espèce d'animal que dans l'autre, & peût-être cette différence provient-elle de la nourriture des animaux mêmes. Il y en a une representation Pl. III. Fig. I. C'est le plus grand individu de cette espèce d'Atlantes qu'on ait trouvé. Dans la description j'ai rapporté les dimensions des pièces moins grandes pour pouvoir indiquer d'autant plus exactement la veritable grandeur des unes & des autres. Leur structure, comme l'on voit dans la figure, est bien singuliere, & très différente de la structure ordinaire, &, ce qui paroit le plus particulier, ce sont les Apophyses en forme d'ailes a. c. & b. d. qui se trouvent des deux côtés. Elles avancent de chaque côté de trois pouces au delà de l'os, & elles passent sur la vertébre suivante du col, quand même celle-ci auroit eu trois pouces de longueur, vers les autres vertébres du col & du dos de la largeur d'un pouce & demi. Dans les Exemplaires moins grands les extremités de ces Apophyses d. & c. sont éloignées l'une de l'autre de six pouces & six lignes. La distance entre les cavités pour les Apophyses de l'Os Occipital près d' a. & b., qui dans cette figure n'ont pas pu être mises en vûe, est de trois pouces & demi. Ces cavités ne sont pas plus grandes dans l'Atlante que nous representons ici, quoique ce morceau soit considerablement plus grand que les autres Atlantes. Les Apophyses mêmes qui ont fait l'articulation dans ces cavités, doivent avoir eu un pouce & demi d'épaisseur. C'est là la dimension des cavités qui les reçoivent. Le trou rond pour le passage de la moëlle épiniere e. a un pouce & huit lignes de diamétre. Outre les quatre trous i. h. dont les Apophyses Transverses sont percées, pour le passage des vaisseaux, & qui se trouvent dans toutes ces Atlantes, il y a encore deux ouvertures particulieres près d' l. & k. Ces trous l. k. passent obliquement par l'os, & après avoir formé de l'autre côté un sillon profond, ils se communiquent aux deux ouvertures b. a. & b. i. & aux vaisseaux qui passent par là. La seconde vertébre du col a été jointe à celle-ci près d' f. & g. En comparant les quadrupedes bisulces on observera ici une grande varieté, vû que la place pour l'articulation de la seconde vertébre avec la premiere est une facette unie sur laquelle l'Atlante tourne.

Peût-être ces morceaux particuliers nous conduisent-ils à quelque animal connoissable. Voici ce que dit BLASIUS de l'hyéne, dans son Ouvrage ci-dessus allegué pag. 127. Dans cet animal la premiere vertebre du col ou l'Atlante a deux Apophyses latérales en forme d'ailes, qui avancent beaucoup sur les autres vertébres, & qui ont à peu près trois pouces de longueur sur deux pouces de largeur. On comprend par là pourquoi cet animal a de la peine à tourner la tête à côté & en arriere.

Nous avons donc trouvé à la fin une hyéne, & peût-être l'hyéne perdüe des anciens. Il n'y auroit rien de plus sûr, pourvû qu'en considerant les Atlantes on pût se persuader que la tête eut été articulée entre les deux Apophyses f. & g. & non pas, comme il est incontestable, dans les deux cavités a. b. qui ne sont pas mises en vûe ici. Mais il est évident que les Apophyses b. d. & a. c. ont été inclinées vers le col, & que la tête de cet animal a été librement placée dans les cavités a. & b. qui en reçoivent les Apophyses, de sorte que ces ailes ne pouvoient mettre aucun obstacle à son mouvement. Si ces Apophyses, étant redressés vers le corps rendoient dans un animal le mouvement de la tête plus penible, les chevaux, dont les Atlantes ont les Apophyses encore moins écartées, auroient la même peine à faire ce mouvement, à quoi il faut ajouter que ces animaux, comme l'on fait, lorsqu' ils veulent tourner la tête à côté, tournent proprement le col. Il faut donc que dans les hyénes ces os soient d'une structure tout à fait différente. Lorsque nous considerons outre cela la distance des deux Apophyses, & que nous y suppléons la chair qu'il faut pour couvrir ces os, les muscles & les tégumens, il en naitra un col dont l'epaisseur aura bien un pied de diamétre. Dans l'Atlante,

qui

qui eſt repreſentée ici, les Apophyſes ſont éloignées l'une de l'autre de huit pouces & demi; je ne compte pour les muſcles & pour les tégumens qu'un pouce & demi, & le cou aura déjà à peu près cette épaiſſeur, ſans mettre en compte le poil. Voila ſurement trop pour une hyéne, dont la hauteur entiere, quand même ce ſeroit une des plus grandes, eſt de trois pieds.

Je viens à la ſeconde vertébre du cou ou l'Epiſtrophée. Je comprends ſous ce nom les Oſtéolithes qui ont la forme telle qu'elle eſt repreſentée Pl. XIII. Fig. 2. Nous avons déjà dit plus haut qu'on en trouve une grande quantité dans ces cavernes, mais elles ne ſont pas toutes de la même grandeur que celle qui eſt repreſentée ici. Les autres ont moins de longueur d'un pouce ou d'un demi pouce, & proportionnément les parties plus petites. Tout le monde conviendra que ce ſont des Epiſtrophées, mais quel eſt l'animal, duquel elles ont fait partie? Voilà ce qui ſera plus difficile à décider. On trouve dans pluſieurs animaux quadrupedes la ſeconde vertébre du cou de la même ſtruEture. Même parmi les os de rhinocerots que Mr. HOLLMANN a décrits, il y a un morceau quoique beaucoup plus grand, qui a preſque tout à fait la même forme. *) J'ai appris par pluſieurs eſſais, que ces vertébres ne correſpondent pas trop aux Atlantes, que je viens de décrire. Pour la grandeur cette vertébre conviendroit très bien avec l'Atlante repreſentée Pl. III. Fig. I., mais quand même la facette b. Pl. XIII. Fig. 2. s'articuleroit bien exaEtement avec la facette f. Pl. III. Fig. I., ce qui d'ailleurs eſt neceſſaire, l'Apophyſe Odontoïde a. de nôtre Epiſtrophée ſe trouveroit dans le milieu de la premiere vertebre près d' e. là, où la moëlle épiniere à paſſé, par conſequent elle ne porte pas l'Atlante. Les trous pour le paſſage de la moëlle épiniere ne ſe correſpondent jamais l'un à l'autre de cette maniere en ligne droite. Il y a les mêmes difficultés lorsque l'on fait l'eſſai avec les Atlantes & les Epiſtrophées d'une eſpèce plus petite. J'aime donc mieux rapporter les dimenſions de ce morceau, que de m'arrêter plus longtems à examiner quel a été l'animal, duquel il a fait partie. L'original a préciſement, de c. jusqu' à la baſe, la hauteur de quatre pouces entiers. Celle de l'extremité de l'Apophyſe Odontoïde a. n'eſt plus grande que de deux lignes. Mais la longueur de d. jusqu' à f. eſt de cinq pouces & cinq lignes. Près de g. il y a une facette de même que du côté oppoſé pour l'articulation de la vertébre ſuivante. L'extremité de l'Apophyſe f. eſt éloignée de celle de l'autre côté de quatre pouces & huit lignes. Tout le reſte eſt aſſez viſible. La Nature y a pratiqué, pour le paſſage de la moëlle épiniere, un trou triangulaire c. à angles émouſſés & arrondis de la largeur de treize lignes. Le corps de cette vertébre, là où elle eſt jointe à la ſuivante, a quatorze lignes d'épaiſſeur, & deux pouces & une ligne de largeur. Au deſſous de g. il y a une grande cavité qui a logé la convexité de la vertébre ſuivante. La longueur de cette cavité eſt de deux pouces & quatre lignes, la largeur d'un pouce & huit lignes, & la profondeur d'un pouce & deux lignes.

Je ne ſaurois rien dire de poſitif au ſujet des autres vertèbres qui ſe trouvent en quantité, ſi non, que les différentes eſpèces, qu'il y en a, ſont ſuppoſer ſix à huit eſpèces d'animaux, ſans compter la différence qu'il doit y avoir entre ces os, ſuivant que dans un animal ils ont fait partie du cou, du dos, ou des lombes. Quant aux vertèbres du dos, il n'en eſt gueres reſté des grands animaux enterrés dans ces cavernes. Il ſeroit aiſé de les reconnoitre aux grandes Apophyſes épineuſes, mais on en voit fort peu. J'ai eu le bonheur de trouver un ſeul morceau entier. Il en eſt de même des vertébres du cou. Je ne ſaurois deviner la raiſon pourquoi préciſement ces os ont été détruits.

Il y a encore dans ces cavernes une grande quantité de vertébres d'une eſpèce particuliere, dont la ſtruEture excite d'abord l'attention. Lorsque j'en eus quelques morceaux, je les pris d'abord pour les vertébres du cou de grands animaux. Car ils reſſemblent trop à ces os

P

pour

*) Comment. Societ. erudit. Gœttingens. Tom. II. Tab. I. fig. 6.

pour être pris, au premier coup d'œil, pour quelque autre chofe. Mais on fait que les ver-tébres du cou d'un animal différent entre elles par la forme & par la grandeur. Dans quelques animaux la feconde vertébre eft la plus grande de toutes, & la quatrieme, la cinquieme ou la fixieme eft plus petite de la moitié, quoiqu'elles aient toutes entre elles quelque reffemblance. Mais, à quelque petite différence près, les prefentes vertébres font toutes de la même grandeur. On dira donc qu'elles font toutes les mêmes vertébres du cou de plufieurs animaux de la même grandeur. Ce font toutes les quatriemes ou les cinquiemes vertébres du cou. C'étoit là auffi mon idée jufqu' à ce qu' à la fin dans un grand nombre de ces os j'ai trouvé huit pareils mor-ceaux, qui s'articuloient très exactement les uns avec les autres & qui ont formé une partie de l'épine du dos de la longueur de douze pouces. On a vû par là qu'une pareille rangée d'os foibles ne fuffiroit pas pour foutenir une tête auffi groffe d'un animal d'une grandeur auffi con-fiderable. Les animaux qui auroient le cou compofé de pareils vertébres, devroient auffi le por-ter comme les chameaux, car l'obliquité avec laquelle ces vertébres s'articulent l'une avec l'autre, & la derniere vertébre du cou avec la premiere du dos, n'admettroit point d'autre attitude, à moins que leurs jointures ne formaffent une courbure comme dans les cochons. Il ne refteroit donc que de les prendre pour des vertébres des lombes, & c'eft ce que les Apophyfes épineufes courtes ont rendu d'autant plus vraifemblable. J'ai trouvé une feule de ces ver-tébres, qui, fuivant la hauteur de cinq pouces de fon Apophyfe épineufe, étoit une vertébre du cou, quoique le corps & les autres Apophyfes aient été très petites, mais de la même ftructure que celles dont je viens de parler.

Je vais donner une defcription plus detaillée de cette vertébre. Le corps a deux pouces de largeur & un pouce de hauteur là où il eft joint à celui de la vertébre fuivante. L'épaiffeur de ce corps eft d'un pouce & huit lignes. La furface anterieure & pofterieure de ce corps, par laquelle ils eft uni avec la vertébre précédente & la fuivante, n'eft pas, comme dans les vertébres du cou, convexe ou concave, mais presque tout à fait applatie. Ce qu'il y a de particulier dans ces corps c'eft qu'ils ont une forme confiderablement oblique, de maniere que leur profil, regardé fuivant la longueur de la moëlle épiniere, reprefente un Trapefe dont les angles oppofés, le fuperieur & l'inferieur ont à peine 45. degrés. Ces vertébres ont fix Apophyfes, fi l'on ne veut pas compter pour la feptiéme celle qui fe trouve entre les deux Apophyfes anterieures & qui a un demi pouce de hauteur. Les deux Apophyfes anterieures, qui fe trouvent à la partie fuperieure, font éloignées de trois pouces l'une de l'autre, & les pofterieures le font de deux pouces & demi. Suivant la direction & la longueur de la moëlle épiniere il y a entre l'extremité de l'Apophyfe anterieure & celle de la pofterieure un intervalle de deux pouces & quatre lignes. L'arc pofterieur qui porte l'Apophyfe épineufe, eft très mince, & n'a qu'un demi pouce de largeur au milieu, vû qu'il y a une grande échancrure qui eft remplie par une Apophyfe articulaire de la vertébre fuivante. Les extremités des Apophy-fes du corps même font éloignées l'une de l'autre de trois pouces & demi. Dans plufieurs exemplaires chacune de ces Apophyfes eft encore partagée en deux tuberofités de la longueur d'un demi-pouce. Tout près du corps il y a de chaque côté des conduits de la largeur de quatre & de la hauteur de deux lignes pour le paffage des vaiffeaux. Le trou pour la moëlle épiniere a un pouce & fix lignes de largeur & n'a que huit lignes de hauteur. Les Apophyfes pofterieures font couchées fur celles des vertébres fuivantes comme les écailles, & comme c'eft là, à ce qu'on pretend, la ftructure du dos des Phocas, des perfonnes, qui ont coutume de décider des chofes qu'ils n'ont pas vûes, pourroient par cette raifon, plus facilement que moi, prendre ces os pour les reftes de ces créatures. Il eft d'autant plus fur que ces os ont confti-tué le dos d'un animal, vû qu'on a trouvé un très grand os, qui dans le fquelette doit fans con-tredit être placé là où fe trouve l'Os Sacrum & qui a de même eu cette obliquité.

Je me difpenfe de rapporter dans la fuite des dimenfions auffi détaillées & auffi ennuyeu-fes, & je dirai quelques mots au fujet d'une autre efpèce de vertébres, qui a été trouvée dans ces cavernes. Ces vertébres font un peu trop grandes pour avoir appartenu au même animal, duquel

duquel les précédentes ont fait partie, & leur ſtruĉture eſt auſſi tout à fait différente. Nous avons trouvé de très grandes vertébres de cette eſpèce, & parmi différens morceaux, cinq vertébres des lombes & deux des dernieres du dos, qui s'articuloient très exaĉtement les unes avec les autres, & qui, quoique les Cartilages manquaſſent dans toutes, ont pourtant formé une longueur de ſeize pouces. Il y a des morceaux, dont le corps ſeul a la longueur de trois pouces & trois à quatre lignes. Voilà une dimenſion aſſez grande pour un cheval d'une conſiderable grandeur. Principalement les Apophyſes Transverſes de même que les Apophyſes épineuſes courtes ſont très fortes. A l'égard des autres Apophyſes il y a cela de particulier, que deux Apophyſes obliques ne ſont éloignées l'une de l'autre qu'à peine d'un pouce: elles ſortent autant du corps même, & c'eſt ainſi qu'elles s'articulent avec la vertébre contiguë. Je crois qu'elles ont appartenu à ces animaux, dont nous avons repreſenté les machoires.

Mais les vertébres qui ſe diſtinguent, de la maniere, que je vais rapporter, par leur ſubſtance offeuſe même, ſemblent bien avoir appartenu à une eſpèce d'animaux toute particuliere. Leur ſubſtance & la ſolidité de leur croûte offeuſe, même après la calcination, reſſemble preſqu'à celle de l'yvoire & leur ſtruĉture n'eſt pas moins ſinguliere. Les ſurfaces du corps auxquelles les cartilages tiennent, ont le double de la circonférence du corps même qui ſe trouve entre elles, & qui dans le milieu eſt fort dellé. Si communement les Apophyſes des vertébres ſuivantes ne s'uniſſent pas avec celles des précédentes que par des facettes tout à fait unies, celles-ci au contraire ſont jointes enſemble par de certaines cavités de la vertébre ſuivante & les Apophyſes de la précédente, qui s'y emboitent, & que la Nature a affermies outre cela par des tuberoſités qui paſſent par deſſus, de ſorte que les Apophyſes de la vertébre précédente & celles de la ſuivante ſont enclavées les unes dans les autres comme des chevilles. Si de pareilles vertébres paſſent par le dos entier de l'animal, elles forment effeĉtivement un dos d'airain. Elles ont trois pouces de longueur depuis les Apophyſes anterieures juſqu'aux poſterieures, autant de hauteur, & le corps proportionnément aſſez fort.

· Il y a encore trois eſpèces de vertébres qui appartiennent ſans contredit à des animaux différens. Les Apophyſes épineuſes, qui ont ſouvent la longueur de ſix à huit pouces, prouvent que ce ſont des vertébres du dos; mais du reſte tout ce que je ſaurois dire à leur ſujet, c'eſt que dans une eſpèce le corps eſt d'une forme priſmatique, que dans l'autre il n'eſt point du tout d'une forme déterminée mais garni de pluſieurs tuberoſités, & que dans la troiſieme les Apophyſes ont encore une ſituation, ſtruĉture & grandeur différentes. On ne peut pas ſuppoſer ici des vertébres de poiſſon, vû que tous ces os ont le trou pour la moëlle épiniere, qui manque tout à fait dans les poiſſons & qu'on ne voit que dans les quadrupedes.

Dans la grande quantité de ces os qu'on trouve, il n'eſt pas poſſible de les examiner en detail; on ne conſidere que ce qui excite l'attention par quelque particularité. Il ſe peut qu'il y ait quelque reſſemblance avec pluſieurs animaux terreſtres même les plus communs. Mais ce ne ſont pas préciſement ces morceaux qui nous preſentent les caraĉteres pour determiner quelque choſe de poſitif.

Je vais eſſayer ſi dans d'autres parties de la charpente offeuſe de ces animaux le tems qui détruit tout, ne nous a pas ménagé quelque choſe de plus caraĉteriſtique. On trouve preſque tous les os, quoique par fragmens, des pieds de devant de ces animaux encore inconnus, auxquels probablement les machoires ont appartenu. Du moins je les rapporte à ces animaux; vû que de toutes ces produĉtions nous n'en trouvons point qui, à l'égard de la grandeur, s'accordent mieux. Je commence par les Omoplates. Ce ſont des os d'une grandeur tout à fait extraordinaire pour un animal carnacier, mais c'eſt bien dommage, que, malgré la quantité qu'on en trouve, on ne les trouve jamais entiers, vû qu'il y manque toujours le bord, qui cependant, à en juger par le reſte, doit de même avoir été très fort. A la derniere entrée nous avons trouvé le fragment d'un bord qui dans le milieu avoit l'épaiſſeur d'un pouce d'un quart, mais qui diminuoit vers l'extremité juſqu'à une ligne. Il avoit encore cinq pouces de largeur, & à la place de l'épine qui manquoit, on en voyoit la fraĉture. Quant à la forme cet os ne reſſembloit pas à une Omoplate d'aucun animal connu. Dans les fragmens l'épine a par devant la,

où

où elle forme l'Acromion, deux pouces de hauteur & souvent six lignes d'épaisseur, & comme l'on voit dans les morceaux moins endommagés, cette épine forme un os de la largeur d'un pouce & demi, applati & contourné vers la base de l'Omoplate. Le cou est extraordinairement court, large au de là de trois pouces & d'une épaisseur assez considerable pour former une Cavité Glenoïde de trois pouces & demi de longueur & de trois pouces de largeur, qui au lieu d'une figure ovale, telle qu'elle est communement, forme une extremité pointuë. Une pareille Omoplate pourroit bien avoir eu un pied & demi de longueur; du moins on voit souvent que dans les Omoplates, dont la Cavité Glenoïde a un pouce de longueur, le bord en a le sextuple.

Je me dispense de rapporter les noms des autres parties de ces os, vû que cela ne nous donne pas ici quelque éclaircissement particulier.

Une pareille cavité fait bien supposer une très grande tête de l'Humerus; cependant pour déterminer cette grandeur, nous ne sommes pas obligés de nous en tenir aux conjectures, vû que pour cette Cavité Glenoïde on a aussi trouvé le Globe avec différens plus petits morceaux. Leur structure ne diffère pas beaucoup de celle de ces parties de grands animaux, excepté que la presente tête a du moins douze pouces & quatre lignes de circonférence, quatre pouces de Diamétre longitudinal, au de là de trois pouces au côté plus étroit, & deux pouces de hauteur. On comprend facilement quelle doit être l'épaisseur du cou proportionnelle à la grandeur de ces demi-globes. Je puis faire voir un corps de l'Humerus qui par sa grandeur s'accorde avec le précédent. Il y avoit plusieurs pareils os cylindriques enfoncés dans les parois calcaires de ces cavernes, & communement, lorsqu'on les abat, ils se brisent en beaucoup d'esquilles. Ce qu'il y a de remarquable dans tous ces os c'est qu'ils n'ont point de moëlle, & qu'au lieu de cela ils sont tous remplis, sans interruption, d'un tissu cellulaire & spongieux, comme celui des têtes de ces os, de sorte que là, où le tems ou quelque accident à détruit ce tissu, ces cellules mêmes se trouvent pourtant encore comprimées dans les cavités des os, ou bien leurs marques se presentent très distinctement aux parois internes des os & prouvent ainsi incontestablement que ces animaux n'ont point eu de moëlle en masse dans les cavités de leurs os. Mr. STELLER *) dit, qu'on observe la même chose dans les os des Vaches marines, des Phocas & d'autres espèces de ces créatures. Cependant il ne s'exprime pas assez clairement pour faire comprendre si cet os destitué de moëlle est tout solide ou bien rempli d'un pareil tissu cellulaire. Aussi le present os de l'Humerus n'étoit-il qu'un fragment de neuf pouces & demi, auquel la tête, une partie du corps mêmê & l'extrémité inferieure manquoient. La plus grande épaisseur est au delà de deux pouces, de sorte que vers le milieu de l'os la cavité interne a un pouce & cinq lignes de Diamétre, ce qui fait juger facilement de l'épaisseur de la substance osseuse même. La structure externe est aussi très particuliere; de la tuberosité de l'extrémité inferieure, comme l'on voit encore par les fractures, & qui, toute grande qu'elle ait été, s'alonge successivement pour former un cou de l'épaisseur d'un pouce & de la largeur de trois pouces & demi, avancent trois lignes saillantes le long de l'os à distances égales & lui donnent une forme presque prismatique. Mais ici l'os reprend beaucoup d'épaisseur & se courbe en dehors; du haut de la courbure descendent deux autres lignes saillantes, qui avec celles du côté interne forment un corps prismatique quadrangulaire à côtés inégaux qui à la fin s'arrondit. Il semble que cette courbure de l'os prouve qu'il a tenu à un corps fort gros, & il pourroit bien le plus convenablement être pris pour avoir fait partie du corps d'une Vache marine dont les pieds ne sortent pas beaucoup du gros corps. Il se pourroit bien aussi que d'autres animaux, à cause du gros volume de leur corps, eussent eu l'os de l'Humerus tellement courbé; au moins la Nature, qui opére suivant les sages ordres du Créateur, n'a pas, même dans de pareilles minuties, fait quelque chose pour rien, ni courbé les os cylindriques sans raison. Comme les lignes saillantes s'étendent communement jusqu'au milieu des os, le present os doit sans doute avoir eu le double de la longueur ci-dessus rapportée, par consequent le corps même, sans les extremités, doit avoir eu environ vingt pouces de longueur. Après avoir fait plusieurs conjectures sur cet os, d'après

quel-

*) Comment. Societ. Imperial. Petrop. Tom. II. p. 368.

quelques fragmens que j'avois emportés, toutes ces conjectures ont été confirmées en général par la découverte qui s'est faite dans la suite des morceaux entiers de cette espèce que nous avons trouvés dans la couche ci-dessus décrite, que nous prenons pour originaire. Un os de l'Humerus, très petit à proportion des fragmens très grands, avoit seize pouces de longueur. Le tissu cellulaire qui se trouve dans les têtes, est d'une finesse extreme, mais cependant durci au point qu'on ne peut pas le casser entre les doigts. Les chevaux, même les plus grands, n'ont pas l'Humerus d'une longueur considerable. Cet os est plus court que celui de l'homme & n'a pas plus que douze pouces & demi de longueur, mais six pouces & demi de circonférence là où il est le plus menu. L'extrémité inferieure a trois pouces & trois lignes de largeur. *) Voila des différences très importantes des animaux de ces cavernes, & dont je pourrois encore en rapporter de plus précises.

C'est avec quoi s'accordent aussi les fragmens complets de l'extrémité inferieure de l'Humerus que j'ai à la fin reussi de déterrer. Ils ressemblent presque tout à fait au même os d'un homme; mais sans faire attention à la grandeur & à quelques autres petites diversités, on observe une grande différence. La fossette posterieure, qui se trouve de l'autre côté vis à vis de la poulie, a deux pouces & quatre lignes de largeur, & un pouce & deux lignes de profondeur. L'os entier a bien, y compris le Condyle externe & l'interne, quatre pouces de large. Il y a des fragmens ou cette largeur est bien plus grande d'un pouce & demi. En comparaison des chevaux le volume de l'extrémité inferieure est donc beaucoup plus grand. Mais l'épaisseur du corps de l'Humerus de même que sa longueur ne conviennent point du tout, vû que les mêmes os d'un cheval sont beaucoup plus longs mais aussi beaucoup moins épais. Lorsqu'on ajoute à cette dimension les Muscles, les Tendons, les Tégumens & l'espace qu'il faut pour le Rayon & l'Os du Coude, vû qu'il est très sur que dans ces animaux ces os se sont déjà articulés avec l'Humerus, je ne crains pas de dire trop si je suppose qu'une pareille articulation a eu huit pouces de Diamétre ou surement au delà de 36. pouces de circonférence, puisqu'ordinairement cette articulation a un élargissement considerable. Mais jusqu'ici on ne sauroit dire quel animal de nôtre païs a les articulations du pied d'une telle largeur.

On a aussi trouvé l'Os du Coude qui s'articule avec le morceau que je viens de décrire. C'est un os très fort de la longueur de quatorze pouces, qui a toutes les parties essentielles du même os d'un homme, à cela près qu'à l'égard de la force il ne sauroit être comparé avec celui-ci. L'Olecrane a trois pouces de longueur. La Cavité sigmoïde a deux pouces de largeur, & l'os qui est au dessous de cette cavité, est large de deux pouces & demi; dans plusieurs fragmens toutes ces dimensions étoient d'un tiers plus grandes. On ne voit point de lignes angulaires au corps, & ce corps est plûtôt un peu courbé vers le côté opposé au Rayon. Son extremité inferieure est d'autant plus petite, & la tête ronde & l' Apophyse styloïde sont un tant soit peu plus grandes que dans l'homme. Cet os en général n'est pas d'une force considerable, malgré la grosseur & la pesanteur de l'animal que l'Os de l'Humerus auroit fait supposer. Les extrémités de l' Os du Coude n'approchent pas de la moitié du même os d'un boeuf de mediocre grandeur. Il faut encore ajouter une remarque au sujet de ces articulations & de leur structure entiere. On sait que les animaux qui paissent l'herbe, ont les pieds de devant composés de trois os cylindriques, savoir de l'Humerus, d'un seul os cylindrique qui s'y articule & de l'os inferieur du pied qui a un rayon à côté. Ici le pied de devant est simplement composé de deux os, savoir de l'Humerus & de l'os qui s'articule avec lui & qui a l'Os du Coude à côté. C'est là la structure des animaux carnaciers comme des chiens & d'autres animaux de cette famille. Mais les presens os sont trop grands pour tous ces animaux, & cependant il n'est pas moins sur que ces os n'ont pas appartenu à des animaux de la Classe des *Pecora*. Cette structure des pieds de devant conviendroit le plus à des animaux marins, aux Phocas, aux Rosmares & à d'autres, vû que ces animaux ne les ont pas hauts, & qu'ils s'en servent plus pour nager que pour marcher, ce qu'ils peuvent faire sans cette troisieme articulation.

Q   Cela

*) BUFFON Hist. naturel. Tom. V. p. 357.

Cela me mêne donc aux os du Carpe, du Metacarpe, du Tarfe & du Metatarfe, comme on voudra les nommer, aux Phalanges & aux autres offemens de ces parties des animaux. On en trouve une très grande quantité. Pour les Os du Carpe je n'ai jamais en pû trouver plus que trois, qui fe fuffent articulés bien exactement l'un avec l'autre. Mais je dois trouver la même chofe à l'égard des Phalanges, malgré toute la peine que je me fuis donnée en exami-nant 70. ou 80 de ces articles. Tout au plus j'ai reüffi avec deux os du Metacarpe & avec autant de Phalanges, quoique l'on puiffe, par le volume & par la ftructure diftinguer les pou-ces des autres doigts de même que les autres articles les uns des autres. Deux offelets font, comme la forme le prouve inconteftablement, ceux d'un homme, vû qu'il eft très poffible que le même accident qui a fait perir ici tant d'animaux, y ait auffi enfoncé quelques uns ou même peût-être un plus grand nombre d'hommes qui habitoient auffi ces contrées; ou ne fe pourroit-il pas qu'une inondation eût auffi enfeveli des reftes d'hommes dans ces cavernes? Ces conjectures font confirmées par quelques fragmens de crânes qui appartiennent à des hom-mes; mais outre ces fragmens on ne trouve rien du tout, pas même une vertébre, qui s'ac-corde avec la charpente offeufe d'un homme. Outre cela le tems & le hafard ont tellement bouleverfé ces reftes, que, les Os du Carpe, du Metacarpe, les Phalanges des pieds de de-vant & de derriere, & même ces offemens de différens animaux étant mêlés les uns parmi les autres, la confufion devient plus grande à mefure de la peine qu'on fe donne à trouver les os qu'il faut pour former un total. Quelques uns de ces os ont quatre pouces de longueur, d'autres n'en ont que trois, & plufieurs de ces os en ont encore moins. Dans leur milieu ils ont un pouce d'épaiffeur, d'autres n'en ont que la moitié, & les Apophyfes font de mê-me différentes. On remarque aux derniers articles qu'il n'y a point eu d'ongle, mais qu'ils ont été armés d'une griffe, ce que l'articulation qui a fervi à fon mouvement, prouve encore.

Nous avons trouvé 70. ou 80. de ces os de très grands animaux & on en a découvert une plus grande quantité dans la fuite. La griffe même manque toujours, & il n'eft refté que l'os qui y étoit enchaffé. Pl. IX. Fig. 2. & 3. il y a deux de ces os, qui très probablement font de différens animaux. Un lion ne pourroit avoir ces os plus grands. Ils font beaucoup plus grands que ceux d'un ours de la derniere grandeur. Fig. 2. & 3. on voit la cavité pour l'articulation de la derniere phalange. Lorsque l'on confidere que la corne de la griffe d'un lion avance bien encore au de là de l'extremité de l'os qui la remplit, au moins d'un pouce & demi, il faut que, proportion gardée, cette même griffe ait avancé au de là de l'extremité de l'os Fig. 3. b. bien encore de deux pouces & demi. Si je joins ces pièces incomplettes les unes aux autres auffi exactement que poffible, elles forment un pied qui a du moins la lon-gueur d'un pied & demi. Or voici une longueur qui ne convient pas à des animaux ter-reftres. Cette dimenfion s'accorderoit peût-être mieux avec celle des pieds de devant des animaux marins, du Rosmare, des Phocas & d'autres. Les nageoires des cétacées font auffi compofées de pareils os, dont l'induftrie trompeufe des matelots fait fouvent des fquelettes & les vend pour des mains d'hommes marins. Les nageoires de la Phocéne, animal qui a très parfaitement la forme d'un poiffon, ne font pas entrelacées de filets offeux, mais elles font conftruites de pareils os du Metacarpe & du Metatarfe comme dans les quadrupedes. Les chiens de mer ont auffi des griffes d'une grandeur démefurée, mais elles font très longues & moins courbées, & les os qui leur fervent d'appui, ne fauroient être comparés avec ceux-ci. On pourra donc fuppofer au fujet de ces griffes tout ce qu'on jugera à propos. J'ajoute enco-re que Pl. IX. Fig. 4. reprefente auffi une griffe. Dans la petite concrétion c. d. il y a une griffe a. b. comme celle Fig. 2. Je l'ai tirée de l'interieur de la très grande concrétion ci-deffus mentionnée, qui pefoit bien quelques centaines de livres. Dans plufieurs de ces griffes & à leur fracture, telles qu'elles font reprefentées Fig. 2. b. c. on pouvoit obferver qu'originaire-ment elles devoient avoir été couvertes d'une lame offeufe, entre laquelle & l'os d. e. la corne de la griffe même a été affermie. Mais il n'y avoit pas moyen de trouver ces griffes complet-tes, jufqu'à ce qu'à la fin j'en ai tiré une de l'interieur de la concrétion telle qu'elle eft repre-fentée fig. 4. a. b. Suivant l'original, dans lequel on peut tirer la griffe hors de la matrice c. d., la pointe b. eft celle qui eft à découvert Fig. 2. d. e., & la croûte offeufe b. c. s'eft étendue juf-

ques

ques là comme l'on voit Fig. 4. Quant à l'épaiſſeur elle ne paſſe pas celle d'un gros papier.
A quoi ſert dans des armes auſſi vaillantes cette ſubtilité? & quel animal a les griffes conſtrui-
tes de cette maniere?

Lorsque je me repreſenté tous ces os dans leur longueur érigés les uns ſur les autres, il
en reſulte une hauteur très conſiderable de la partie anterieure du corps de ces animaux dont
on trouve tant de depouilles dans ces cavernes. Je compte la hauteur de l'Omoplate pour un
pied & demi, je ſuppoſe qu'elle n'a été éloignée de l'epine du dos qu'un demi-pied. Le fragment de l'os de l'Humerus, quoique deſtitué de ſes extremités, a vingt pouces de longueur.
L'os du Coude avoit auſſi un pied & deux pouces de long; je rabas la hauteur du Carpe, celle
des cartilages & des têtes pour la diminution de la hauteur que fait l'obliquité de l'articulation
de l'os du Coude & du Rayon avec l'Humerus & de celui-ci avec l'Omoplate; & non obſtant
cela tous ces os feront enſemble une hauteur de près de cinq pieds lorsque l'animal ſe tenoit
de bout. Mais il ſe peut auſſi que la groſſeur du corps ait empeché ces pieds de devant, independamment de leur longueur, d'avancer beaucoup, comme cela arrive dans les Phocas
& dans d'autres animaux, ſur tout s'ils étoient de même, aux extrémités près, engagés dans
la peau de l'animal.

J'ajoute encore la deſcription des articles des pieds de derriere que j'ai trouvés dans cette
caverne d'une grandeur qui repond à celle des précédens. Je commence par les Os innominés. Un morceau d'un volume très conſiderable pourroit bien avoir appartenu à une de ces
créatures qui ont principalement été enſevelies dans ces cavernes en très grande quantité.
Mais je dois remarquer encore que ce n'eſt qu'un fragment & ſeulement un morceau de la grande Cavité Cotyloïde ou de l'*Acetabulum*, derriere lequel l'os s'allonge encore de trois pouces
probablement pour l'union avec l'Os Pubis; ſi dans les animaux on peut convenablement donner ce nom à cet os. Il faut convenir que pour un pareil os celui-ci eſt extraordinairement fort.
Tout près derriere la Cavité Cotyloïde cet os a deux pouces & huit lignes de largeur & bien
un pouce & demi d'épaiſſeur. Autant qu'on peut déterminer par la rondeur, il faut que cette
cavité ait eu quatre pouces de Diamétre & la circonférence d'un pied. Dans le milieu de
cette cavité qui s'applatit ſucceſſivement, il y a encore l'empreinte qui ſervoit à loger le ligament
rond ou Interarticulaire de la tête du Femur: cette empreinte eſt ſigmoïde & de la profondeur
de deux lignes.

Ce qu'il y a de très particulier c'eſt que la ſubſtance oſſeuſe, qui eſt au deſſus de cette
empreinte & qui n'a ſubi aucun changement, n'eſt qu'une lame à peine de l'épaiſſeur d'un quart
d'une ligne. Il eſt impoſſible que le Femur, n'ayant qu'un appui ſi mince, puiſſe avoir ſoutenu
toute la peſanteur de la partie poſterieure du corps d'un animal, dont la tête du Femur a eu
quatre pouces de Diamétre, ſans avoir enfoncé au premier pas cette lame mince, à moins
qu'on ne ſuppoſe qu'une pareille créature ne ſe ſoit ſervie des pieds de derriere que pour nager,
mouvement dans lequel la force du choc agit plus ſur le bord de la cavité articulaire ſi bien
affermi, que ſur ſa baſe. Le tiſſu cellulaire de la ſubſtance interne de cet os eſt auſſi d'une
fineſſe extraordinaire & d'une ſubſtance ſpongieuſe tellement différente de celle des animaux
terreſtres qu'à cet égard il reſſemble parfaitement à celui des autres os de ces cavernes qui
ont la même ſtructure, & qu'il ſe diſtingue de même très viſiblement par la lame oſſeuſe
externe qui n'a l'épaiſſeur qu'à peine d'un double papier, & que par là on reconnoit des animaux marins.

Un autre fragment d'un Os innominé remarquable par ſa grandeur a été enfoncé dans le
roc calcaire de la quatrieme caverne. Il a encore neuf pouces de longueur quoique la partie
poſterieure en ſoit caſſée tout près de la Cavité Cotyloïde. Ici cette cavité, qui dans le morceau
précédent étoit fort applatie, eſt creuſée d'après un demi cercle de deux pouces & quatre lignes
de Diamétre. Mais à proportion de cette cavité la partie anterieure de l'os eſt extraordinairement étroite. La ſtructure entiere prouve que ces os ont appartenu à deux différentes eſpèces d'animaux. On a trouvé depuis peu de l'une & de l'autre eſpèce, pluſieurs morceaux

avec des fragmens de l'Os Ilium, qui repondent parfaitement par la grandeur à ces Cavités Cotyloïdes.

Je ne puis me dispenser de faire mention de la troisieme espèce de ces os. Ils différent tout à fait des précédens. A en juger par les fragmens, c'étoient des os d'une grandeur démé. surée. La Cavité Cotyloïde a deux pouces de Diamétre & un pouce & demi de profondeur, L'empreinte, qui loge le ligament rond, est tout à fait différente de celle de toutes les précéden. tes. Mais la chose la plus extraordinaire dans ces morceaux c'est le bord de cette cavité qui a un pouce d'épaisseur, mais duquel le tems ne nous a laissé que des fragmens incomplets. Il n'est donc pas possible de déterminer par là la structure des os entiers & encore moins la ma. niere dont ces os ont été articulés les uns avec les autres.

On ne trouve plus de restes des têtes du Femur qui avoient leur mouvement dans ces cavités. Mais on a trouvé deux morceaux & encore plusieurs autres de l'extremité inférieure du Femur, d'une dimension plus petite. Ils ne différent pas particulierement des mêmes os d'autres animaux, à cela près qu'ils ont du Condyle interne jusqu'à l'externe quatre pouces de Diamétre. Plusieurs corps de ces os Femur étoient enfoncés assez avant dans le roc des cavernes plus basses, & ils se cassoient, de même que les autres, lorsqu'on vouloit les en tirer. On voyoit dans les fragmens que l'os le plus solide a eu souvent l'épaisseur de quatre à six lignes. Pour donner aux Lecteurs une idée en général de tous ces morceaux, on en a représenté un Pl. XIV. Fig. 2. On voit bien que c'est un morceau du Femur & qu' *a. b.* en est l'extremité inférieure. J'ajoute seulement que la grosse tuberosité de *c.* vers *d.* est un calus moyennant lequel la Nature à consolidé une fracture de cet os. Toujours ce morceau sera, à ce que je crois, quelque chose de rare parmi les Zoolithes. Au côté qui n'est pas mis en vüe ici, il y a près de *c. d.* une cavité longue de cinq pouces & profonde d'au de-là d'un pouce. Très probablement l'os de cet animal s'étoit il cassé suivant cette obliquité, & suivant cette même direction les sucs, que la Nature y a envoyés, ont formé le calus. On voit dans cette cavité plusieurs creux dans les. quels les excroissances de l'autre piéce de l'os s'étoient emboitées, ce qui a rendu au membre endommagé l'ancienne force. Il a déjà été prouvé plusieurs fois que des animaux tout jeunes & très vieux, d'une grandeur extraordinaire & d'une grandeur peu considerable ont peri dans ces cavernes. Ici nous avons les restes d'un estropiat. Il y a des machoires où le calus fait voir qu'elles ont aussi été cassées. J'ai dans ma Collection une machoire monstrueuse, où l'er- reur de la Nature a poussé encore une dent laniaire tout près de celle qui doit y être naturelle- ment. Toutes ces circonstances prouvent donc que c'est le même accident malheureux qui a fait perir ici des genres & des familles entieres d'animaux, des bien faits & des estropiés, des vieux & des nouveau-nés, des sains & des malades, des géans & des nains de leur espèce, des indigénes & des exotiques. Les seuls morceaux qu'on en a trouvés, ce sont quelques Tibia, c'est à dire les os qui dans le pied de derriere s'articulent de plus près avec le Femur, & qui ont la longueur de dix pouces & une épaisseur extraordinaire. Mais je n'oserois pas dé- cider ni même conjecturer que ces os eussent fait partie des mêmes animaux dont les restes sont les plus frequens dans ces cavernes. Je ne saurois non plus dire avec certitude si la partie posterieure du corps de ces créatures étoit appuyée sur deux ou sur trois os du pied, quoique, à en juger par les restes, le premier soit plus probable. Il y a encore plusieurs morceaux des Apophyses de l'extremité superieure de ces os, que la calcination a rendus aussi durs que le fer.

J'ai encore trouvé plusieurs Rotules. Elles sont parfaitement ovales, longuës de deux pouces & demi & larges d'un pouce & demi & quelquefois d'un peu moins. Elles ont sans contredit appartenu à de très grands animaux.

Comme ces cavernes renferment différens restes de plusieurs espèces d'animaux, j'ai aussi trouvé plusieurs Os Calcaneum. Pl. XIV. Fig. I. en represente un des plus grands. J'ai été Present lorsqu'on en a trouvé vingt à trente, & dans la suite on en a trouvé un nombre bien grand. Ils ont communement au de là d'un pouce d'épaisseur & trois à quatre pouces de longueur. On voit facilement que la pointe *a.* est l'Apophyse qui a servi de même que *b. c.* à

l'articul'articulation des os du Metatarfe. On trouve quelquefois deux ou trois de ces morceaux, qui s'emboitent les uns dans les autres, mais on n'a jamais reuffi à former quelque chofe de complet.

Il faut encore parler de l'Os Sacrum. On en a de même trouvé un affez grand nombre. Mais communement le hazard n'y a laiffé que les corps de trois vertébres, quelquefois des premieres, quelquefois feulement des dernieres, où l'on voit encore quatre trous. Ces morceaux ont le plus fouvent, malgré leur defectuofité, quatre pouces & demi de longueur; leur plus grande largeur eft de trois, & l'épaiffeur de la partie fuperieure d'un pouce & demi. On ne les trouve qu'en plus grande partie fort endommagés, & les fragmens mêmes font connoître qu'ils ont été trés forts. Ils reffemblent en général au même os d'un homme, à cela près qu'ils fe retréciffent beaucoup plus vers l'extremité. On ne trouve jamais qu'ils fe fofent terminés à quelques vertébres de la quetie, ou que l'animal, dont ils ont fait partie, en ait eu une. J'ai trouvé un feul morceau tout entier & très grand, auquel il ne manque que la petite vertébre inferieure. Il a fix pouces & cinq lignes de longueur & la largeur de la partie fuperieure, qui eft encore toute entiere, entre les deux facettes latérales, qui uniffoient l'Os Sacrum avec les Os des îles, eft de quatre pouces & neuf lignes. La plus grande vertébre a un pouce & quatre lignes d'épaiffeur, & deux pouces & huit lignes de largeur. Les huit trous, qui fe trouvent fur la furface anterieure & pofterieure, font d'une grandeur très confidérable. L'ouverture fuperieure du canal qui paffe à travers tout l'os pour donner paffage à la moëlle épiniere, a encore un pouce & huit lignes de largeur, mais à peine la hauteur de quatre lignes. Cette ouverture diminue tellement qu'à la fracture de l'avant derniere vertébre il en refte à peine une cavité de quatre lignes de largeur & de deux lignes de hauteur.

On ne trouve pas moins dans ces grottes un grand nombre de vertébres de la quetie. Elles ont quelquefois deux pouces de longueur fur neuf lignes d'épaiffeur. Mais il n'y a pas moyen de les joindre affez exactement les unes aux autres pour en former quelque chofe d'inftructif. Elles fervent donc feulement à prouver qu'il y a ici un mélange de reftes de différentes créatures.

Il y a encore dans le fol de ces Grottes, comme je l'ai dit plus haut, de petites cavernes de la hauteur d'un pied ou d'un demi-pied, mais dont je n'ai pas examiné la longueur. Elles font toutes remplies de fquelettes de plus petits animaux, qui s'y trouvent mêlés les uns parmi les autres. J'en ai tiré une machoire d'un Chat-haret, une autre peût-être d'un loup-cervier & deux que je ne connois point, dont l'une eft garnie de dents imparfaites & feuilletées d'une maniere particuliere, & l'autre de dents très pointües qui ne reffemblent pas mal à celles d'un chien de mer. Tout cela prouve affez que le jour, qui a été fi redoutable aux animaux de ces contrées, n'a pas épargné non plus les créatures moins grandes, & qu'un bouleverfement terrible de ce païs a jetté ici des créatures indigénes & exotiques dans le même fepulcre. On pourroit bien auffi compter la douzieme ou la treizieme efpèce d'animaux enfevelis dans ces cavernes.

Je crois donc avoir affez détaillé toutes ces Zoolithes, à quoi je n'ajoute que, fi quelcun vouloit revoquer en doute la realité de tous ces morceaux, les Originaux peuvent être mis fous les yeux de ceux qui le fouhaitent, quoiqu' il y ait déja beaucoup de Doublettes dans les Cabinets de plufieurs Curieux. Mais fi quelques amateurs, en vifitant ces cavernes eux mêmes, ne trouvoient plus plufieurs morceaux, ils s'en prendront tant à la maniere dont ils cherchent, qu' à la curiofité des autres qui ont moiffonné longtems avant eux dans ces cavernes. La Collection des piéces inftructives que j'ai décrites, a été faite en deux ans de tems, pendant lesquels j'ai non feulement cherché moi même plufieurs fois, mais j'ai auffi reçu d'autres ce qu'ils avoient trouvé de nouveau, après avoir creufé le fol fuivant l'inftruction qui leur avoit été donnée. Quoique la quantité des productions qui fe trouvent encore dans ces cavernes, foit immenfe, je fuis pourtant très perfuadé quil fera bien difficile de trouver encore quelque chofe

R

de

de nouveau. C'eft là la raifon pourquoi j'ai différé jusqu' ici de publier la prefente Defcription de ces cavernes.

IV. SECTION.
DE L'ESPECE D'ANIMAUX A LAQUELLE CES ZOOLITHES ONT PROBABLEMENT AP-PARTENU.

Tout ce que je viens de dire jusqu' ici a peût-être plus excité que fatisfait la curiofité des Lecteurs. Ils formeront tous, à ce que je crois, deux queftions. A quels animaux ces Zoolithes ont elles appartenu? & comment ont elles été transportées dans ces cavernes? Ces queftions font affez problematiques l'une & l'autre. Mais il fera bien difficile de les refoudre dans le Cabinet par de fimples fpeculations, à moins qu'on n'ait vû les morceaux mêmes, qu'on ne les ait examinés fouvent avec attention & qu'on n'ait parcouru plufieurs fois les grottes & leurs environs. Pour moi, je n'entreprends, en repondant à ces queftions, que de propofer des conjectures.

Les dentures complettes donnent la marque la plus fûre pour découvrir à quels animaux ces différens reftes ont appartenu. Une conclufion tirée de fimples vertébres, des crânes & des autres offemens ifolés, eft fujette à trop d'incertitude. Or fi nous avons caractérifé plus haut, d'après les dents, les animaux dont les os font les plus remarquables par leur grandeur & par leur quantité, il paroit bien facile de trouver, dans le Syftéme de la Nature de Mr. de LINNE, qui a divifé les genres des quadrupedes fuivant le nombre & l'arrangement de leurs dents, la créature à laquelle elles ont appartenu, furtout fi l'on confére les defcriptions que d'autres Naturaliftes en donnent. Pour épargner cependant à mes Lecteurs la peine, je vais parcourir les familles d'animaux d'après ce Syftéme [*]. Je cherche l'animal, dont la tête eft repréfentée Pl. I. - Pl. V., les machoires Pl. VI. VII. & les dents fur ces mêmes Planches & principalement Pl. VIII.

Il feroit fuperflu de prouver que ces créatures ne peuvent être comptées parmi les Quadrupedes du premier rang (*Mammalia Primates*), quoique, comme nous l'avons dit plus haut, on ait auffi trouvé des os d'hommes. On ne peut pas non plus penfer à des finges, à des Cercopithéques, à des Lemures ou à d'autres pareilles efpèces. Je paffe fur les Brutes, puisque j'ai deffein de refuter premierement les conjectures poffibles mais mal fondées & alors parcourir avec d'autant plus d'attention cette famille. La famille d'animaux que Mr. de LINNE nomme *Fera*, & la premiere efpèce dans cette famille qui comprend les Phocas, pourroit bien être la premiere, qui excitât nôtre attention & principalement celle des perfonnes qui ont vû les Chiens de mer dans leur domicile même. On les trouve fur tout l'Ocean. Il y en a auffi dans la mer Baltique. Ces animaux vivent même dans l'eau douce. La plus grande efpèce de ces animaux a la groffeur d'un bœuf & la mitoyenne celle d'un tigre [**]. Il y a même une variété qui n'a pas plus que deux pieds & quatre pouces de long depuis le bout du mufeau jusqu' à l'extremité des pieds de derriere [***]. En voila donc affez pour expliquer la différente grandeur des os & la différente grandeur des créatures de la même efpèce, de laquelle nous avons les côtes les plus petites de même que les vertébres & les crânes les plus grands, d'autant plus qu'on obferve toujours que les pétrifications du même genre d'animaux marins fe trouvent le plus fouvent enfemble, peût-être puisque ces animaux ont auffi eu leur habitation commune là où l'on trouve les reftes affemblés, & que l'évenement terrible qui les a fait

perir,

[*] Secund. Edit. Syft. nat. decimam tertiam ad editionem duodecimam reformatam Holmienfem. Vindobonæ 1767. recufam.
[**] STELLER Com. Petr. Tom. II. p. 289.
[***] ANDERSON Voyage de Spizberg T. II. p. 166.

perir, les a auſſi obligés à ſe refugier enſemble, de même que le font auſſi les animaux terreſtres. Tout cela ſe trouve de même ici. Il n'y a pas à douter que ceux qui ſuppoſent que la
Franconie a été autrefois le fond d'une mer, n'adoptent ſans difficulté cette conjecture. Les
Chiens de mer ont auſſi cette cloiſon qui renferme le cervelet, que nous avons trouvée dans la
tête repreſentée Pl. I. Mais les os du Veau marin (*Phocas Vitulina*) font trop différens de ces
os dont il eſt queſtion ici. L'ouverture du conduit auditif n'eſt pas plus large dans ces animaux, malgré leur grandeur, qu'elle n'eſt dans les oiſeaux: ici la largeur étoit d'au-de-là de
quatre à cinq lignes. Le conduit auditif des Chiens de mer a quatre inflexions qui ne ſe trouvent non plus ici; dans les Chiens de mer il ſe trouve dans l'Apophyſe maſtoïde même; il en
eſt tout autrement dans nos animaux. Je paſſe ſur pluſieurs autres différences. Les os des
Chiens de mer ne font pas à beaucoup près auſſi compactes que ceux des autres animaux. Les
os de ces cavernes, même les calcinés, ne font pas moins durs que l'yvoire foſſile. Les Apophyſes des vertèbres du dos font couchées les unes ſur les autres comme les écailles, mais les
os des animaux principaux de ces cavernes n'ont rien de reſſemblant à cette ſtructure. Cependant je ne veux pas ſoutenir que, parmi les autres productions, il n'y puiſſe pas en avoir,
qui aient quelque rapport avec les os d'un chien de mer.

Je vais comparer de plus près nos Oſtéolithes avec la charpente oſſeuſe du chien de
mer (*Phoca vitulina*). Tous les Naturaliſtes font d'accord que les chiens de mer ont ſix dents
inciſives dans la machoire ſuperieure & quatre dans l'inferieure. Ici il en eſt préciſement le
contraire. Nos animaux ont quatre dents inciſives dans la machoire ſuperieure & ſix dans l'inferieure. La forme & la ſituation des dents inciſives ne font pas moins différentes dans les deux
créatures. Là nous avons: *Dentes Primores paralleli, diſtincti, æquales, obtuſiuſculi*; ici elles
font: *alterni, convergentes, inæquales, tricuſpidati, lobati*. Pluſieurs Naturaliſtes diſent que le
Phoca vitulina n'a point de dents molaires, tant ces dents font différentes de celles-ci, puisque
ce font plûtôt des dents inciſives que des dents molaires, dont les ſuperieures s'emboitent dans
les intervalles des inferieures. Les animaux des Grottes de Gailenreuth ont les dents fort larges, qui ne reſſemblent point du tout à celles du chien de mer. Ces animaux en ont cinq ou ſix
de chaque côté, ici il y en a, ſans la moindre variation, dans chaque machoire trois en haut
& quatre en bas. Dans le Phocas les os de l'organe de l'ouïe font d'une ſtructure difforme.
Nos Oſtéolithes ne different point du tout, à la grandeur près, de la ſtructure ordinaire.
Elles font très proportionnées aux autres parties de l'animal. Le ſquelette de la tête d'un
chien de mer reſſemble en général plus aux animaux de la famille des chats, ici les têtes, autant qu'on en peut juger par les crânes, reſſemblent plûtôt à celle d'un chien. Dans les premiers animaux les os font plûtôt unis enſemble par des lignes & des harmonies, & non pas
par des ſutures comme nous le voyons ici. Dans la cavité interne de la tête du chien de mer
la cloiſon eſt horiſontale & ſoutient une autre qui eſt perpendiculaire. Quant à nos animaux il
y a à cet égard la plus grande difference. Les os du Phocas ont en plus grande partie des
Apophyſes; toutes nos Oſtéolithes n'en ont pas une ſeule. Je paſſe ſur les autres différences,
dont je pourrois bien encore rapporter pluſieurs *). Avec ces différences conſiderables il
n'eſt pas probable que ces Oſtéolithes aient appartenu à des chiens de mer & on ne pourra pas
ſuppoſer avec raiſon qu'elles aient appartenu à une eſpèce encore inconnue. Les animaux du
même genre doivent avoir dans leur charpente oſſeuſe plus de rapport entre eux.

Si l'on vouloit chercher une plus grande reſſemblance dans le *Phoca urſina* & *Leonina*, le
rapport de Mr. STELLER y eſt tout à fait contraire; car les dents molaires de ces animaux font
des pointes qui avancent hors de la machoire de deux lignes **) & qui reſſemblent à ces dents
canines là; outre cela les dents laniaires ont encore des dents canines à part à côté, de ſorte
que tout cela ne nous donne aucun éclairciſſement.

R 2   Les

*) On trouvera encore pluſieurs autres différences dans un Traité qui a été publié en Halle en 1753. ſous
le titre: *Georg Wilhelm Stellers* ausführliche Beſchreibung von ſonderbahren Meerthieren mit Erläuterun-
gen und nöthigen Kupfern &c.
**) Probablement dans l'Original des Comment. Societ. Erud. Petropol, il eſt dit, *pouces* au lieu de *lignes*;
vû qu'avec des dents de la longueur de deux lignes ces animaux ſe feroient peu de mal entre eux, &
ne ſe donneroient pas, comme l'on prétend pourtant, des coups mortels dans leurs combats. Les
dents de ſi peu de longueur n'indiqueroient pas non plus des bêtes qu'on prétend être ſi feroces.
***) Mr. de LINNE dit que les dents ſont *molares tricuſpidati*.

Les fix ou fept dents molaires des chiens, & celles des loups & des hyénes, qui font en affinité avec cette famille, ne permettent pas d'y penfer, lorfque l'on compare les dents de ces cavernes avec celles de ces animaux là. Dans le genre des chats ni le lion ni le tigre ni le léopard n'a rien qui fe rapporte ici. Les crânes de ces animaux ont une crête très élevée; le fquelette de leur tête eft presque auffi large que long, les os Zygomatiques avancent en forme de grands arcs, & toute cette famille eft affez caractérifée par les dents molaires à trois pointes, & d'une ftructure particuliere, & par là affez diftinguées des productions dont il eft queftion ici. Outre cela leurs os n'ont point de moëlle, & ils font folides, à un canal près de l'épaiffeur d'une pipe à fumer du tabac. *)

Le furet & la loutre font trop petits. Il en eft de même du didelphe & d'autres créatures de cette efpèce.

Le feul genre des ours merite d'être examiné de plus près. Les dents molaires de cet animal reffemblent à plufieurs odontopétres de Gailenreuth.

Il n'y a aucune différence des deux dents molaires de la machoire fuperieure de nos créatures telles qu'elles font reprefentées Pl. VIII. Fig. f. & g. à la grandeur près. Les trois dernieres dents molaires de la machoire inferieure de l'ours font en plus grande partie les mêmes que celles qui font reprefentées Pl. VIII. Fig. i. k. l. Ce n'eft que par la grandeur qu'elles en différent confiderablement. La troifieme dent molaire de l'ours, à compter de la laniaire, reffemble beaucoup à la premiere de nos créatures, telle qu'elle eft reprefentée fur la même Planche Fig. e. & b. Si l'on examine l'ours Arctos, fur tout le fquelette d'un ourfin, qui n'a pas encore fait les dents, de forte que les trois premieres molaires n'avancent hors de la machoire que de la pointe, ou qu'elles ne paroiffent même point du tout, on croira voir en petit les machoires de Gailenreuth. Il importe peu que nos Odontopétres aient le quadruple de la groffeur des dents d'un ours d'une grandeur plus que mediocre. Même les grandes dents laniaires qu'on a trouvées, qui font reprefentées Pl. VII. Fig. 3. & que plufieurs Naturaliftes ont prifes pour des dents de l'Orca, fe reffemblent encore toujours affez. Il n'y a que les pointes qui fortent des gencives, qui font beaucoup plus petites & plus minces qu'elles ne font dans un ours de grandeur mediocre, quoique nos animaux doivent avoir été beaucoup plus grands. La premiere vertébre de l'ours a quelque reffemblance avec celles que nous avons trouvées dans les Grottes de Gailenreuth, & dont il y en a une reprefentée Pl. III. Fig. I. Les autres vertébres & plufieurs morceaux de nos Oftéolithes, pris en général, ne manquent pas non plus de reffemblance avec les os d'un ours.

Mais indépendamment de toute cette reffemblance, je trouve de l'autre côté auffi bien de la différence. Les dents anterieures de l'ours différent totalement de celles de nos cavernes, & les dents molaires en différent confiderablement à l'égard de leur nombre. Là il y a toujours trois dans la machoire fuperieure & quatre dans l'inferieure, auffi conftamment que parmi les morceaux innombrables des cavernes de Gailenreuth on n'a jamais obfervé le moindre veftige de quelque variation. En revanche le Créateur n'a pas moins caractérifé l'ours de maniere qu'il lui a donné conftamment cinq à fix dents molaires. On lui trouve auffi les deux petites dents laniaires d'en haut Pl. VIII. Fig. c. différentes. L'ours a fix dents incifives dans la machoire fuperieure. Ici il n'y en a toujours que quatre. Dans nos Oftéolithes chaque dent anterieure fe termine en une pointe qui a en dedans deux autres tuberofités à côté. Dans l'ours cela eft différent. Ces dents font, comme nous l'avons dit plus haut, & comme l'on voit diftinctement Pl. VIII. Fig. a., trifourchues, & c'eft en quoi l'ours fe diftingue. De fes dents anterieures de la machoire inferieure les deux exterieures, bilobes Pl. VIII. Fig. b. font d'une ftructure différente; la premiere dent molaire fe trouve tout près de la laniaire, ici elle en eft beaucoup éloignée. Il n'y a donc point de reffemblance entre les dents de l'ours & les odontopétres de Gailenreuth que celle de la ftructure de quelques dents molaires. On ne trouvera pas cette raifon fuffifante pour prendre ces Oftéolithes pour les reftes d'un animal fi bien
connu.

*) Jonfton de Quadrupedibus. pag. 115.

connu. Il faut ajouter à cela que la ftructure de la tête de ces créatures, lorsqu'on la compare l'une avec l'autre, a beaucoup de reffemblance, mais que la différence eft bien encore
plus grande. Les futures différent beaucoup entre elles à l'égard du nombre & de leur difpofition, comme l'on trouvera facilement en comparant Pl. I. Fig. 1. avec le fquelette d'un ours.
La figure du fquelette de l'ours n'aura jamais, pas même par les contours, quelque reffemblance avec la tête qui eft reprefentée Pl. I. Fig. 1. L'ours a l'Os Occipital petit; ici il eft fort
grand, & même la piéce la plus grande de toute la tête. Dans l'ours cet os eft enfoncé, &
la convexité de la voute du crâne avance beaucoup; dans nos animaux il eft élevé & fe joint
perpendiculairement aux autres ôs. L'ours a les Os Pariétaux tellement joints enfemble, qu'ils
donnent à la tête une forme voutée en dome. Ici les Os Pariétaux forment par leur union un
angle aigu & donnent à la tête une forme prifmatique; ils font tellement fitués qu'ils forment
un tranchant affez faillant. Ils s'allongent en forme triangulaire comme celle de l'Os Occipital Pl. III. Fig. 2., vers avant, ce qui donne à ces têtes la forme d'un Prifme. Le conduit m.
d. Pl. I. Fig. 1. ou la piéce i. k. Fig. 2. Pl. IV. n'approche pas, dans les plus grands ours, de la
moitié des plus petites de nos Oftéolithes. Ces morceaux, de même que toutes les autres parties de la tête, font ici d'une ftructure beaucoup plus maffive. Nos animaux ont des Sinus particuliers dans l'Os Nafal, dans l'ours on n'en trouve pas la moitié. Le morceau reprefenté
Pl. XI. Fig. 2, qui eft la partie anterieure de la tête d'un des animaux de Gailenreuth, fait voir
plus diftinctement, que je ne faurois l'expliquer, la différence qu'il y a auffi à l'égard du mufeau. La ftructure interne de la tête, la fituation de la cloifon, la fubftance de cet os, la dimenfion & la proportion des concamérations de la cavité du crâne, tout cela, dis-je, fait
connoitre un animal tout différent. Je me dispenfe de rapporter encore d'autres variations.

Je n'ai donc pas trouvé jufqu'ici un animal dont les os reffemblent à nos Oftéolithes. On
dira, comme l'ours a trente huit ou quarante dents & que dans les reftes de ces animaux inconnus on n'en voit jamais plus que précifément trente dans les deux machoires, il y a affez
de différence pour faire fuppofer des créatures d'une autre efpèce, & furement d'un genre
tout différent, même d'une toute autre famille. Il n'importe rien du tout que, parmi les deux
fortes de dents molaires il y en ait fix ou fept qui fe reffemblent. Le Rhinoceros & le cheval
ont les dents molaires de la machoire fuperieure auffi parfaitement reffemblantes qu'on les
prend fouvent les unes pour les autres. Elle ne différent entre elles que par le quadruple de
la grandeur, précifément comme il en eft ici. La variété des dents combien n'eft-elle pas
petite dans le genre des brebis & dans celui des chevres; même les dents des bouquetins &
celles des gazelles ont quelque reffemblance entre elles; & qui pourra diftinguer par là la Gazelle *Cervicapra* d'avec la Gazelle *bezoardica*, ou la chevre *Dorcas* d'avec la chevre *Ammon*, furtout lorfqu'il n'en eft refté que des offemens incomplets?

Les chevaux, les cerfs & les boeufs ont des dents molaires qui fe reffemblent beaucoup.
Les vertébres & plufieurs autres os de ces animaux ne peuvent pas être diftingués les uns
d'avec les autres, tant ils font reffemblans. Combien ne fe tromperoit on pas fi par quelque
reffemblance on vouloit determiner les animaux mêmes? On prendroit le cheval pour un boeuf
& le cerf pour un cheval; ici la plus grande différence fe prefente à l'égard de la ftructure
de la tête, & c'eft precifément le Caractére par lequel on determine les plus grandes variations.

Je ne fai que repondre à tout cela.

Mais n'y auroit-il pas moyen d'accorder tout cela enfemble? Ce que nos Oftéolithes
prouvent inconteftablement c'eft qu'elles n'ont abfolument pas appartenu à l'ours *Arctos*.
Entre quelques centaines de dents il n'y en avoit pas une feule qui eut été de la grandeur de
celles de cet animal. Mais peut-être appartiennent elles pourtant à la famille de ces animaux?
Peut-être font elles d'une efpèce que s'eft perduë ou qui n'eft pas encore affez connuë? L'ours
blanc de la mer glaciale *) n'eft pas, à l'heure même qu'il eft, encore autant connu que les

S   Na-

*) LINN. Syft. nat. edit. nov. p. 70. in nota. Urfus maritimus albus major arcticus.

Naturaliftes Syftématiques le fouhaiteroient. Cette redoutable bête vit fur la mer Glaciale, fur les côtes d'Islande, de Groenlande, de la Lapponie & dans le détroit de Waigaz. Les ours blancs paffent la plus grande partie de leur vie fur la mer, ils ont par cette raifon, lorfqu'ils viennent à terre, la demarche auffi chancelante qu'ils doivent l'avoir fur les glaçons mouvans pour fe tenir en équilibre, à peu-près comme ceux qui, après avoir fait un long voyage fur mer, retiennent, du mouvement du vaiffeau, encore pendant quelques jours, une demarche mal affurée. Les plus grands de ces ours doivent avoir les os d'une ftructure affez reffemblante à celle de nos Oftéolithes. Mais fi les fquelettes, de ces animaux ont eu cinq ou fix pieds de hauteur par devant, & dix à douze pieds de longueur, c'eft ce qui eft encore affez problématique. Peut-être cet animal a-t-il la même denture dont nous avons trouvé les reftes dans ces cavernes. Malgré cette reffemblance, il faut pourtant qu'il y ait entre lui & l'ours commun une grande disparité. On pourroit donc très bien rapporter cet animal ici, & nous aurions trouvé à la fin, à moins qu'il n'y eut eu tant de queftions problématiques, les analogues de nos Oftéolithes, fous le Cercle Polaire dans la Mer Glaciale. On auroit découvert ainfi ce que font proprement les Dragons des Carpates, car ces Odontopétres reffemblent parfaitement aux nôtres, comme nous le verrons dans la fuite. Le Problème qui a fubfifté fi longtems à l'égard de l'yvoire foffile *), qu'on trouve en fi grande quantité en Allemagne, & avec lequel on trouve partout les dents laniaires & molaires reprefentées ici, feroit donc ainfi refolu. Mais il refte à expliquer comment ces os ont pû être transportés dans nos païs en fi grande quantité. L'ours de la Mer Glaciale fe laiffe transporter fur les glaçons de la mer du Nord pouffés par les vents à des diftances incroyables. Dans la Cataftrophe univerfelle de nôtre Globe ces animaux pourroient avoir fuivi le même inftinct & avoir été transportés jusques dans nos contrées peût-être fur des arbres déracinés. Ils pourroient avoir peri avec d'autres créatures indigénes dans cet endroit, ou peut-être y avoit-il déjà une mer & par confequent une grande profondeur ou un gouffre qui les a engloutis. Les débordemens des mers du Nord auroient alors caufé les grands bouleverfemens dont nos pétrifications font encore les marques. Par confequent la contrée que nous habitons, n'eft pas le fond de quelque mer, mais originairement un continent. Ce font furement des découvertes particulieres, mais je ne pretends point du tout à l'honneur de les avoir faites. Je ne veux pas par là accufer tacitement les grands Medecins des tems paffés d'avoir voulu, en donnant l'yvoire foffile en fi grande quantité, rétablir le corps de l'homme avec les os de l'ours de la mer Glaciale. Je ne veux pas refuter par les prefentes remarques plufieurs Syftémes, fuivant lesquels nous femons nôtre bled dans le fond de la mer, & fuivant lesquels nôtre Globe a changé de Poles. Je refpecte trop les grands Naturaliftes de nôtre tems pour dire qu'en fuppofant les os du Rosmare, ils n'ont pas trop bien expliqué, fuivant l'analogie, l'origine de l'yvoire foffile. On pourra prendre les Odontopétres, dont il y a une fi grande quantité dans les Cabinets des Curieux & qui reffemblent parfaitement aux dents laniaires de nos animaux, pour des dents de l'Orca. Je ne faurois refoudre la queftion comment précifement ces dents laniaires & ces os auffi reffemblans à ceux de Gailenreuth aient pû être mêlés avec les offemens des Rhinocéros du Harz & avec les reftes des Elephans, où on les trouve fouvent. L'ours de la Mer Glaciale, qui fe nourrit des corps de baleines que la mer charrie, auroit-il peut-être, dans l'inondation univerfelle, attaqué les corps des animaux de la même grandeur que lui, qui ont été transportés ici des contrées les plus éloignées. Au moins il n'y a pas d'autre moyen de faire entrer dans une même caverne des créatures nées fous la ligne Equinoxiale & fous les Cercles Polaires. Cependant cette conjecture me paroit trop hardiment avancée. D'où viennent les dents de lion & d'autres dents que nous avons trouvées parmi ces Oftéolithes dans le fein de la terre? Nous ne connoiffons pas encore affez l'animal qui m'a fait naître ces conjectures, auxquelles j'aimerois mieux, par les raifons alleguées, donner le nom de rêveries. Cet animal eft inconnu, & par cette raifon je foutiens ce que j'ai dit fur le frontispice de cet Ouvrage, c'eft à dire, que les reftes que nous avons trouvés, ont appartenu à des Créatures inconnues. C'étoit l'affaire d'un Naturalifte du premier rang de découvrir que le Momotovakoft étoit le refte d'un Rhinoceros;

*) C'eft le nom qu'on donne non feulement aux dents d'Elephant foffiles, mais en général à toutes les Oftéolithes & à tous les os calcinés qu'on tire du fein de la terre.

ros; que la découverte de l'origine de l'yvoire foſſile, qui ſe trouve en Allemagne, ſoit donc reſervé à un autre Naturaliſte du même rang!

Dans cette incertitude à laquelle il falloit m'accommoder, ma perquiſition feroit incomplette, ſi je manquois de parcourir les autres familles d'animaux d'après le Syſtéme de Mr. de LINNE.

Il ne faut ſurement pas chercher quelque éclairciſſement dans la famille des rats. On ne peut pas non plus rapporter ici les beſtiaux que Mr. de LINNE nomme *Pecora*. La Nature a refuſé à une partie de ces animaux les dents canines, & une partie en a les dents molaires d'une ſtructure particuliere, c'eſt à dire, ces dents ne ſont pas un os ſolide, mais elles forment un corps compoſé de lamelles dures & oſſeuſes, pour faciliter la maſtication de différens pailliers, de ſorte qu' on ne peut point s'arrêter ici ſur le chameau, la gazelle, le cerf, le cheval & autres pareilles bêtes. Ceux qui ont vû des figures mal exprimées de l'Hippopotame ou du Béhémoth de Job dans la ſixieme famille, pourroient bien s'arrêter ſur cet animal. L'Hippopotame eſt une des plus grandes créatures vivantes de la terre. Ses deux dents canines inférieures avancent d'un demi-pied de la machoire. Elles ont la figure triangulaire, la largeur de deux pouces & demi, la circonférence d'un pied, & avec cela elles ſont un peu arquées en arriere. Les dents anterieures ne ſortent pas beaucoup de la gencive. Cependant les dents exterieures ont un pouce de longueur & la forme priſmatique. Celles du milieu ſemblent être couchées; elles ont la forme cylindrique & l'épaiſſeur aſſez conſiderable. De chaque côté de la machoire inferieure il y a ſept dents très epaiſſes, larges & courtes, en forme de cone tronqué, & en général beaucoup différentes de celles dont il eſt queſtion ici.

Il nous reſte encore les animaux cétacés. Ces poiſſons reſſemblent, pour la chair, aux animaux terreſtres. Ils ont de même le dos compoſé de vertébres, & ils n'ont du poiſſon que la figure *). Ils reſpirent par les poumons, ils font leurs petits vivans, les allaitent, & s'accouplent comme les animaux terreſtres. Ils pourroient donc bien, s'il n'y manquoit plus rien, être comptés, à l'égard de leurs os, parmi les animaux terreſtres, & s'accorder même avec les oſſemens de ces cavernes. Il y en a qui n'ont point de dents du tout, d'autres en ont une ou deux dans la machoire ſuperieure. Une autre eſpèce a les dents dans la machoire inferieure & encore une autre en a dans les deux machoires. Les baleines proprement dites & les licornes marines ne peuvent donc point du tout être rapportées ici. Elles ſont auſſi d'une grandeur trop démeſurée, & une ſeule de ces créatures, par ex: le Cachalot ou quelques varietés du Phyſeter rempliroient plûtôt une caverne au lieu d'y laiſſer les reſtes: on ne peut donc point du tout y penſer. Cependant comme l'on nous donne ſouvent différentes dents pour les dents du Cachalot du Nord, je crois que la deſcription de cet animal ne tronveroit pas mal ſa place ici. La tête de cet animal monſtrueux fait le tiers de l'animal entier; la cavité du crâne eſt diſtribuée en vingt huit concamérations, desquelles on tire juſqu' à dix huit ou vingt tonneaux de blanc de baleine. Quelques unes de ces concamérations ont ſix à ſept pieds de hauteur. Les dents ont la forme d'un très grand concombre; & la ſubſtance cartilagineuſe. Un bœuf pourroit commodement paſſer par la gueule de cet animal.

Sur les côtes d'Angleterre il y a une autre eſpèce qui a les dents de forme cylindrique. Leur ſubſtance approche de celle de l'yvoire, & la longueur eſt de cinq à ſix pouces. Cet animal ne fournit pas l'Ambre gris, comme l'on croyoit autrefois, & il eſt plus ſur que cette drogue appartient au Regne mineral **). Une troiſieme eſpèce, ou, pour mieux dire, une varieté des Cachalots a la machoire de ſeize pieds & demi de longueur, & cinquante deux dents, dont chacune péſe deux livres; les dents ſont également éloignées l'une de l'autre; elles ne reſſemblent donc en rien aux dents de nos cavernes,

S 2   Cepèn-

*) Anderſon Hiſtoire naturelle de l'Islande, du Grœnlande & du Detroit de Davis. Tom. II. pag. 70.
**) Onomatologia hiſt. nat. ſub voce Ambarum pag. 327.

Cependant je trouve parmi les Cétacés une efpèce dont la dent reprefentée Pl. I. Fig. I. *m. n.* femble être un refte. Dans la mer du Nord il y a une efpèce de baleines, qui n'a que le double ou le triple de la longueur d'un homme, & la machoire inferieure garnie de huit petites dents, recourbées en forme d'arc, rondes & un peu émouffées. Ces dents femblent plûtôt être couchées dans la machoire qu' érigées; elles ont donc quelque reffemblance avec celles qui ont été décrites plus haut. Mr. ANDERSON nomme cette efpèce : *Balæna minor altera, inferiore maxilla tantum dentata*, & les Hollandois lui donnent le nom de *Witfifch*. Mr. le Chevalier de LINNE l'a rangée parmi les baleines fous le nom de *Phyfeter Catodon*. Mais je n'ofe propofer tout cela que comme une chofe très douteufe. Il fe pourroit bien que ces dents fuffent les pointes de grandes dents laniaires qui ne font pas encore parvenues à leur perfection. On ne trouve jamais dans nos cavernes les machoires qui conviennent à ces dents.

Dans l'Ouvrage excellent de feu Mr. KNORR, à prefent beaucoup enrichi par l'explication folide du célèbre Mr. WALCH, il y a Tom. II. Pl. H. Fig. I. la reprefentation d'une machoire qui reffemble tant à celle que nous donnons Pl. VI. Fig. I. qu'on ne trouvera point de difficulté de les prendre pour être de la même efpèce d'animal. Sur la même Planche Fig. 2. on voit encore une grande dent, dont nous voyons ici Pl. III. Fig. 3. une autre tout à fait femblable. La dent qui eft deffinée là, enchaffée dans l'alvéole, reffemble parfaitement aux dents laniaires dont nous avons trouvé un grand nombre parmi nos Zoolithes. Dans la Defcription du Cabinet de RICHTER on a donné ces Odontopétres pour des dents de l'Epaulard (*Orca*). Si nous conférons la defcription de Mr. de LINNE des dents de l'Epaulard, les expreffions : *Orca roftro furfum repando, dentibus latis ferratis*, en interprétant les derniers mots des dents molaires, dont nous avons donné les reprefentations, femblent encore confirmer la conjecture au fujet de l'Orca. On me permettra donc de faire auffi mention du genre des Dauphins qui d'ailleurs eft le dernier & auquel l'Orca appartient auffi. Il eft très peu probable que ces machoires ayent appartenu à l'Orca. Cet animal porte ce nom puis qu'il a la forme un peu reffemblante à celle d'un baril. D'autres *) difent qu'il reffemble à une carenne ou à une chaloupe renverfée. Malgré la grandeur de cet animal, la machoire, qui fe trouve reprefentée ici, ne lui convient point du tout. Les termes très expreffifs de Mr. de LINNE: *roftro furfum repando*, donnent auffi à connoitre que la machoire fuperieure eft d'une ftructure dont on ne trouve rien du tout dans ces têtes reprefentées. Le poiffon a vingt pieds de long, la tête eft la plus grande partie de l'animal, il faut donc que les machoires aient trois à quatre pieds de longueur. PLINE dit qu'on ne fauroit mieux fe reprefenter l'Orca qu'en s'imaginant une maffe de chair armée de dents. Voila encore ce qui ne convient point du tout avec nos productions. L'Orca eft armé de quarante terribles dents, **) & c'eft un animal très redoutable dans la mer. La tempête la plus violente ne fait pas tant de bruit, que quelques Orcas font capables de faire lorfqu'ils jouent enfemble. Suivant les rapports unanimes des anciens Naturaliftes & des modernes les Orcas ont, comme tout le genre des Dauphins, des évents fur la tête, pour rejetter l'eau qu'ils ont engloutie. Il n'y a rien de tout cela dans les têtes que nous avons reprefentées. Dans l'Orca la machoire inferieure avance au deffous de la fuperieure. Je puis prouver par des dents émouffées que dans nos animaux il en a été tout autrement, & précifement le contraire. On ne fauroit attribuer à l'Orca les Os Femur, les Tibia, les Os du Coude, les Os Sacrum & les Calceaneum, qui par leur égalité & grandeur & par la quantité qu'on en trouve, nous font toujours fuppofer un certain animal principal, & on ne peut pas non plus donner à cet animal la feule grande efpèce de machoires, & fuppofer que, parmi ce grand nombre de Zoolithes, il ne fe trouve plus une dent qui foit reftée de cet animal.

On ne peut pas non plus rapporter ici le Dauphin, le fecond genre des poiffons, qui ont les deux machoires garnies de dents. Les dents de ce poiffon font petites, dures & tranchantes

---

*) Olaus M. de gentibus feptentrionalibus Lib. XXI. 551. & Anderfon l. c. difent qu'il reffemble à une Chaloupe renverfée. L'expreffion eft très particuliere, en cas que la machoire n'ait pas plus que 16. à 18. pouces de longueur comme celle qui eft reprefentée ici.
**) Jonfton de pifcibus pag. 217.

chantes & s'enchaffent les unes entre les autres comme les pieces d'une taille *). Ce qu'il y a de particulier c'eft que les nageoires tiennent au corps moyennant des Omoplates, comme les bras d'un homme. Le Marfouin qui eft en affinité avec le Dauphin, a de chaque côté de fes machoires vingt quatre petites dents brillantes, très nettement rangées, par confequent 96. dents; il ne nous prefente donc rien qui puiffe nous donner quelque éclairciffement à ce fujet. Mais il y a probablement encore plufieurs efpèces de Dauphins que nous ne connoiffons pas encore, vû qu' on ne fait pas la chaffe à ces poiffons, & qu'ils ne tombent pas entre les mains des hommes, à moins que la mer ne les jette fur les côtes, & c'eft là le cas où les Naturaliftes les voient le plus rarement. **) ¢

Nous avons donc parcouru la Claffe des animaux quadrupédes fans trouver celui qui ait les os & les dents d'une ftructure pareille à celles de nos cavernes. Perfonne ne s'avifera de le chercher parmi les Amphibies, dont les os font plûtôt cartilagineux que folides. Les crocodiles ont auffi les dents rondes & pointües, & leurs vertèbres font d'une ftructure tout à fait différente. Comme nous ne trouvons donc rien parmi les cétacés, il n'y a, comme tous les Naturaliftes le favent, point d'autre animal dans la Claffe des poiffons qui ait quelque reffemblance avec les Quadrupédes. Il nous refte encore les Brutes.

Mais peut-être les animaux que nous cherchons, font ils moins éloignés. Je trouve dans les Mifcell. Nat. Curios. des reprefentations d'os qui reffemblent parfaitement à ceux des cavernes de Gailenreuth. Dans la Troifieme Année de cet Ouvrage l'Obfervation CXXXIX. eft accompagnée d'une Planche d'Oftéolithes, où je vois en plus grande partie reprefentés les offemens, que nous avons trouvés dans nos cavernes, outre ceux dont on a communiqué les figures ici, quoiqu'il y ait précifement un fiecle que ces figures font deffinées. Il y a là un Humerus qui reffemble auffi parfaitement aux fragmens que nous avons décrits ci-deffus, que l'artifte le plus habile auroit de la peine à le reprefenter plus naturellement en petit. Tout ce que j'y obferve c'eft que nôtre Humerus, à en juger d'après la reprefentation qui fe trouve dans les Mifcell., doit avoir eu au moins le double de longueur, & que, comme cet os entier a eu celle de 18. à 20. pouces, l'Humerus de nos cavernes, fi j'y ajoute, d'après cette proportion ce qu'il y manque, doit avoir eu deux pieds & demi de haut, de forte que, lorfque j'ai jugé légérement de la hauteur de ces animaux par les pieds de devant, & que je l'ai fuppofée de cinq pieds, j'ai déja dit d'un pied & demi de moins fur un feul de ces os; tant la grandeur de ces animaux doit-elle avoir été énorme. Il y a encore fur cette Planche une vertèbre de celles que j'ai premierement prifes pour des vertèbres du col, une Atlante, des Os du Tarfe & du Metatarfe & des Phalanges qui ont avec les nôtres une reffemblance furprenante. Une vertèbre du dos, dont je n'ai pas même fait mention, puifque je n'ai trouvé que cette feule piéce, & que je n'ai pû la prendre pour avoir fait partie d'un des animaux principaux de ces cavernes, femble être la copie d'un original que j'ai dans ma Collection des Zoolithes de ces grottes. Ces os ont proportionnellement la même dimenfion que nos originaux. Dans les machoires qui fe trouvent dans les Mifcell., les dents laniaires font auffi grandes que la partie anterieure de la machoire même, & c'eft là ce que nous voyons dans nos machoires plus petites. D'ailleurs la reffemblance entre ces os & ceux que nous avons décrits, eft très exacte. La téte reprefentée fur la Premiere Planche de cet Ouvrage n'auroit pas moins une grande reffemblance avec celles qui font reprefentées dans les Mifcell. de l'an. 1671, Obf. 139. fi elle n'étoit pas moins complette. La partie anterieure de la tête Pl. XI. Fig. 2. fe trouve fans difficulté précifement dans la tête reprefentée dans ces mêmes Mifcell: de l'an. 1674. Obf. 170. J'ai dans ma collection des morceaux qui prouvent inconteftablement qu'ils ont fait partie de ces têtes dont une en eft reprefentée en entier fur la même Planche des Mifcell. On ne fauroit faire une copie plus reffemblante que celle qui fe trouve dans ce même Ouvrage, de la vertèbre que j'ai nommée l'Epiftrophée, à caufe de fon Apophyfe Odontoïde, & qui eft reprefentée Pl.

T   XIII.

*) Hift. gener. des voyages. Tom. XI. pag. 206. Jonfton L. c. Art, IV, Cap, I, p. 218, dit qu'elles fe ferrent les unes entre les autres comme des péignes.
**) Fauna Succica, de anno 1761. pag. 52.

XIII. Fig. 2. Nous fommes donc, malgré cette incertitude, en bon train de découvrir l'ani. mal que nous cherchons. Il faut ajouter à cela que dans les mêmes Mifcell. Obf. 194: il y a une dent laniaire & trois molaires, qui font precifement les mêmes que nous avons repre. fentées, excepté, que les machoires mêmes nous font voir que ces dents ont été les derniе. res de la machoire inferieure. Dans la quatrieme année de ces Mifcell. il y a Obf. 170. des re. prefentations d'autres Zoolithes, où je trouve Fig. A. la copie des ongles & Fig. B. le mor. ceau très reffemblant à celui que j'ai reprefenté avec l'ongle dans une petite concrétion Pl. IX. Là la dent laniaire c. eft la même, mais plus complette que celle Pl. VI. Fig. 3. & particulie. rement la grande dent de la machoire fuperieure Pl. V. Suivant la defcription cette dent la reffemble parfaitement à celle. ci jufqu'à la couleur.

Pourrois-je bien me difpenfer de mettre à profit ces circonftances pour me procurer quelque lumiere dans cette incertitude? Il femble cependant que la fuppofition d'un grand Naturalifte s'y oppofe. Mr. CARTHEUSER *) prend l'eau ftalactitique pour la caufe qui a pro. duit non feulement ces os, mais auffi tous les autres os qu'on tire du fein de la terre fous le nom d'Unicorne foffile. Mais quiconque a vû les Zoolithes de Liptau, de Scharzfield & de Gailenreuth, aura de la peine à adopter cette opinion. Il demandera comment cette eau eft affez habile pour former des machoires, pour y placer des dents avec leur émail, pour con. ftruire des dents laniaires & incifives, pour les enchaffer en partie auffi adroitement dans les alvéoles, & pour les en faire fortir en partie? Si jamais l'eau s'eft changée en fubftance offeu. fe? Il faudroit qu'elle eût veritablement créé les Cavités Cotyloïdes des Os Innominés, les tê. tes qui s'emboitent auffi exactement dans ces Cavités, les vertébres & leurs Apophyfes qui les uniffent enfemble, les Phalanges, les crânes, les conduits auditifs etc. Un plaifanteur pour. roit dire à la fin que l'homme entier eft né de l'eau ftalactitique. Mais probablement les ex. preffions: *Originem fine dubio debet* ne veulent dire autre chofe que c'eft à l'eau ftalactitique qu'il faut attribuer la confervation de ces corps.

Suivant ce qui eft dit dans ces Mifcell. un habile Medecin d'Eperies nommé *Jean Pater.* *fon* HAIN a tiré ces Zoolithes des cavernes très profondes des Carpates dans les environs d'une Chartreufe près d'une riviere nommée Dunaïec. Elles font là de même enduites de lait de Lune, comme celles de Gailenreuth le font en partie de ftalactite. On trouve dans ces montagnes des cavernes, dans lesquelles les fquelettes entiers font encore entaffés de forte qu'elles en font presque remplies, phénoméne qui dans la fuite pourroit encore meriter quel. que attention. Le Savant ci-deffus nommé fuppofe que les animaux font morts d'une mala. die les uns fur les autres. Il a trouvé les dents molaires de même que les laniaires beaucoup. ufées, & il en infère de raifon que ces animaux ont brifé de grands os d'autres animaux qui leur ont fervi de nourriture. On a même découvert une machoire à laquelle on voyoit en. core un refte de la peau, du mufeau & du palais. Le Comte *Ladislas* RAGOZI avoit un fque. lette entier de la longueur de fix aunes. Je n'ai donc pas mal compté en donnant, d'apres les vertébres & les machoires, à ces animaux la longueur de dix à douze pieds. Mr. HAIN a été affez heureux pour former des pieds entiers des morceaux disperfés. Ces pieds étoient ar. més de trois griffes **), beaucoup plus grandes & plus courbées que celles d'un ours. Les os Calcaneum font très grands, par confequent auffi à cet égard femblables aux nôtres. Il ne fe. ra donc pas difficile de deviner l'animal même.

Tous ces offemens ont appartenu à des dragons qui n'exiftent plus. Le favant SACHS & tous les hommes célèbres de fon tems ont pris cela pour une verité démontrée. On lit avec
plaifir

---

*) Frid. Aug. Gartheuferi Rudimenta Hydrologiæ Syftematicæ pag. 28. §. 22. Aqua fpatofa feu ftalactitica, in figuratas maffas abit, quæ ftirias, conchylia aliasque res tum naturales tum arte factas facie externa referunt. Pag. 29. not. f. il eft dit: Huc fpectant maffæ ftalactiticæ, quas crypta Draconum, in comitatu Liptavienfi fita exhibet, & a Sceletis offiousque mirum in modum formatis & magno numero ibi repe. riundis, quæ vulgus pro Sceletis Draconum habet, nomen adepta. ... Not. 9. pag. 30. il eft dit outre cela: Nonnullæ aquæ fubterraneæ etiam lac lunæ deponunt, cui unicornu foffile forma offium præditum in antris Hercyniæ, Scharzfeldenfi & Baumanniano fine dubio originem debet.

**) Parmi les phalanges & les Os du Carpe & du Metacarpe que nous avons tirés de ces cavernes, il n'y avoit pas moyen de trouver plus de trois piéces correfpondantes; or comme dans les fquelettes entiers il n'y avoit que trois griffes, il eft probable que ces animaux vivans n'en ont pas eu davantage.

plaifir les contes qu'on a rapportés pour prouver leur exiftence. Dans les environs des Carpates leur realité eft decidée, au point que perfonne n'oferoit plus la revoquer en doute. On les voit fouvent dans ces contrées; le jour ils reftent cachés dans les cavernes, d'où ils ne fortent que la nuit pour chercher leur proye. Ils emportent des moutons & des chevres; ils attaquent même, à ce qu'on pretend, les ours, en cas qu'ils entrent par hazard dans leurs cavernes. On s'en rapporte même à des temoins qui ont vû auffi ces animaux en Tranfylvanie. Un paifan Valaque a même été affez rufé pour tuer un dragon qui avoit fa retraite dans un arbre creux; Voilà comment il s'y prit: ayant obfervé que cet animal voloit fouvent de fa caverne vers cet arbre, il y mit des broutilles tout au tour, & lorsque le dragon entra dans fon ancienne retraite, il brula l'arbre avec le dragon. Dans le Comté de Scepus la foudre a tué un dragon, dont la tête fe trouve encore dans la maifon d'un juge de ce pais. En 1673. un autre dragon fut tué de la même maniere. Un Savant nommé Mr. VETTE, qui a fourni des Supplémens aux Rapports ci-deffus allegués, a vû encore un os de ce dragon, dont la fubftance interne étoit vitreufe & l'externe toute offeufe. Ce même Savant a auffi tiré des cavernes près de la Porte de Fer, une dent d'un dragon de fix livres, mais qui probablement étoit celle d'un Elephant.

On ne trouvera donc point de difficulté, ne fut-ce que par complaifance pour les Mifcell. Nat. Curics., de croire aux dragons, &, comme les Zoolithes des Carpates reffemblent à celles que nous avons décrites jusqu'ici, de prendre auffi celles-ci pour des reftes de ces animaux. L'une de ces cavernes eft dans le Comté de Liptau dans la baffe Hongrie, affez près de Svvaty Nikulafs ou St. Nicolas, à une lieuë des Carpates, l'autre eft fur les anciens confins de l'Hongrie & de la Pologne, à trois lieuës de ces montagnes. Ces cavernes font, comme les nôtres, dans un roc ferme, dans le milieu des montagnes; les Stalactites y font en auffi grande quantité que dans les nôtres; la Nature y a erigé, fur la pente de la montagne, une colomne de même qu'à Gailenreuth; dans une contrée plufieurs cavernes fourniffent les mêmes productions, tout comme l'on obferve cela à l'égard des cavernes de Mokas & de Gailenreuth; ces endroits remplis d'offemens d'animaux inconnus ont donc entr-eux une grande reffemblance: Même, comme à quelque diftance des Cavernes Carpathiques on trouve dans des grottes des reftes d'Elephants, nous en avons auffi découvert dans d'autres cavernes un peu éloignées de celles de Gailenreuth, comme je le dirai dans la fuite. *)

Malgré tout cela perfonne ne fera difpofé à croire aux dragons, tout particuliers & hardis que foient les contes des anciens à ce fujet, qu'on ne peut presque pas fe difpenfer d'ajouter foi à ce que difent tant de temoins graves, qu'on ne voudroit pas accufer d'avoir mal vû ou debité à deffein des fauffetés, ou redit trop naïvement, d'après d'autres, ces anciennes fables. Il eft remarquable que les anciens Poëtes difent que les dragons font nés de la putréfaction, après le Déluge de Deucalion, vû que cette tradition femble au moins prouver que, comme l'on cherche l'origine des dragons dans le déluge, & que les anciens ont pris les Zoolithes pour des os de dragons, les Zoolithes mêmes doivent, fuivant le temoignage de ces peuples, avoir eu quelque rapport avec le Déluge de Deucalion. Quoi qu'il en foit, les dragons nous donnent encore moins de lumiere que tous les autres animaux ci-deffus rapportés. Cependant un Lecteur reflechiffant ne paffera peût-être pas tout à fait fur ce qui a été dit jusqu'ici à ce fujet. Les Savans que j'ai allegués, ont vû des Squelettes plus complets de ces

T 2   Zoo-

---

*) Dans les Bresl. Saml. de l'an 1725. pag. 628. on trouve une defcription plus récente des Zoolithes des Carpates. En 1724. Mr. BRUKMANN de Brounsvic parcourût trois cavernes. Mais il ne s'eft pas affez expliqué fi ces cavernes font veritablement dans les Carpates, ou tout près de ces montagnes, & fi ce font les mêmes dont il eft parlé dans les Mifcell., ou bien fi elles en font toutes différentes. Le dernier paroit être plus probable par le rapport même. Ces cavernes portent les noms de Cerna, de Benikova & d'Okno. Les deux premieres font fur une montagne, à une demi-lieuë l'une au deffus de l'autre dans le Comté de Liptau, à une lieuë d'un village nommé Bodafalva. La caverne qui porte le nom de Benikova, renferme une grande quantité de pretendus os de dragon. Mr. BRUKMANN dit comme temoin oculaire que ces os reffemblent parfaitement à ceux de la Grotte de BAUMANN & d'autres cavernes du Harz, de même qu'à ceux des Carpates & de la Tranfylvanie. Un Ecclefiaftique de Kaesmark nommé BUCHHOLZ à trouvé un Squelette entier, qui fe trouve à prefent dans le Cabinet de Dresde. Probablement il y a une grande quantité de ces Squelettes dans les cavernes des montagnes d'Hongrie tout comme dans les nôtres. Il faut qu'autrefois il y ait eu un très grand nombre de ces animaux dans nos pais, & à prefent on n'en trouve pas même le moindre veftige dans les Zoographies les plus anciennes.

Zoolithes. Ne les ont ils pas comparés avec ceux d'autres animaux? Le célébre SACHS a-t-i-1 examiné tout cela avec fi peu d'attention? Ces Savans ne connoiffoient-ils pas, autant que nous, les animaux & leurs genres? Ne favoient-ils pas déterminer l'efpèce à laquelle ils appartenoient? N'auroient-ils pas, comme l'on fait en pareil cas, les fait voir à des gens plus inftruits? Cependant perfonne ne les a connus, & ils ne reffembloient point du tout à un des animaux qui vivoient alors; on fût obligé de les prendre pour des dragons, on n'ofoit pas alors, auffi franchement qu'on le fait aujoudhui, déclarer les dragons pour fabuleux. Ces re-flexions pourróient bien exciter nôtre attention. Ces Savans ont même trouvé, comme nous, ces dents reffemblantes à celles d'un ours, mais ils ont auffi obfervé tant de différence que nous, ce qui les a empechés de les prendre pour les reftes de ces animaux, quoiqu'ils euffent l'avantage de pouvoir comparer enfemble des Squelettes entiers. *)

Il nous refte encore les Brutes, & parmi ceux-ci le feul genre des Lamentins (*Trichecus*) femble en quelque maniere appartenir ici. La feconde efpèce, le Manati, eft, fuivant le rapport de Mr. STELLER, aux os mafticatoires larges près, tout à fait fans dents. Mr. de LINNE lui donne des dents laniaires éloignées les unes des autres, par confequent cet animal n'appartient pas ici. Ce n'eft que le Rofmare feul dont les machoires aient quelque reffemblance avec celles que nous avons décrites. Le morceau reprefenté Pl. VII. Fig. 3., lequel, comme l'on voit en le comparant, a appartenu à la même efpèce d'animaux, dont les machoires reprefentées fur les Planches ont fait partie, & dont les reftes fe trouvent le plus abondamment dans les cavernes de Gailenreuth, peut avoir quelque petite reffemblance avec cette partie de la tête d'un Rofmare, où les groffes defenfes fortent de la machoire fuperieure. Il fe pourroit bien auffi que dans nos animaux, comme dans le Rofmare, les laniaires fuperieures fuffent forties des levres au de là de la machoire inferieure, vû que les alvéoles font d'une profondeur auffi confiderable, & que les dents font auffi groffes, par confequent affez grandes pour avancer hors de la bouche comme celles du Rofmare. Le nombre des dents molaires du Rofmare approche le plus de celui de nos machoires. Le Rofmare a quatre dents dans la machoire fuperieure & trois dans l'inferieure; c'eft donc précifement le contraire de ce qu'on voit dans les productions de Gailenreuth, ce qui pourroit conftituer une varieté dans cette efpèce d'animaux. Outre cela le Rofmare, qui a fouvent la grandeur d'un boeuf, feroit toujours affez grand pour avoir eu la charpente offeufe compofée de ces offemens que nous avons décrits. Ses pieds de devant ou fes nageoires font auffi compofées d'os de Tarfe, d'os de Metatarfe & d'autres os, que nous trouvons en abondance dans nos cavernes. Il eft armé de grands ongles, il pourroit donc, à en juger fuperficiellement, s'accorder avec toutes ces productions. Mais voici un grand obftacle. Les Rofmares n'ont point de dents anterieures ni dans la machoire fuperieure ni dans l'inferieure, & leur dents molaires n'ont pas la moindre reffemblance avec les Odontopétres de Gailenreuth. Mais quand je trouve que Mr. de LINNE dans fon Syftéme de la Nature de l'an 1760. de l'Edition de Trattner, d'après les auteurs du plus grand credit & d'après des temoins oculaires, dit pofitivement, que ces animaux ont des dents anterieures, & que dans l'Edition de ce même Ouvrage de l'an 1767. pareillement d'après des rapports avérés, il dit qu'ils n'en ont point, je crois qu'on peut fuppofer avec beaucoup de probabilité qu'il y a deux efpèces de Rofmares, dont l'une n'a point de dents anterieures, & dont l'autre en a, & ce feroit celle-ci dont il pourroit être queftion ici, de forte que les auteurs qui fe contredifent les uns les autres, n'ont vû que deux varietés de la même efpèce d'animaux, chofe qui a déjà fait le fujet de plufieurs difputes. Peut-être y a-t-il veritablement une pareille efpèce ou même un genre qui, fuivant la gradation des créatures, fait la nuance entre les Rofmares & les Phocas. Ainfi les Zoolithes de Gailenreuth pourroient bien être d'une efpèce de Rofmares qui a des dents incifives. Il faut ajouter à cela le

*) Jufques à l'an 1725. le genre d'animaux, dont ces Zoolithes on fait partie, étoit inconnu aux Naturaliftes les plus célébres. Dans les Brefl. Saml. de la même année pag. 509. Art. IV. Relat. XV. l'Auteur dit, en rapportant une fable fur un dragon d'Hongrie: „Les pretendus os de dragons, qu'on trouve „dans quelques cavernes Carpatiques, font des os calcinés d'animaux qui nous font inconnus., C'eft ce qu'ils font reftés, autant que je fai, jufqu'à l'an 1771. vû que dans cette même anuée Mr. CARTHEUSER les a pris pour des Jeux de la Nature. Cependant je ne trouve nulle-part, qu'on ait trouvé dans les Grottes Carpathiques d'autres efpèces d'animaux, tandis que nous avons trouvé dans les Grottes de Gailenreuth les veftiges de huit ou neuf différentes efpèces de créatures.

le rapport fuivant de BARTHOLIN: les Phocas, les Chiens de mer ou les Rosmares (car il ne faut pas encore prendre dans cet auteur, la fignification de ces mots fuivant une ponctualité fyftématique) de la grandeur d'un boeuf, habitent les côtes de la mer & les cavernes dans les rocs, & c'eft auffi là qu'ils mettent bas. Ceux qui veulent les prendre, font obligés d'entrer dans ces cavernes. Ils s'attachent une torche allumée par le gros de la tête, pour fe faifir d'autant plus facilement de ces animaux dans ces cavernes obfcures. De cette ma- njere ils en tuent fouvent cinquante dans un jour. On pourroit donc par là bien expliquer comment dans les cavernes Carpathiques les fquelettes des dragons ont pû s'entaffer les uns fur les autres. Il ne feroit pas non plus impoffible, fuivant la conjecture de Mr. *Peterfon* HAIN ci-deffus rapportée, que ces dragons, que nous croyons à prefent avoir trouvés dans les Rosmares, étant malades, fuffent effectivement morts les uns fur les carcaffes des autres, pourvû que le rapport de BARTHOLIN fût fondé, & que les obfervations plus récentes le confirmaffent autant qu'il faudroit, ou que même la confirmation, que nous trouvons dans des auteurs plus modernes, eût des caractéres fuffifans pour en déterminer fi cela n'eft que repété d'après BARTHOLIN, ou bien fondé fur leur propre obfervation. On pretend outre cela que les chiens de mer fe creufent eux mêmes ces cavernes; cependant, malgré l'affuran- ce avec laquelle on le dit, cela n'eft pas encore affez prouvé.

Toutes ces fuppofitions que je viens de rapporter, ne levent pas mes doutes. Avoir des dents incifives dans la machoire fuperieure ou dans l'inferieure, ou n'en avoir point du tout, avoir trois molaires dans la machoire fuperieure & quatre dans l'inferieure, ou bien trois dans l'inferieure & quatre dans la fuperieure, voilà des diverfités très importantes, qui ont une fi grande influence fur les animaux & fur toute leur Economie animale, qu'elles fuffifent bien pour déterminer par là des genres d'animaux tout particuliers. Il eft inconteftable que les Zoolithes de Gailenreuth, c'eft à dire, celles dont les dents & les machoires font reprefentées fur ces Planches, ont appartenu à des animaux ou que nous ne connoiffons pas encore affez, ou qui, depuis bien des fiecles, ont difparu dans le Regne de la Nature avec leurs efpèces, & qu'on ne trouve plus aujourdhui ni fur la terre ni dans la mer. Ce n'eft pas la connoiffance mediocre que j'ai moi même dans le Regne animal qui me fait juger ainfi, & qui me fait prendre ces Zoolithes pour des reftes de créatures qu'on ne connoit pas encore fuffifamment. J'o- fe m'en rapporter à des Savans, dont l'opinion fera décifive auffitôt qu'on faura leurs noms. Mr. le Chevalier de LINNE, qu'on ne nomme jamais fans l'eftime dûe à fon merite à l'égard de l'Hiftoire de la Nature, dit dans fa reponfe, qu'il ne connoit pas les animaux auxquels les Zoolithes de Gailenreuth ont appartenu. Si j'ajoute à cela qu'un Naturalifte & Anatomifte du premier rang, Mr. le Confeiller privé de Cour SCHMIDEL à Anfpac, que j'ai eu l'honneur de con- fulter fur ces productions, les a de même prifes pour des reftes d'animaux qui ne font pas en- core affez connus, à moins que les efpèces & les varietés fi différentes & à l'heure qu'il eft en- core fi peu déterminées des Phocas ne fourniffent pas quelque éclairciffement; je crois que perfonne ne s'avifera de précipiter fa décifion.

Je pourrois auffi m'en rapporter au confentement de plufieurs célébres Savans de l'Uni- verfité d'Erlang, parmi lefquels je me contente cependant de nommer Mr. le Conf*ler.* SCHRE- BER, avec lequel j'ai eu le plaifir de m'entretenir plufieur fois fur cette découverte. Plus ce Savant connoit l'Hiftoire naturelle, & plus il a vû de raretés dans fes longs voyages & dans différens Cabinets, plus il eft d'accord que ces reftes ont appartenu à des animaux encore inconnus. On a demandé à des Naturaliftes étrangers leur fentiment, & on en a eu la même reponfe. Voici comment Mr. BRÜNNICH, célébre Profeffeur de Coppenhague, s'exprime dans une lettre addreffée à Mr. SCHREBER. ,, Quant à l'animal particulier, duquel on a trou- ,, vé les reftes dans vôtre païs, je ne faurois en juger. J'ai vû en Hongrie la tête d'un Rofma- ,, re qu'on a trouvée dans la Theiffe, & à Brounfvic j'ai copié la tête d'un Hippopotame qu'on ,, y avoit trouvée, mais je n'oferois juger de l'animal dont Vous me faites la defcription, puis- ,, que l'analogue eft encore inconnu.

U   Je

Je ne veux donc plus entrer en discussion si les créatures en question existent encore dans quelque coin de la terre, dans la Baye de Hudson, dans le détroit de Weigaz, ou sous le Pole Antarctique, ou bien au fond de la mer, ou si leur race est éteinte. C'est donc le tems qui en décidera peut-être. Dire qu'il repugne à la sagesse du Créateur de laisser perir des races d'animaux, c'est faire une objection qui ne prouve pas ce qu'elle devroit prouver. Il me semble que c'est une preuve de la plus grande sagesse & providence de celui qui est aussi le Maitre & le Conservateur du Regne animal, d'avoir créé des animaux dans de certaines vûes pour un certain tems, & de faire disparoitre leur genre aussitôt que ces vûes sont remplies. Car lorsque je considere que les lions ne pourroient plus trouver leur nourriture en Asie, si ces païs étoient aussi peuplés que le nôtre, si je pense que l'un des desseins les plus importans de Dieu étoit de voir la terre le mieux peuplée que possible, il faut que, la terre étant ainsi peuplée, le leopard, le lion, le tigre disparoissent; ces animaux ont alors rempli la vûe dans laquelle ils étoient créés. Ils ont empeché la trop grande multiplication des animaux qui paissent l'herbe, ils ont par là conservé le Regne Végétal à la place des hommes; s'il y a des créatures raisonnables pour garder les Oeuvres de la Nature, plusieurs animaux destitués de raison peuvent disparoitre. Plusieurs espèces peuvent être éteintes, & toujours il sera vrai, que jamais moineau n'est tombé du toît sans la volonté du Créateur. Il a soin du plus petit des globes, même avec la plus grande ponctualité, en conservant les espèces même qu'en extirpant les genres. Mais par l'extirpation des genres, dira-t-on, la Gradation merveilleuse des Créatures seroit interrompue, ce qui ne s'accorde pas avec la sagesse du Créateur. Cependant il reste même à savoir si dans cette Gradation il n'y a pas déja effectivement de grandes lacunes. On peut compter quelques centaines d'espèces d'Ammonites, on peut les ranger en Classes, de maniere que la suite des plus petites variétés, par lesquelles le Créateur a passé d'une espèce à l'autre, devient une merveille de sa providence; cependant il est sur qu'il y a plusieurs espèces intermédiaires qui n'existent plus. Ne pouvons nous pas nous contenter de ce que nous sommes à même de remplir ces lacunes de leurs pétrifications & de leurs restes? C'est par là même que la Gradation des créatures devient pour l'homme plus agreable, plus instructive & plus merveilleuse. D'ailleurs dans le Regne Végétal la naissance de nouvelles espèces, & l'extinction des anciennes n'est plus une chose rare.

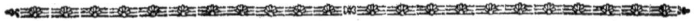

V. SECTION.
DE L'ORIGINE DE CES CAVERNES.

C'est à moi à dire à present mon sentiment sur les autres questions, que j'ai proposées plus haut. Comment ces restes d'animaux inconnus ont-ils été transportés dans ces Grottes? Peut-être a ce sujet n'y a-t-il pas tant de difficultés insurmontables; mais peût être y en a-t-il qui le sont encore plus. Voici mes pensées. Je les propose comme des Problemes, ce qui me resteront aussi à moi même, jusqu'à ce que je sois mieux instruit.

On ne saura rien déterminer de positif à moins qu'on ne remonte aussi haut que possible à l'antiquité de ces cavernes & par là à celle de nos Zoolithes. Nous avons pour cela les indices suivans. Les Urnes prouvent toujours assez que ces cavernes ont existé au moins depuis huit cent ou mille ans. Car c'est là le tems où la Franconie a été habitée par des peuples qui portoient des sacrifices aux morts, ou qui conservoient leurs cendres. Mais lorsque nous faisons attention aux montagnes mêmes, elles nous ramenent à un tems beaucoup plus ancien, par les marques suivantes: Le roc, dont les creux sont devenus des magazins si remarquables de tant de Zoolithes, est aussi ancien que les montagnes qui se trouvent à l'opposite. Car celles-ci forment vers l'Orient, & le roc vers l'Occident une valée qui a deux lieües de longueur, surement quatre cent pieds de profondeur, &, dans quelques endroits, une petite portée de fusil & rarement plus de largeur. Ce creux & les deux élevations, c'est à dire, la valée & les montagnes qui sont à côté, sont sans contredit nées par le même accident & dans le même
tems,

tems. Si l'on suppose qu'un écroulement subit & violent du sol les ait produites, il seroit très inconvenable de pretendre, que dans un écroulement du terrain les deux parois de la valée n'eussent pas été produites par la même cause & en même tems. En supposant que la terre ait été creusée à cette profondeur par des inondations, les deux parois seront encore nées en même tems par la crevasse que l'eau a causée. Or on trouve dans les montagnes qui se trouvent vis à vis de ces cavernes, par tout des coquilles enchassées dans un roc d'une substance très compacte & homogène. Plus bas de cette chaine de montagnes près de Muggendorf, où le terrain est moins couvert de buissons, & où l'on a fait sauter les rochers pour rendre le terrain labourable, on en trouve des millions. Des morceaux de quelques centaines de livres en fournissent un pareil nombre. Ces montagnes situées vis à vis de celles de Gailenreuth sont donc aussi anciennes que les autres, remplies de coquilles qui se trouvent sur la surface de toute la terre. Or la chaine de montagnes & celle des Zoolithes, qui est à l'opposite, sont nees, comme je l'ai dit plus haut, en même tems, par consequent elles existent depuis ce tems où les pétrifications sont nées & ont été enchassées dans les rochers. Cependant cette chaine de montagnes même, dont celle des Ostéolithes est la premiere, renferme d'ailleurs assez de Pétrifications, pour que nous puissions nous passer des consequences, que nous en avons tirées.

Or tout le monde convient que les coquilles enchassées dans les rochers les plus durs, & dont souvent les montagnes entieres sont paitries, prouvent le plus décisivement que ces pierres, qui ont à présent la dureté d'un marbre, ont été autrefois molles comme une argille, vû que sans cela cette quantité-incroyable de coquilles n'auroit pas pû y être enfoncée. Elles n'ont pas pénétré dans les pierres comme les Pholades de Mr. de LINNE; *) autrement elles ne seroient pas tant unies avec la matiere pierreuse, nous les trouverions isolées dans les cavernes; mais on ne trouve jamais en Allemagne de pareilles pétrifications. La consequence, que j'en tire, n'est-elle donc pas très juste? La montagne des Zoolithes & ses rochers sont nés dans un tems où cette chaine de montagnes n'étoit qu'un limon mol. Mais à quoi serviront ces consequences? Les ossemens enchassés dans le roc, dont je distingue fort bien les enduits d'une eau stalactitique, & qui par là sont unis avec les parois, prouvent suffisamment qu'ils ont déja été là lorsque la masse calcaire, qui à présent à la dureté de l'airain, n'étoit qu'une masse molle comme l'étoient les coquilles mêmes.

C'est donc ici que nous avons trouvé l'époque, où ces montagnes des Zoolithes sont nées & où ces ossemens ont effectivement existé. Mais par là en savons nous plus que nous n'en savions auparavant? Dans quel millier des années passées chercherons nous l'origine des pétrifications & celle des montagnes calcaires? Les Naturalistes supposent pour cela différentes Périodes. Il y en a peu entre eux ou peût-être aucun, qui ait pris les pierres paitries de coquilles pour les Ouvrages originaires du Créateur. Par là même qu'elles renferment des coquilles, il est prouvé qu' originairement elles étoient molles & que par consequent ce ne sont pas des pierres créées avec le Chaos du monde. Je ne dis rien de ceux qui ont trouvé bon d'attribuer leur origine à des volcans. Qui a jamais trouvé dans les laves récentes du Vesuve des Echinites? Tout comme nôtre Globe est plein de pétrifications, il auroit été plein de volcans. L'Europe qui a un million de montagnes, auroit contenu autant de volcans. Mr. MORO & ses Partisans ne meritent pas une refutation serieuse. On peut avec beaucoup plus de solidité attribuer l'existence des restes d'animaux marins a des eaux qui ont été autrefois dans ces endroits où ces ossemens se trouvent. Mais c'est bien à plaindre qu' à ce sujet il y ait tant d'opinions différentes, & qu'on ne détermine pas même le tems où les eaux ont inondé ces terres.

Je vais rapporter quelques unes de ces conjectures, quelques connües qu'elles soient, car je n'atteindrois surement pas mon but sans passer par plusieurs probabilités.

Quelques Savans soutiennent que le Continent que nous habitons à present, a été couvert autrefois de la mer, & qu'il y avoit une terre continente là où l'Océan se trouve aujourdhui. Car nous découvrons par tout où nous habitons, le fond de la mer & des coquilles. Mais de

cette

*) Syst. nat. Tom. III. pag. 5. not.

cette maniere l'ancien Globe n'auroit-il pas été une mer fans continent, un monde fans terre? Nous voyons dans tous les païs des pétrifications & des montagnes calcaires. Dans les couches les plus profondes du fol de la Hollande il y a des corps marins. La France en eft parfemée. Les Pyrénées & l'Efpagne nous en prefentent de même. Nous les avons en Weftphalie & fur le Rhin. En Suede il y a des montagnes qui en font pleines. Il y a de même en Sibérie. Il n'en manque pas en Saxe. Dans la Franconie on trouve des contrées de l'étendüe de quelques lieuës, qui font parfemées de corps marins. On en trouve le long du Danube, de même que des Sudettes jufqu' aux Carpates. Le Taurus & le Caucafe en renferment auffi. Il y a des pétrifications enchaffées dans les pierres des Pyramides d'Egypte; & dans le refte de l'Afrique il y en a auffi. Je foutiens que dans toute l'Europe il n'y a pas l'efpace d'une lieuë quarrée où un obfervateur attentif de la Nature ne puiffe trouver des corps marins fur la furface ou dans le fein de la terre. Ce n'eft que fur les montagnes les plus hautes du Perou qu'ils font encore très rares. Cette Hypothéfe contient des difficultés infurmóntables. Nôtre terre n'a jamais été un Globe d'eau, jamais une mer fans bords.

C'eft là une confequence qui s'en fuit immanquablement, fi l'on adopte l'Hypothéfe, fuivant laquelle il y a eu là autrefois une mer où nous trouvons à prefent des coquilles. N'en trouvons nous pas aujourdhui fur des montagnes élevées de 10000. pieds au deffus de la furface des mers d'à prefent? KÆMPFER *) a découvert des rochers entiers qui en étoient compofés, fur le fommet des montagnes qui s'élevoient jufqu' aux nües. Les mers ont donc été autant élevées au deffus de l'Océan d'aujourdhui & par confequent auffi au deffus de l'ancien continent. Mais ces ondes hautes de 10000. pieds fe font elles bien foutenues au deffus du continent comme des murs, fans s'écouler fur le globe rond & fans en faire une fphére d'eau? Les mers d'aujourdhui fe trouvent en plus grande partie fous la ligne. Le climat le plus chaud n'étoit donc autrefois qu' une terre continente. Comment les plantes du Nord y ont elles pû croitre? On pourroit bien lever cette difficulté en fuppofant des montagnes; & comment eft-ce que ces plantes ont été tranfportées de la ligne fur les Alpes & dans la neige de Grœnland? Comment leur femence a-t-elle pu faire un chemin de deux mille lieuës & paffer l'Ocean, de la ligne, de la chaleur brulante, qui dans une heure de tems auroit gâté chaque grain, jufques aux glacieres de Spizberg où le froid détruit tout? Comment ces plantes font elles précifement venues fur les fommets des montagnes, particulierement celles qu'on nomme Cryptogames, ou celles qu' aucun art humain ne peut élever de leur femence, de même que celles dont la femence fe gâte en très peu de tems, à moins qu'elle ne foit bientôt mife en terre? Pourquoi ne font-elles plus ce trajet aujourdhui. Pourquoi quelques genres de plantes fe renferment-ils auffi étroitement, depuis tant de fiecles jufques à prefent, dans un très petit efpace de leur païs natal, comme par ex. la Valeriane Celtique, la Pillulaire, une efpèce d'Orobanche & l'Amethyftée. Les genres nombreux des limaçons terreftres, dont une contrée de peu d'étendue nourrit fouvent au delà de cent efpèces, comment ont-ils pû faire le trajet de l'ancien continent, qui étoit là où il y a des mers aujourdhui, & de la ligne jufques en Franconie? Les femences voloient elles peût-être les premieres? Elles leverent fans doute très vîtement jufqu'à ce que les limaçons, après avoir fait un chemin de quinze cent lieuës, fuffent arrivés en Franconie, & y euffent trouvé leur nourriture. De quoi ceux-ci fe nourriffoient-ils en chemin? Comment ont-ils paffé les rivieres? Quand même on a ainfi tranfporté en idée les coquilles fur nos montagnes, on a furement de la peine à expliquer la naiffance d'une feule poignée d'herbes qui y provient. On fuppofe outre cela que les mers qui ont couvert autrefois le continent d'aujourdhui, fe font écoulées rapidement par une violente Cataftrophe de nôtre Globe, par une elevation du fol. Celui-ci s'eft enfoncé là où eft l'Océan à prefent, & où autrefois étoit une terre habitée, par confequent toutes les plantes terreftres du monde habité ont été abîmées tout d'un coup, & les ondes ont couvert pendant quelques milliers d'années les fleurs & les femences. Ces femences font encore abîmées, comment fe peut-il donc que le terrain, qui a été autrefois une mer, foit femé de la femence venue d'un monde qui dans le même tems a

été

*) Amœnit. exot. p. 430.

été couverte d'eau, & que les grains foient volés de la terre habitée fous la ligne, par une diftance de deux mille lieüs, en Franconie, qu'ils aient pouffé des racines en Franconie, dans un tems où ce païs a encore été couvert d'eau, ou bien où la terre habitée & fes plantes ont été abîmées dans les ondes, avant qu'en Franconie le terrain n'eut été élevé au deffus de l'eau. Qui a jamais vû un grain de femence, par ex. de l'Hæmanthus Puniceus, lever dans une terre imbibée d'eau marine depuis deux mille ans? Le fond de la mer étoit - il, après l'écoulement des eaux, d'abord affez fertile pour faire lever les femences qui y étoient volées? Il eft impoffible de croire cela. Les prèmiers grains ont été détruits, & il n'y en avoit point d'autres à leur place; car dans les païs, d'où venoient ces grains, les plantes étoient déjà couvertes d'eau, lorsque dans nos païs le deffechement n'étoit que peu avancé. On aura donc de la peine à fe perfuader de l'Hypothéfe ci-deffus rapportée. Elle prouve cependant qu'auffi, fuivant l'opinion de ces Naturaliftes, l'origine de nos cavernes des Zoolithes remonte jusqu'au tems où l'eau a fait la cataftrophe univerfelle de nôtre Globe, dont les coquilles nous prefentent les veftiges.

Si cependant d'autres opinions à ce fujet étoient auffi folides qu'elles font nouvelles, il faudroit chercher l'origine de ces veftiges dans un tems beaucoup plus éloigné. Toute fubftance calcaire, par confequent auffi les rochers de Gailenreuth tirent leur origine du Regne Animal. C'eft à dire à la création de l'Univers le Globe entier étoit couvert d'eau, de laquelle il ne fortoit qu'une feule montagne. Ce monde aquatique a été habité par une quantité innombrable d'animaux teftacés. Il exiftoit de même une quantité inexprimable de Millepores, de Madrépores, de Coraux & d'autres pareilles créatures. Cent mille millions de ces créatures ont peri dans un efpace de tant de fiecles. Les ondes les ont décompofées, & la fubftance calcaire s'eft diffoute dans l'eau. Il s'y eft mêlé beaucoup de fubftance calcaire des offemens d'animaux terreftres, décompofés par la putréfaction; cependant les Partifans de cette Hypothéfe devroient premierement expliquer comment il en a pû vivre un fi grand nombre fur un Globe couvert d'eau. Ils font auffi obligés de lever toutes les difficultés ci-deffus rapportées. Mais je continue l'Hypothéfe. Cette matiere diffoute s'eft précipitée, & dans la fuite de tant de fiecles les montagnes calcaires font nées de ces fedimens, dans lesquels les coquilles ont pû très facilement être enveloppées.

Suivant cette Hypothéfe les montagnes de Gailenreuth font furement nées depuis un tems immemorial. Ce font des rochers dont la chaine s'étend au delà d'une lieüe. Ces rochers s'élevent de la bafe de ces montagnes jusques à leur fommet; de la hauteur de quelques centaines de pieds, & fervent à foutenir leur interieur. Les cavernes des Zoolithes feules forment des creux dans une pierre très compacte de la profondeur de quatre cent pieds. Ce vafte roc, à en juger par la vûe, eft élevé au-deffus du niveau de la terre de deux cent pieds, & cependant c'en eft un des mediocres en comparaifon des autres, autant qu'ils font degarnis de terre. Je donne à un pied cube d'une pierre auffi compacte 50. livres de poids, & le calcul fera très facile à faire, fuivant lequel le roc entier aura le poids de quatre cent millions centaines de livres. Il faut bien un grand nombre de coquilles légéres de limaçons morts pour faire le poids de quatre millions quintaux. Il faut outre cela que ces animaux aient vecu, qu'ils fe foient nourris, qu'ils foient morts, qu'ils ayent été diffous & changés en fediment calcaire, fur une place de quatre cent pieds de longueur fur deux cent pieds de largeur, c'eft à dire précifement là où fe trouve le rocher qu'ils ont fait naitre. Car il nous faut referver le refte de cette étenduë pour pouvoir expliquer comment les autres rochers & ceux qui fe trouvent tout près, font de même nés de Coquilles. Leur total pourroit bien être de quelques billions de quintaux. Il nous faut donc bien de la place pour ces billions de quintaux de coquilles de mer, qui ont fait naitre ces montagnes calcaires. Cependant ces coquilles ont exifté fucceffivement, & en fuppofant une longue fuite de Siecles, tout cela devient poffible. La colomne d'eau marine feule qui étoit au deffus du rocher de Gailenreuth, doit avoir dépofé tous les ans trois cent quintaux de limon calcaire. J'ai largement accordé cela. Car dans l'eau marine d'aujourdhui on ne trouve point de fubftance calcaire, malgré les coquilles qui habitent auffi le fond de la mer. Or l'eau ftalactitique qui découle à prefent ici, ne

X

con-

contient qu'un grain & demi dans une livre, & cependant il falloit un tems d'au-de-là de treize mille ans pour faire parvenir la montagne des Zoolithes à la grandeur qu'elle a à prefent.
Mais n'eft-ce donc pas que cette montagne feule dont il faut expliquer l'origine par l'Hypothéfe
que je viens de rapporter? Ne trouvons nous pas des montagnes calcaires de l'étenduë de
plufieurs lieuës, & dont on ne peut pas fonder la profondeur; & les rochers calcaires mêmes, avec lesquels celui, dans lequel la Nature a formé ces cavernes, fait une chaîne de deux
lieuës de longueur, ne font ils pas cent fois plus grands que celui-ci? ne falloit-il donc pas,
pour la naiſſance de toutes ces montagnes, un tems cent fois plus long? ne falloit il pas treize
cent mille ans pour faire naître ces montagnes, dont celle des Zoolithes n'eft qu'une petite
partie? Or la terre porte des rochers mille & dix mille fois plus grands. Ne falloit-il donc
pas pour la naiſſance de ceux-là cent & trente millions d'années & pour la naiſſance de ceux-
ci un nombre d'années dont on peut à peine exprimer les millions.

Le Créateur auroit donc fait premierement un monde de coquilles, qui pendant treize
cent mille ans fe multiplient, periſſent, &, avec une confidérable perte du tems, fe décom-
poſent, pour faire naître, après un tems auſſi immenſe, de la chaux pour les maiſons des hommes qu'il vouloit créer. Et d'où ces coquilles ont elles pris leur teſt calcaire, s'il n'exiſtoit
pas auparavant une matiere primitive calcaire pour les nourrir, s'il n'y avoit point de pareille
terre & par conſéquent autant de ſubſtance calcaire qu'elles en ont fourni? Il faut un tems encore plus long pour expliquer, par une pareille Hypothéfe, comment les ardoiſes, pour les
toits de ces maiſons, font nées de l'algue marine, ce qui peut être prouvé par un calcul très-
juſte; & même jusqu'à ce que l'eau de pluie eût dépoſé le ſable qu'il falloit pour le mortier, il
fe paſſa encore quelques millions d'années, & cependant il falloit que le Globe fe deſſechat;
car après ces millions d'années les plantes ne s'étoient pas encore repanduës de leur païs natal
ſur le reſte de la terre, & il n'y avoit pas encore du bois pour les habitations des hommes qui
devoient être créés. Il eſt impoſſible que ces productions aient été précipitées en même tems.
Car les eaux n'ont ſurement jamais été aſſez calmes pour que les colomnes d'eau imprégnée
de terre calcaire, & de limon né des fucus ou compoſé de particules quartzeuſes, ne ſe fuſſent con-
fonduës & que leurs particules ne ſe fuſſent dépoſées les unes mêlées avec les autres, mais
bien les unes à côté des autres, comme l'on trouve effectivement à préſent la pierre calcaire,
le ſchiſte & le ſable trop près l'un de l'autre, pour prouver par là que les montagnes calcaires doivent leur origine au Regne Animal. Les rochers de Gailenreuth auroient exiſté depuis treize millions d'années; ce ſeroit là l'âge de ces Pétrifications; les os enchaſſés dans ces
rochers y feroient depuis un million & demi d'années; les Oſtéolithes que nous repreſentons,
exiſteroient donc depuis un tems immemorial!

Je quitte ces Hypothéfes qui repugnent à toute probabilité. Où trouverons nous le fond
dans les Océans qui ont été agités pour faire naître les montagnes calcaires? Toujours l'inventeur d'un Syſtéme trouvera de grandes difficultés dans ce que l'inventeur d'un autre prend
pour inconteſtable. Il eſt bon cependant qu'en matiere de Phyſique les opinions ne foient pas
priſes pour des héréſies. J'efpere qu'à l'egard de ce que je dirai dans la fuite, on me rendra
juſtice. Sauf l'eſtime que j'ai pour les grands Savans qui foutiennent le contraire, j'avoue que,
ſuivant l'experience, je ne puis abſolument me perſuader que les pierres calcaires foient d'u-
ne origine animale. Les coquilles & les os tout vieux qu'ils foient, donnent un verre blanc
opaque, qu'on ne produira jamais de la feule pierre calcaire pure. Qu'on prenne une pierre
qui renferme des Bélemnites: la feule ſubſtance calcaire ne donnera jamais un verre couleur
de lait; lorsque l'on y ajoute des Bélemnites, ce verre fera d'abord produit tout comme fi
l'on y avoit ajouté des os frais. La Bélemnite calcinée fait connoitre fon origine animale. La
chaux pure fait voir qu'elle ne contient rien d'animal & qu'elle n'eſt jamais née du Regne animal. Nos montagnes n'ont donc ſurement pas une origine animale & par conſéquent elles ne
font pas nées des ſédimens dont j'ai parlé ci-deſſus. Or ſi elles ne font pas nées après la
création, il faut qu'elles aient exiſté dés la création, & ce font par conſéquent des ſubſtances
primitives du monde. Mais je dois m'expliquer plus clairement. Ce n'eſt que la matiere des

mon-

montagnes calcaires que je prends pour primitive; c'eſt à dire la matiere, dont ces montagnes ſont compoſées, a été, à ce qu'il me ſemble, produite dans la création même.

Ces pierres ne ſont qu'une terre durcie, elles peuvent donc facilement y être reduites par la diſſolution. Or on prend les eſpèces de terre pour des matieres primitives du monde; d'où eſt-ce donc que nos montagnes calcaires tirent leur origine? Je ſuppoſe, & je ne crois pas ſuppoſer une choſe incroyable, que, parmi les couches primitives de la terre, il y en a eu une de terre calcaire. Peût-être nôtre Globe en étoit-il enduit dans une profondeur très mediocre. Ne pouvoit-elle pas contribuer quelque choſe à la fertilité des premiers tems? la chaleur ſou-terraine n'auroit-elle pas pû faire monter les particules qui humeŠtent le Regne Végétal, de cette couche vers le terroir fertile d'en haut? Les plantes n'avoient-elles pas là une ſource inépuiſable pour leur croiſſance? Je dis encore plus, c'eſt à dire, que dans la Franconie il y a des contrées où les rochers calcaires s'étendent très loin horizontalement ſur les montagnes, au point qu'il eſt preſque viſible comment une couche de terre calcaire diſſoute dans l'eau, les a dépoſés au deſſus des autres couches. C'eſt à dire il y a des montagnes qui, dans leur milieu & quelquefois un peu plus vers le ſommet, renferment des rochers calcaires qui d'une épaiſſeur égale s'étendent conſiderablement à fleur de terre. Vis à vis de ces montagnes il y en a d'au-tres de la même hauteur, & qui, dans la même hauteur que celles qui ſont à l'oppoſite, ren-ferment les mêmes couches de terre. Entre ces montagnes il y a une valée profonde qui ſemble être formée par un terrible torrent. Ici il n'y a dans la terre que de petits morceaux iſolés de pierres calcaires. Cela ne prouve-t-il pas qu' autrefois il y a eu une couche de terre calcaire telle que nous l'avons ſuppoſée, qui a été diſſoute & encore précipitée? Du moins on voit là les pierres nées de cette terre durcie & le tems reduit ſouvent ces mêmes pierres en leur terre primitive. Car dans les environs de ces montagnes on tire effeŠtivement du ſein de la terre une pareille terre calcaire, dont les maçons ſe ſervent frequemment.

Or ſi l'on adopte cette Hypothéſe-ci, il ſera facile de reſoudre tous les Problémes. Nous voyons que nôtre Globe, tel qu'il eſt ſous nos yeux, a ſubi une cataſtrophe terrible & univer-verſelle. On voit qu'elle s'eſt faite par une inondation. Mais cette inondation étoit-ce celle que nous nommons le Déluge? Si nous voulons nier la réalité de l'inondation que Moyſe nous rapporte, & dont la tradition s'eſt conſervée parmi les peuples qui n'ont pas connu cet Hiſto-rien, nous ſerions pourtant obligés, pour ne point croire au Déluge de Moyſe, & pour nier ſa réalité, d'en inventer un autre. Car il eſt ſûr que nôtre Globe a ſouffert une Cataſtrophe univerſelle. Celle ci ne peût être expliquée que par un effet de l'eau, de maniere qu'il faut abſolument admettre une inondation univerſelle. Si ce n'eſt pas celle dont il eſt fait mention dans l'Ecriture ſainte, il faut, ſans pouvoir ſe fonder ſur l'Hiſtoire, en ſuppoſer une autre qui ſoit arrivée ou plûtôt ou plus tard. Les Savans les plus ingenieux n'ont pas trouvé ici une autre explication. L'un des premiers de ces Savans, ſavoir Mr. le Prof. KRÜGER ſuppoſe mê-me pluſieurs déluges. Mais jamais la Nature, qui dans ſes opérations s'y prend avec autant d'épargne, n'opére-t-elle ſi ſouvent ſa propre deſtruŠtion. Elle n'a pas même, depuis quatre mille ans, mis ſous l'eau une ſeule partie du monde. Je crois que le Déluge de Moyſe nous fournit aſſez d'eau pour faire un bouleverſement de la ſurface de la terre tel que nous le voyons encore aujourdhui.

Suppoſons que dans le tems, où d'un côté le continent s'eſt écroulé & de l'autre le fond de la mer s'eſt élevé, & où les eaux de l'Athmoſphére s'y ſont mêlées, les vagues effroyables aient inondé nôtre Globe, les couches de la terre les plus hautes n'ont elles pas par là été re-muées & emportées par les torrens ou bien entaſſées en collines? Les eaux tellement agitées ont pénétré juſqu' à la couche de terre calcaire que j'ai ſuppoſée. Dans une profondeur de cent toiſes nous trouvons encore les veſtiges de l'inondation univerſelle. On tire encore des coquilles de ces abimes. On trouve encore des rochers écroulés & fendus qui ſont tombés ſur ceux qui étoient plus bas. Ainſi la terre calcaire fine a auſſi été ſoulevée, les ondes l'ont mêlée avec d'autres eſpèces de terre & c'eſt ce qui pourroit avoir cauſé la naiſſance de nos marnes &

d'autres

d'autres productions dont l'origine eſt problematique. Cependant les eaux montées à cette hauteur ont produit, dans d'autres circonſtances, un effet différent. L'élevation des eaux, la violence des torrens, l'écroulement des rochers dans les cavernes, l'élevation du terrain cauſée par les tremblemens de terre, l'affaiſſement de la terre dans d'autres contrées, tout cela pris enſemble peut nous rendre concevable le bouleverſement de la terre que nous voyons devant nous. On voit, après une lavaſſe qui a cauſé des inondations, que le torrent dans l'eſpace qu'il a parcouru, a premierement dépoſé les grandes pierres, après les cailloux plus petits, puis après le ſable, & à la fin le limon plus légér. Il en eſt preſque ainſi dans nôtre païs; il y a ſur le Fichtelberg encore les vaſtes rochers détachés; vers Streitberg les rochers ſont d'un moindre volume; dans les environs d'Erlang le ſable s'eſt dépoſé, & à quelques lieües de là, près de Neuſtadt ſur l'Aiſch la grande plaine eſt couverte d'une terre limoneuſe graſſe. La force des vents quelle tèmpête quelle agitation des eaux ne peut elle pas effectuer là où les ondes paſſent ſur les plus hautes montagnes de la hauteur de quinze aunes? Ne ſe pourroit-il pas que la violence d'un torrent ou d'une pareille onde eüt emporté les couches ſuperieures & qu'elle eut laiſſé à découvert une partie de la couche de terre calcaire à une grande étendüe? Une autre tempête a de même attaqué cette couche, &, ce qui n'eſt pas impoſſible, l'a tranſportée dans d'autres endroits & peût-être dans les valées. Il eſt aiſé de comprendre par là l'origine des rochers calcaires qui ſouvent ſont ſi compactes & ſans couches viſibles. Il eſt bien probable qu'en pluſieurs endroits les tremblemens de terre aient cauſé un écroulement ſubit du terrain & que l'eau ait charrié une très grande quantité de limon calcaire dans les gouffres. Cette terre entaſſée à une telle hauteur étoit imprégnée des eaux mêlées avec l'eau marine. Le ſel qui en reſtoit, pouvoit bien, par la criſtalliſation qui ſe faiſoit dans la ſuite, effectuer la dépoſition & la cohéſion des particules & ainſi changer la terre durcie en rocher calcaire. A peine ces couches étoient-elles parvenües à quelque fermeté qu'une nouvelle irruption d'un torrent les fendit & formâ les valées, où les rochers calcaires fendüs qui ſont des deux côtés, ſont connoître leur origine d'une maniere inconteſtable. C'eſt à dire, comme je l'ai dit plus haut, ces rocs calcaires ſe trouvent des deux côtés, compoſés de couches d'une épaiſſeur égale qui repondent exactement par la direction parallele & horizontale aux couches des rocs qui ſe trouvent à l'oppoſite, independamment des valées d'une grande étendüe qui ſe trouvent entre elles. Ne ſe pourroit-il pas que de cette terre primitive il en fut reſté beaucoup à ſa place, ſur tout là où la couche en étoit épaiſſe, ou que l'eau qui en étoit imprégnée, l'eût dépoſée ailleurs, ce qui eût fait naître une croûte d'une épaiſſeur médiocre? ces contrées ſe deſſecherent à la fin. Après que les eaux ſe furent écoulées, l'air & d'autres circonſtances ont fait que la croûte deſſechée, qui couvroit des places de différente étendüe, s'eſt ſéparée en fiſſures & en morceaux iſolés, qui dans la ſuite, comme nous le voyons aujourdhui, ſont tombés en plus petits morceaux, & c'eſt là, à ce qu'il me ſemble, l'origine de cette eſpece de pierres calcaires iſolées, qui ont cinq à ſix pouces de longueur & d'épaiſſeur, dont ſouvent des contrées entieres ſont couvertes, ou dont on trouve même des monceaux au deſſous de l'humus, au point qu'en labourant la terre on voit à peine les creux qu'elles occupoient, remplis de terre. Combien facilement ne ſe peut-il pas, que cette terre calcaire, qui étoit encore au fond des eaux ſans s'être durcie, ait rendu troubles ces eaux qui s'étoient arrêtées ſouvent pendant un tems de quelques ſiecles?

Chaque tempête pouvoit produire cet effet une couple de fois par jour. Les matieres contenues dans l'eau, alloient à fond. Je comprends par là l'origine des montagnes calcaires qui ſont compoſées de couches ſouvent de la hauteur de quelques pieds. Je comprends comment les pierres d'un grain plus fin ſe trouvent en bas, contre les loix de la gravité, & comment celles d'un grain plus groſſier ſe trouvent en haut; c'eſt à dire la terre calcaire dont les eaux étoient imprégnées, s'eſt dépoſée ſuivant qu'en differens tems elle étoit plus ou moins fine. Je comprends par là comment tant de rocs calcaires ont pû être couverts d'autres couches de terre, ſans aucune regularité & même contre les loix de la gravité; je vois encore par là la poſſibilité de de ce que les feuilles, les écreviſſes de riviere, qui ne ſauroient vivre un jour dans l'eau marine, & les poiſſons de nos rivieres, ont laiſſé ſi ſouvent leurs empreintes dans les couches les plus profondes des montagnes calcaires, tout près des animaux marins, qui n'habitent que les mers les plus éloignées. Si le continent d'aujourdhui avoit été autrefois le fond de la mer, & que dans des milliers d'années ces rocs fuſſent nés des ſédimens, comment ſeroit-il poſſible qu'il s'y trouvat les veſtiges des animaux terreſtres qui exiſtent encore dans nos païs, & les corps des animaux qui ne vivent que dans l'eau douce? Il n'eſt pas moins clair d'où vient que nous trouvons communement des pierres calcaires ſur les montagnes. Cette terre a été très fine, ce qu'on voit encore lorsqu' elle eſt décompoſée. Elle a donc pû être charriée plus longtems par les ondes que le limon peſant. Suppoſons qu'une colomne d'eau contienne différentes particules terreſtres, les calcaires reſteront plus longtems en haut. Il falloit donc que les vagues pouſſées continuellement contre les ſommets des montagnes y laiſſaſſent plus de cette ſubſtance qu' à d'autres endroits, ou bien l'entaſſaſſent le plus vers les endroits élevés. La matiere calcaire qui étoit dans les lieux profonds, a été mêlée avec des terres plus groſſieres, elle diſparut, & peût-être il en eſt né, par la mixtion, les marnes & les tufs; peût-être même pluſieurs endroits, où ce limon calcaire primitif n'étoit point encore mis en mouvement, ont-ils été ſoulevés par des tremblemens de terre, d'où il falloit bien qu'il en reſtat une plus grande quantité ſur les ſommets que ſur les pentes des montagnes. Cette Hypotheſe ſuffit donc pour expliquer pluſieurs phénoménes de différente maniere.

Il y aura moins de difficulté à l'égard des coquilles. Je ſuppoſe deux choſes. Les mers originaires ont neceſſairement confiné au continent & elles ont été pleines d'animaux teſtacés. Pluſieurs de ces animaux ont déjà ſubi la pétrification dans le limon qui ſe trouve au fond de la mer. Une mer dont les digues ſont rompuës ou dont le fond s'eſt ſoulevé par les tremblemens de terre, une mer qui inonde le monde, engloutit tout. C'eſt ainſi que les corps marins ont pû être entraînés à des diſtances de cent lieües. Le torrent violent né de l'écoulement de ces vagues immenſes a contribué à rendre la choſe d'autant plus poſſible. L'eau a dépoſé par ci par là les corps qu'elle charrioit. Ces corps ont été couverts en partie de différentes eſpèces de terres, & en partie de terre calcaire. Ils ont été enfoncés, mais la qualité propre à la ſubſtance calcaire les a plûtôt conſervés, tandis que les eſpèces de terres plus graſſes, en avançant la putréfaction, les ont plûtôt & plus facilement diſſous, & c'eſt là la raiſon de ce qu'on trouve le plus frequemment les corps marins dans les pierres calcaires. Nous les trouvons de même dans le ſable, qui comme nous voyons encore, eſt très convenable à conſerver de pareils corps. Nous voyons que les reſtes des corps marins renfermés dans d'autres eſpèces de terres tombent d'abord en piéces, & nous obſervons par conſequent que l'experience s'accorde avec l'Hypothéſe adoptée, & que la concluſion qu'on a priſe pour juſte ſi longtems, que les rocs calcaires ne puiſſent être originaires, puisqu'ils renferment tant d'animaux marins, n'a pas, à cauſe de l'équivoque qu'elle contient, toute la force qu'elle devroit avoir. Or il y avoit probablement dans l'ancien monde, comme dans celui d'aujourdhui, des mers mediterranées ou, pour mieux dire, plus petites & enclavées dans les continents. Peût-être n'y avoit il point d'Océan du tout, du moins la lune nous fait voir qu'un Globe peût ſubſiſter ſans Océan, ou pluſieurs petites mers ont-elles fait monter la roſée qui a humecté la terre. L'égalité de l'air & de la chaleur repandue ſur toute la terre pouvoit très bien ſubſiſter avec ces petites mers, tandis que nous voyons manifeſtement que les vents & les changemens ſoudains de l'air que nous eſſayons, proviennent de l'Océan qui ſe trouve ſous le Climat le plus chaud. Il ſuffit qu'en examinant la ſurface de nôtre Globe avec plus d'attention, on puiſſe encore montrer ces mers mediterranées. Les bords exiſtent encore, & on pourroit, a vuë d'oeil, en deſſiner la Carte. L'inondation univerſelle a outre cela produit de nouvelles mers. Le torrent des vagues n'a-t-il pas ſur la ſurface de la terre creuſé des cavités de pluſieurs lieües de circonférence? C'eſt là que les eaux ſe ſont arrêtées en s'écoulant. Peût-être falloit-il des ſiecles pour le deſſechement de ces contrées. Dans cet intervalle il y eſt né une quantité innombrable de coquilles, qui après le deſſechement de ces mers mediterranées, ſont reſtées dans le limon qui étoit au fond. C'eſt là, à ce qu'il me ſemble, l'origine des pétrifications d'Ourſins de mer, dont le teſt eſt trop fragile pour pouvoir être charrié

Y

rié

rié à une petite diftance fans fe brifer. Les petits animaux teftacés font donc nés dans le même endroit où on en trouve encore les pétrifications. Or les mers mediterranées primitives ont encore jetté beaucoup de coquilles fur les montagnes qui étoient leurs anciens bords, & l'inondation univerfelle les a couvertes de limon calcaire. Les lacs en ont été feparés, par confequent leurs créatures, leurs poiffons ont été tranfportés fort loin, & les créatures qui vivoient tout près dans l'eau douce, les feuilles des arbres & les offemens des animaux terreftres ont facilement pû s'y méler. Ils ont été enfevelis tous enfemble dans les montagnes calcaires.

VI. SECTION.
COMMENT LES ZOOLITHES SONT VENÜES
DANS CES CAVERNES.

C'eft donc jusques-là que la queftion préliminaire fur l'antiquité de ces Zoolithes eft refolue par des conjeêtures pas tout à fait improbables, fur lesquelles nous pourrions fonder l'explication comment elles font venües dans ces cavernes. Mais c'eft ici que la curiofité fait naître une nouvelle queftion. Quelle eft l'origine de ces cavernes? Une reponfe fuffira, à ce que je crois, pour refoudre l'une & l'autre de ces queftions. Peût-être cette caverne eft-elle artificielle, peut-être font-ce les hommes qui l'ont creufée. Il eft impoffible qu'un homme qui reflechit, puiffe tomber fur cette conjeêture, auffitôt qu'il a vû les cavernes mêmes. Car non feulement ce feroit une aêtion infenfée de percer un roc auffi dur de fix pareilles gouffres & d'y pratiquer la communication de l'une à l'autre de façon qu'on a de la peine à y paffer même en fe couchant, mais il feroit auffi impoffible de transporter les decombres à travers ces conduits. Et qui a jamais inventé pareille chofe pour expliquer l'origine de la Grotte de Baumann ou des cavernes de Carniole? ou qui dira jamais que la Nature même ne puiffe pas former de pareilles cavernes? On voit plûtôt affez de veftiges qui font connoitre que c'eft la Nature même qui y a travaillé & non pas fes enfans. On voit comment les rochers fendus ont fait naître les ouvertures. Les morceaux fe trouvent au milieu de ce qui eft encore plus decifif. Le roc qui en fortant de la terre a près de quarante pieds d'épaiffeur, & bien quelques fois autant dans la profondeur, eft fendu d'en haut jusqu'au fond. Il eft vifible comment cette fiffure a formé la caverne inferieure qui eft née de ce que les rochers en s'écroulant fe font écartés l'un de l'autre. Cette fiffure paffe à travers toute la chaine de ces montagnes, & c'eft de raifon que Mr. de LINNE *) dit que la force eft inconcevable qui a fendu les rochers d'un volume immenfe. Auffi voit-on avec admiration les effets merveilleux d'une force incomprehenfible. Du moins les hommes n'ont jamais en fendant les montagnes, produit de pareilles cavernes. Si je fuppofe que les pierres calcaires font nées des fédimens, ou, comme j'ai prouvé plus haut, qu'elles doivent leur origine à une terre calcaire primitive, & fi nous voyons que ces pierres portent les empreintes d'animaux teftacés, il faut qu'autrefois elles aient été molles. En fuppofant outre cela que, lors de leur naiffance & de leur durciffement fucceffif, les couches de terre inferieures n'ont pas été d'une denfité égale, s'il s'en fuit que lorsque les rochers fe font deffechés après l'écoulement des eaux, & qu'une moitié s'en eft dépofée fur un fond plus mol, que l'autre qui portoit fur une couche plus compaête; la propre pefanteur a pu fendre des rocs entiers, de même que les murs de l'épaiffeur de quelques pieds fe fendent fans la moindre violence externe, fimplement à caufe de l'affaiffement inégal du fondement, & par la pefanteur, qui d'un côté opére plus fur une refiftance plus foible.

Il eft fur que c'eft la Nature qui a fait ces cavernes & non pas les hommes. Elles font donc auffi anciennes que les montagnes mêmes, & elles doivent leur origine à la Cataftrophe
univer-

*) Syft. Nat. edit. 12. Tom. III. p. 9. Fiffuras rupium confolidatas, clare diftinêteque vidimus, at quæ vis valuerit eas frangere, non attigi.

univerfelle de nôtre Globe. Les offemens qu'elles renferment, font de la même antiquité. Mais comment font - ils venus dans ces cavernes? C'eft l'eau qui les y a transportés. Il faut, à ce qu'il me femble, féparer ici différens points, & refoudre les Problémes fuivans:

1.) Ces Zoolithes fe trouvent dans les cavités fuperieures de la caverne tout près de la voute. Il y a là de grands os cylindriques enfoncés dans le roc. Derriere la Stalaftite il y a encore une croute de Zoolithes; c'eft ce que les fragmens prouvent.

2.) Il y a fur le fol une terre offeufe de la hauteur de quelques pieds, qui eft fi peu mêlée avec d'autres efpèces de terres qu'on voit d'abord qu'elle ne peut y avoir été transpor- tée par l'eau, puisqu'elle eft fi peu mêlée avec le limon, ce qu'il faudroit neceffairement.

3.) Il faut qu'il y ait eu une quantité prodigieufe de ces os, vû que la grande quantité de l'humus, qui fe trouve dans ces cavernes, eft née de leur décompofition.

4.) Les conduits qui font la communication des cavernes inferieures, font fi étroits, qu'une ouverture d'un pied & demi de hauteur pourroit bientôt être fermée & ne laiffer entrer que fort peu dans la quatrieme & dans la cinquieme caverne, où cependant les Zooli- thes fe trouvent le plus copieufement.

5.) On ne peut pas s'imaginer que les Zoolithes y aient été portées par une inondation, à moins qu'on ne fuppofe qu'au deffous de ces cavernes il y ait encore des gouffres d'une profondeur immenfe, dans lesquels l'eau, dont le torrent a emporté ces os, s'eft écoulée. Mais dans ce cas les os auroient auffi été précipités dans ces gouffres, & ne feroient plus dans ces cavernes-ci, ou du moins auroient-ils été arrêtés en plus grande quantité dans la derniere caverne qui eft la plus étroite, & on les y trouveroit; & cependant c'eft là où à prefent l'on n'en trouve point du tout. Au moins il faudroit fuppofer que la profondeur immenfe de ces gouffres fut remplie d'Oftéolithes; mais d'ou viendroient affez d'animaux pour cela?

6.) Par cette Hypothéfe on n'explique pas comment ces os ont pû être enfoncés dans la voute à la hauteur de vingt pieds, & dans les petits creux de la voute ou dans le roc même. Car des os auffi forts ne furnagent jamais dans l'eau, ce qu'ils ne font pas même à prefent qu'ils font calcinés, & l'opinion de WOODWARD, qui croit que les loix de la gravité ont été fufpendues pendant le Deluge, n'a jamais trouvé beaucoup d'approbation.

7.) Un torrent qui s'eft précipité dans ces gouffres, devroit auffi y avoir entrainé des reftes d'autres animaux, du moins des coquilles, dont il y avoit des millions dans les contrées voifines, ce que les pétrifications prouvent incontestablement, & cependant on n'en trouve pas même un feul teft.

Tout cela a befoin de quelque éclairciffement. Il eft aifé de dire que ces cavernes ont été le repaire de ces animaux, où ils font morts fucceffivement. Des créatures d'une gran- deur auffi démefurée ne fautent pas, lorsqu'elles font malades, deux étages dans des caver- nes obfcures de la profondeur de vingt pieds, comme il a déjà été dit plus haut. Les ani- maux de la grandeur d'un cheval ne peuvent pas fe couler par des conduits de la hauteur d'un pied; il eft impoffible qu'ils entrent dans les cavernes latérales, où à une diftance affez longue un homme ne peut pas s'ériger, ils ne peuvent jamais laiffer dans ces creux étroits la quantité immenfe de leurs reftes & de la terre animale qui en eft née, & que nous y trou- vons encore. Et quel animal a jamais fait fon domicile entre les offemens de fon efpèce? Les animaux carnaciers enterrent même les os de ceux qu'ils ont dechirés, ou il les portent à des endroits éloignés. L'ours cache les reftes de fa proye dans les marais, & les autres ani- maux les cachent de même.

Après tout cela il y a quelque probabilité dans les conjectures fuivantes. La quantité des reftes prouve qu'un grand nombre de créatures de différentes efpèces a peri dans cette

con-

contrée de l'étenduë de quelques lieuës. Il est incontestable, d'après ce que j'ai dit à ce sujet, qu'il y a parmi ces créatures des animaux inconnus. Les Echinites, dont il y a une grande quantité dans cette contrée, prouvent évidemment que parmi ces créatures il y avoit des animaux marins. Les Ichtyospondyles, qu'on trouve là, font voir que des poissons très grands y ont peri en même tems. Les ossemens nous prouvent qu'il y avoit aussi des animaux terrestres. Les dents qui ressemblent tant à celles d'un lion, mettent hors de doute, qu'il y avoit aussi des animaux terrestres exotiques. Or j'ai dit plus haut que dans les rochers de ces contrées il y a, par ci par là, des os enfoncés, & que même dans les environs de Mokas à deux lieuës de nos cavernes, on a trouvé les mêmes productions. Dans une des cavernes de Muggendorf on a aussi trouvé, comme je le dirai dans la suite, de pareilles Ostéolithes d'animaux inconnus. Ce qui est remarquable outre cela c'est que les cavernes sont toujours sur des montagnes, & que les Ostéolithes se trouvent de même dans des endroits élevés.

Lorsqu'il s'agit de dire comment des créatures si différentes ont été assemblées dans une contrée, on ne peut supposer que trois cas possibles. Ou les animaux marins seuls y ont eu leur domicile, ou les animaux terrestres seuls, ou bien les uns & les autres ensemble. Dans le premier cas nous aurions eu peut-être là où il y a à présent un continent, une mer dans l'ancien monde. Suivant ce que j'ai dit plus haut, il sera difficile de prendre toute l'Europe pour un fond de mer. D'où viendroient les os des animaux terrestres qui sont mêlés parmi les corps marins? Il faudroit que des vaisseaux eussent passé sur le Harz, & qu'en même tems des rhinoceros y eussent habité; il faudroit que ces montagnes eussent nourri en même tems des coquilles de mer & des plantes terrestres, & que les Nautiles, les arbres & les chênes eussent occupé la même place. Car on trouvé là les restes de toutes ces créatures. Or si les squelettes des animaux terrestres & des animaux marins se trouvent ensemble, je crois qu'il faut supposer qu'il y a eu des mers assez près, dont la terre ferme n'a pas été beaucoup éloignée, & que par conséquent c'aient été des mers mediterranées; il faut même que les restes des animaux, qui ne peuvent point du tout vivre sous ce climat, y aient été transportés par une inondation universelle, & par les effets à peine imaginables d'une Catastrophe de nôtre Globe. Ce n'est donc pas sans grande raison que je suppose qu'avant la grande Catastrophe qui a donné à nôtre Globe la forme presente, il y a eu dans la contrée en question une mer d'une étenduë considerable, je soutiens même que cela se voit encore à l'oeil, & qu'on pourroit avec beaucoup de probabilité en determiner les bords. On peut de la place si souvent mentionnée marcher encore par une plaine de quelques lieuës, mais tout d'un coup on est arrêté tout court par un précipice affreux, de sorte qu'on a devant les yeux une valée de la circonférence de quelques lieuës & d'une profondeur effroyable. Elle est garnie de collines de la hauteur d'environ deux cent pieds, dont le sommet se perd insensiblement jusqu'au niveau des vastes plaines. Il s'éleve dans le milieu une montagne isolée, appuyée sur de grands rochers dont le sommet est de niveau avec les bords, & qui semble tant avoir été une isle, qu'on s'effraye presque de voir à present tant de villages dans la valée, tandis qu'il est si visible qu'il y avoit autrefois une mer qui s'est écoulée. Peu loin de là il y a des plaines, & les montagnes qui s'y trouvent encore à côté, prouvent très visiblement que c'est là que les digues que la Nature avoit faites, ont été rompues, & que les ondes ont formé les plaines plus basses, du sable qu'elles y ont entrainé. Dans les contrées au delà de Gailenreuth le terrain est dechiré en plusieurs valées étroites & en montagnes escarpées, comme si c'étoit de là & des païs plus élevés que les ondes de l'inondation universelle se fussent précipitées, & qu'elles eussent exercé leur force sur les bords opposés, jusqu'à ce qu'ils fussent rompus, ou comme s'il y eût eu autrefois ici plusieurs isles, plusieurs Syrtes & rochers. Lorsque l'on considere outre cela, que tout le terrain des sommets des montagnes est couvert de Fongites, de Coralloïdes, d'Oursins & d'autres productions marines, on ne peut plus douter d'une inondation qui s'est faite, ou d'une mer qui a été autrefois sur cette place, & de la destruction de ses bords, qui ont autrefois fait ces montagnes qui sont rompuës à present.

J'applique tout ce que je viens de dire à resoudre nôtre question principale. Voici ce que je suppose. Une partie considerable des créatures inconnuës, dont nous trouvons les restes ftes fous la forme d'Ofteolithes, a eu originairement fon domicile dans les environs de cette mer mediterranée, qui pourroit avoir eu vingt à trente lieuës de circonférence. C'étoient des animaux carnaciers. Mais jamais toute la Franconie n'a pû nourrir autant d'animaux carnaciers, autant de créatures d'une grandeur auſſi déméſurée, qu'il y en a feulement dans une caverne. Cinq à fix cent de leurs ſquelettes laiſſent à peine deux charrettées de terre animale. Il faut donc qu'un grand nombre de ces animaux foit venu des païs éloignés, & qu'il ait peri ici. Peût-être étoient-ce des animaux qui vivent en focieté, ou qui marchent par troupes. Nous avons parmi les animaux carnaciers les Chacals qui vont par troupes pour chercher leur proye. Un accident violent les a placés enfemble ici, car ils font enfevelis dans des rochers & dans des montagnes. Je fuppofe encore une chofe, dont cependant la fituàtion de leurs tombeaux m'aſſure. Ils habitoient en plus grande partie les bords d'une mer. Des rochers avec des corps marins fe trouvent à prefent à l'entour de leurs offemens. Eſt-ce fans raifon qu'ils ont habité le rivage d'une mer mediterranée? Il eſt très probable que, pour fe nourrir, il leur ait fallu la mer & la terre. Peût-être vivoient-ils d'animaux marins & d'animaux terreftres? car il y a encore des créatures qui mangent, avec une avidité égale, un rhenne & un chien de mer. Nos animaux inconnus pouvoient donc, à la maniere de plufieurs autres, vivre quelque tems hors de l'eau. Il pouvoient peût-être paſſer à la nâge d'un bord à l'autre. Les lions marins & les ours marins font de très grands trajets quoiqu'ils ne puiſſent pas longtems reſter fous l'eau. En cas de neceſſité l'agilité naturelle de ces animaux s'éleve à un degré qui paſſe prefque toute probabilité. Nous voyons de quelle maniere particuliere les bêtes favent fe fervir fort adroitement des moyens qui s'offrent pour fauver la vie dans les eaux. Enfin! le jour de la grande Cataſtrophe de nôtre Globe parût. Je fuppofe donc que les eaux qui tomboient des nües, les ondes pouſſées des abimes, les fondemens du monde ébranlés, l'océan fortant de fes bords, & le bouleverfement de toute la Nature ont agité cette mer mediterranée d'une maniere effroyable. Eſt-ce trop fuppofer que de dire que nos animaux, qui n'ont jamais pû vivre continuellement dans l'eau, fe font pourtant foutenus aſſez longtems fur les vagues agitées, & qu'ils ont taché de fe fauver dans des endroits moins profonds, fur les montagnes, qui fortoient de l'eau & fur les bords élevés? Tous les animaux qui vivoient alors dans tout le païs, ont cherché à la fois leur retraite dans ces endroits. On voit encore aujourdhui, que lorfqu'il arrive quelque phénoméne effroyable dans la Nature, les bêtes les plus féroces s'attrouppent & tachent de fe fauver ainfi. Leur cri, & peût-être encore un autre inſtinct fait que les animaux du même genre & de la même efpèce s'aſſemblent. Les animaux mêmes d'un naturel tout à fait contraire, & qui d'ailleurs ne s'accordent gueres enfemble, fe placent très paifiblement les uns près des autres, & mettent fin à leur inimitié reciproque. Il fe peut que de cette maniere il en ait peri une grande quantité fur une place & autant fur une autre, comme par ex. dans les environs de Mokas. Les animaux qui furvivoient aux autres, fe font rapprochés, & pour fe fauver, ils font montés fur les morts. Le torrent même en a entrainé encore d'autres des païs plus éloignés. Ces animaux, comme nous l'avons fuppofé, vivoient d'ailleurs en focieté. Ceux qui étoient difperfés, ont joint les autres. La troupe s'aggrandiſſoit de plus en plus, pendant qu'ils faifoient le trajet d'une montagne élevée au deſſus de l'eau à l'autre. Tous les jours les animaux difperfés pouvoient, même par troupes, venir, des païs les plus éloignés, dans ces cavernes, y étant entrainés par le torrent des ondes des mers Septentrionales débordées, qui tomboient des montagnes primitives & plus élevées. Peut-être y avoit-il aſſez près des cataractes, ou un gouffre nouvellement né par la cataſtrophe univerfelle, (dont cette contrée affreufement déchirée femble encore prefenter les veſtiges) qui a achevé de les y entrainer. Ne fe peut-il donc pas que par de pareils accidents leurs cadavres aient été entaſſés en très grands monceaux? Plufieurs autres alloient à fond par ci par là. On trouve encore à prefent des os ifolés dans les champs, d'où la charruë les tire. Ils fe décompofent aſſez vite dans l'eau. Il faut bien que de pareils monceaux, qui contenoient des offemens, des animaux à moitié pourris, & des animaux entiers les uns parmi les autres, aient été couverts d'un limon, auquel nous avons attribué l'origine des montagnes calcaires. De cette maniere ils ont été enterrés dans les rochers calcaires d'aujourdhui, & par là on comprend facilement comment les os ont pû

Z

être

être enfoncés dans la pierre. Il faut que de la même maniere les cavités y soient nées, que nous admirons à present comme des Grottes creusées par la Nature, les ayant trouvées remplies de corps d'une substance différente, c'est à dire d'ossemens. Dans les Cavernes Carpathiques, comme il a été dit plus haut, ces squelettes étoient encore entassés les uns sur les autres, il y a cent ans. On peut expliquer par là comment les os ont été enfoncés dans la voute. Or les créatures abîmées dans le limon calcaire le plus profond ont d'autant plus subi la putréfaction, par consequent une fermentation, ou du moins une effervescence, en cas qu'on ne veuille prendre que les végétaux pour susceptibles d'une fermentation. Peût-être l'accés des vapeurs souterraines, de l'air enfermé, de la chaleur & d'autres causes y ont ils aussi contribué quelque chose. Toute fermentation, toute expansion d'un air enfermé crève les parois, à moins qu'elles ne soient assez fortes pour resister. Tant que le limon étoit encore mol, l'air enfermé & comprimé l'a percé en différens endroits. C'est, à ce que je crois, ce qui a fait naitre les trous ronds, qu'on voit encore dans la voute de ces cavernes. On en trouve en général dans tous les rochers de cette contrée, de différente grandeur. Il y en a de quelques pouces de diamétre, d'autres d'un pied, & encore d'autres de deux ou trois pieds. Ces trous sont encore ouverts là où les rochers sont exposés à l'air; mais dans les cavernes mêmes ils sont remplis de la masse stalactitique qui s'y est déposée successivement. En considerant avec attention ces rochers, on ne pourra gueres s'abstenir de conjecturer, qu'ils n'aient tous subi une fermentation.

Le sol qui portoit ces monceaux ou ces montagnes, étoit extremement amolli; il falloit donc que les montagnes mêmes s'affaissassent, & les tremblemens de terre, qu'il faudra absolument admettre dans une inondation universelle, comme des causes co-opérantes du bouleversement, & qui se sont probablement faits après l'écoulement des eaux, lorsque le sol creusé & les rochers rompus se sont écroulés, ont d'autant plus contribué à cet affaissement. Ces animaux ont été couverts de limon sur les sommets des monceaux. Les sommets ont opéré par leur propre poids la plus grande pression vers la base; ils s'écrouloient donc les premiers, & c'est ainsi qu'ils ont entrainé les animaux dans les abimes. Pendant l'écroulement il falloit que le monceau entier se fendit en plusieurs morceaux, suivant que la chûte de terre suivoit la pente du sol. On comprend par là l'origine des Grottes qui s'étendent dans l'interieur des montagnes, & celle des cavernes separées & des conduits étroits qui font la communication de l'une à l'autre. Cet écroulement a sans doute, comme l'on voit encore, séparé la montagne moins élevée, qui contient à present la caverne des Zoolithes, d'avec l'autre plus élevée & posterieure. C'est donc probablement le même accident qui a repandu sur le rocher la terre, qui s'y trouve à present. Par là les restes d'animaux, dans lesquels les propres humeurs avoient excité & entretenu une fermentation, ont été d'autant plus renfermés dans l'interieur de la montagne. Or l'on connoit les effets terribles que les humeurs, où, en général, les vapeurs & l'élasticité de l'air produisent, lorsque dans la fermentation elles se mettent en mouvement. Plus elles sont renfermées, plus elles crèvent les parois les plus resistantes. Elles crèvent aussi facilement des vaisseaux de metal que la poudre à canon. Qu'on suppose que les eaux se soient écoulées successivement, qu'on suppose outre cela, comme il est arrivé effectivement, que les vents ou la qualité du limon calcaire même, aient causé par dehors une exsiccation subite, tandis qu'en dedans l'élasticité de l'air enfermé étoit encore dans sa plus grande activité; l'air de plus en plus comprimé par le poids de la terre, dont les rochers étoient couverts, pouvoit-il bien ne pas se faire un passage là où il trouvoit le moins de resistance. Cela ne pouvoit pas se faire là où le rocher étoit le plus couvert de terre; il devoit donc se faire là où le rocher étoit le plus à découvert, c'est à dire, là où est à present l'entrée de la caverne. Les morceaux de roc qui sont roulés de haut en bas des montagnes à une distance considerable, prouvent suffisamment qu'une force interne, qui a opéré en dehors, les a fait sauter. Dans la suite du tems la plus grande partie des ossemens, dont ces cavernes étoient remplies, a été décomposée par la putréfaction, & de là est née l'humus animale qui couvre le sol. Est-il bien improbable que

plusieurs

plufieurs Grottes de notre Globe aient été formées de la même maniere? Au moins les cavernes qui ne font pas nées de l'écroulement des rochers, ce qui fe connoit affez facilement, font
tellement creufées, qu'on peut fort bien conjecturer qu' originairement elles ont été remplies
d'une matiere hétérogéne. Je ne difconviens pas pour cela que le feu fouterrain ou les eaux
fouterraines n'en puiffent avoir creufé plufieurs; mais il faut qu'on reconnoiffe à la fubftance du roc même, s'il a été expofé à l'action d'un feu auffi violent. Cependant cette
Théorie femble contenir des chofes trop extraordinaires.

J'ajoute encore aux conjectures que je viens de propofer, quelque explication. Je ne
vois que trop les difficultés qui me reftent, après avoir refolu ainfi que j'ai fait, la queftion,
comment les offemens font venus dans ces cavernes; mais les conjectures ne me manquent
jamais au point qu'il me foit impoffible de lever plufieurs difficultés par une autre Hypothéfe.
Cependant il faut avouer qu' à la place des anciennes difficultés levées il en nait de nouvelles.
J'infifte, fans rien y changer, fur ce que j'ai dit plus haut au fujet de l'origine des montagnes
calcaires, des mers mediterranées de l'ancien monde & du domicile de nos animaux inconnus.
Mais ces cavernes ne pourroient-elles pas être nées d'une autre maniere. L'inondation univerfelle a donné la forme aux environs de Gailenreuth & produit les rochers calcaires dans
lefquels fe trouvent les cavernes des Zoolithes. Qu'on fuppofe qu' après que les ondes
eurent formé ces montagnes, elles aient encore été couvertes d'eau. Les rochers qui étoient
ainfi nés de la terre calcaire, pouvoient auffi dans l'eau prendre quelque dureté par la preffion
de leur poids, par la cohéfion, & par des caufes qui opérent encore aujourdhui de la même
maniere fur le fond très ferme des eaux. Ne fe pourroit-il pas que lors même que le fol s'eft
affaiffé, un tremblement de terre eut embranlé la bafe, & que par là le rocher encore mol
eût été fendu, que les eaux qui s'y font infinuées, euffent creufé la pierre peu compacte, que
par confequent il en fût né un gouffre, par lequel ces eaux fe font précipitées dans l'abime,
& qu' ainfi ces cavernes euffent formé autrefois une chûte d'eau, par laquelle les eaux fe font
écoulées de ces contrées. Les chûtes de terre, affez frequentes dans cette contrée, nous font
voir encore à prefent quelque chofe de reffemblant.

Nous trouvons encore aujourdhui par ci par là de pareils abîmes dont on ne peut trouver
le fond. Nous voyons dans les mers des tournoyemens d'eau; l'eau qui s'eft précipitée par des
ouvertures auffi larges avec une rapidité extreme, fait un torrent impetueux, qui entraine & engloutit tout ce qui fe trouve à des diftances affez confiderables. Peût-être fi la Mer
Méditerranée s'écouloit, trouveroit-on auffi là, où il y a à prefent les gouffres près des côtes
de Sicile, précifement de pareilles cavernes remplies d'Offéolithes. Or il y avoit dans cette
contrée-ci un grand nombre de ces animaux inconnus, ils perirent de la maniere, que j'ai fuppofé plus haut, & fe putréfierent, il y avoit donc une grande quantité de leurs os au fond de
l'abime; le courant & le tournoyement des eaux les entrainerent dans les cavernes où nous les
trouvons encore. Ce font tous des évenemens très poffibles. Peût-être y a-t-il des Lecteurs
qui trouvent cette conjecture la plus probable.

La difpofition de ces cavernes femble à la verité encore plus confirmer cette conjecture.
Elles vont en defcendant en demi-cercle, comme les gouffres que l'eau a creufés. Les deux
étages, où il faut defcendre à l'aide d'une échelle, ne reffemblent pas mal à une chûte d'eau, &
les petites cavernes latérales femblent avoir été des ouvertures que les eaux ont faites à côté
du courant principal. On peut expliquer comment les pierres, que l'eau y avoit liftées, ont pû
entrer dans la couche primitive des Zoolithes. On comprend affez facilement l'origine de
toutes ces grottes en général; ce font toutes des gouffres que les ondes ont creufés en s'écoulant. Il eft aifé d'y loger les Zoolithes; mais de toutes les objections que nous avons rapportées plus haut contre l'opinion, que l'eau les y ait entrainées, il n'en eft pas levée par là une
feule. Suppofons que le torrent ait entrainé les offemens d'animaux d'une diftance affez confiderable dans ces gouffres, pourquoi ne trouve-t-on pas dans nos cavernes un feul corps

Z 2

marin,

marin, une petite Ammonite, une feule Came, ou quelques autres pareilles pétrifications, dont il y a, à peu de diftance, une fi grande quantité?

La rapidité des eaux eft extraordinaire qui n'ont entrainé que les os & qui ont laiffé les animaux teftacés. Je crois que c'eft là l'argument le plus fort pour rendre la premiere Hypo-théfe la plus probable, quoiqu'elle ne manque pas de difficultés. Si l'on vouloit dire que les endroits, qui renferment ces grandes créatures, font trop élevés, pour que les animaux tefta-cés y aient pû être tranfportés, on pourroit repondre que dans cette contrée on les trouve en grande quantité dans des endroits plus élevés.

Il faut encore remarquer que la caverne inferieure eft la plus petite, qu'elle n'eft pas creufée par l'eau, qu'elle eft manifeftement née de la fiffure du rocher, que par confequent elle n'eft née que dans la fuite, & que par cette raifon elle ne contient point de Zoolithes. Les eaux qui paffent par les gouffres, les élargiffent toujours en bas par l'accroiffement de leur chûte; ici on obferve le contraire. Nos cavernes font les plus larges par en haut, où les ondes ont le moins de force, & elles font les plus étroites en bas, où, pour une chûte d'eau, il leur auroit fallu avoir le plus de largeur. Toutes ces cavernes font fur des montagnes, & fouvent fur le fommet. Si c'étoient des cataractes, on croiroit qu'elles duffent plûtôt être dans les valées. Cette Hypothéfe a donc de même beaucoup de difficultés. Je n'entre pas dans toutes ces explications, lors même qu'on ne les prend que pour des conjectures. Je me contente d'avoir fuivi la probabilité autant qu'on peut raifonnablement la fuivre. Je ferai charmé d'être mieux inftruit à ce fujet, mais j'exige, qu'aucun des Problémes que j'ai propofés, ne refte fans être refolu. Pour moi j'avoue que je ne comprends pas comment une fi grande quantité d'offemens a pu parvenir dans ces cavernes.

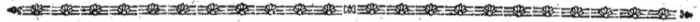

VII. SECTION.
QUI CONTIENT PLUSIEURS PARTICULARI-TES DE L'HISTOIRE NATURELLE DE CES CONTREES.

Les objets dont je traite à prefent, font tout différens de ceux dont j'ai parlé jufques ici. Des confins nous revenons dans le Margraviat de Bareith, & c'eft ici que la Nature femble avoir fait une divifion particuliere. Elle a laiffé à nos voifins les reftes des animaux inconnus, mais à nôtre territoire elle a donné en partage une quantité d'autant plus grande de corps marins, dont le Bailliage de Streitberg eft veritablement le magazin, tandis que les environs de Muggendorf reprefentent un Cabinet de Pétrifications. La montagne très efcarpée, au pied de laquelle eft fitué ce village, en eft couverte, & on y trouve des rochers d'un volume affez confiderable, qui ne font compofés que de Térébratules liffes & ftriées. Quelques rochers n'ont que la furface couverte de pareilles coquilles qui y font enfoncées, dans d'autres la maffe entiere en eft paitrie, & une troifieme efpèce de pierres calcaires ifolées ne porte ces coquilles que comme collées à la furface fuperieure & inferieure, & tout à fait à découvert. On trouve rarement cette efpèce de pétrification mêlée parmi d'autres coquilles. J'ai trouvé une feule Toupie qui étoit tombée de l'interieur d'un rocher fendu, quoique l'on trouve par tout diffé-rentes efpèces d'Ammonites communes. J'ai encore trouvé une feule coquille cordiforme qui avoit été très bien confervée entre les debris des Térébratules. On trouve par ci par là dans les pierres des morceaux & des branches de veritables Coraux. Il eft de même très facile de trouver en différens endroits plufieurs efpèces de Fongites de différente grandeur. Ils reffem-blent parfaitement à ceux de Gothland, fuivant les reprefentations que Mr. BROMEL *) en a

données,

---

*) Magni von BROMEL Mineralogia und Lithographia Succana pag. 68. fqq. Stokholm und Leipzig. 1740, 8.

données, & on trouve en particulier une grande quantité de sa quatorzieme, quinzieme & vingtieme espèce. Mais on ne trouve jamais des exemplaires sortans les uns des autres, ou placés les uns sur les autres, c'est à dire d'Hippurites proprement dits. Les Fongites imprimés dans les pierres, qu'on trouve de même dans cette contrée, pourroient bien encore, à ce qu'il me semble, indiquer quelque chose de particulier. Il faut absolument qu'ils aient existé avant que la pierre calcaire, dans laquelle ils se trouvent, ne se soit durcie. Ces Coralloïdes ne sont jamais entieres, c'est à dire, garnies de leurs branches, elles ont donc déjà subi quelque destruction avant qu'elles n'eussent été imprimées dans la pierre. Le limon calcaire n'a donc été charrié dans ces contrées que dans la suite, lorsque les eaux avoient déjà brisé ces corps. Cela est d'autant plus probable, vû qu'on les trouve souvent dans l'intérieur des marbrieres, & toutes enveloppés dans leur substance.

Mais ces corps marins m'ont mené trop loin de mon but principal. Je voulois dire qu'un amateur de l'Histoire naturelle rencontre tant de choses agreables sur le chemin qui conduit à une contrée sûrement très remarquable dans l'Histoire naturelle de nôtre patrie, savoir à celle qu'on nomme le HEIDENSTADT, c'est à dire la Ville des Païens. Suivant une tradition générale la contrée de Muggendorf à été habitée par des païens, & quoique cela soit très vrai à l'égard de toute la Franconie, il est pourtant particulier que cette tradition s'est principalement propagée à l'egard de ces contrées-ci. Je suppose que de pareils peuples ou leurs vestiges pourroient s'y être conservés plus longtems & peut-être jusqu'au tems moderne. Dans le milieu du village de Muggendorf on montre encore une place, ou étoit jadis le Temple des Payens. On a trouvé dans cet endroit plusieurs utensiles, mais qu'on a regardés avec trop d'indifférence pour les garder. Pour moi je n'y ai trouvé qu'une muraille très antique, qui sortoit encore un peu du sol. Outre cela il n'y a que des vestiges d'un chemin qui autrefois avoit conduit aux environs de ce temple, par la montagne très brusque vers la Montagne Creuse & le Wizerloch. Ce sont là deux cavernes remarquables, dont je parlerai dans la suite, & où l'on dit que les anciens habitans ont fait leurs Processions, à cause de leurs oracles qui y residoient.

L'endroit qu'on nomme proprement le *Heidenstadt* n'est qu'à une demi-lieue d'Albernhof. C'est une place de 5000. pas de circonférence. On voit vers le Nord Wüstenstein, vers l'Est Gœsseldorf, vers le Sud Engelhardtsberg & vers l'Ouest Streitberg. Tout au tour de cette contrée il y a une valée par laquelle passe une riviere nommée l'Auffees, qui en de ça est entourée de montagnes très escarpées. Je serois tenté de comparer cette contrée, pour la situation, avec une presqu'isle, vû qu'elle est en plus grande partie bornée d'une valée, de maniere qu'elle tient pourtant par une langue à la pleine campagne. Tout le terrain, qui est cultivé en partie, presente un grand nombre de collines. Tout près de ces collines il y a des enfoncemens & alternativement des monceaux de pierres, de sorte qu'on jugeroit par la vûe qu'il y eût ici plûtôt des sepulcres que des habitations des payens. Il n'y a outre cela point de vestige de quelque particularité. On n'y trouve plus à present, même en labourant la terre tous les ans, ni brique, ni mur, ni utensile, ni autre chose remarquable. Mais il semble qu'en fouillant la terre autrefois, on a tout bouleversé.

Je ne veux pas repeter ici ce que dit BACHHELFEL au sujet de cette contrée, dans la description qu'il a donnée du Fichtelberg, d'après ce que Mr. RENTSCH en a dit dans les Antiquités du Bourgraviat de Nuremberg. Ce que je viens de dire suffira pour examiner les descriptions qui se trouvent dans ces Ouvrages.

Quant aux medailles qu'on a trouvées dans cette contrée & dans les environs, j'en ai vû plusieurs. Elles ne remontent pas à beaucoup près au tems des Païens. Le métal est une lame d'argent très mince de l'épaisseur des bractéates, de laquelle elles ont été decoupées avec des ciseaux comme l'ancienne monnoye, ce que l'on voit encore par la rondeur difforme & les coupures exprimées. La grandeur de quelques unes approche de celle d'une piéce de six sols

A a Ce

Ce font des incufes qui portent en creux ce qui eft en boffe de l'autre côté. Il y a dans le milieu une petite tête très difforme, fur laquelle eft fufpendu un ornement, que je ne fai pour quoi prendre. Au deffus de cet ornement il y a une croix de la même difformité. Au côté droit, au côté gauche & fous le menton de cette tête difforme on voit trois lis. Une autre efpèce de ces pretendues medailles des Païens étoit, autant qu'on en pouvoit reconnoitre, un fort vieux & rare gros de Bareith. La troifieme efpèce eft de la grandeur d'un Kreuzer, & de même coupée d'une lame d'argent très fine. L'empreinte du coin très rude reprefente une tête couverte d'un cafque. La legende en antiques lettres latines, autant qu'on en pouvoit lire encore, exprimoit le nom de RUDOLPHUS, qui cependant étoit écrit avec un V. ce qui ne repugne peût-être pas trop à l'Orthographe de ces tems. Mais fans lire la legende de cette maniere, on n'y trouve pas même un fon intelligible. Encore une autre efpèce de ces medailles eft, à ce qu'on pretend, concave en forme d'un petit plat, & enduite d'étain, mais je n'en ai point vû. Encore une autre forte que je n'ai pas vûe non plus, porte une main & au def-fus de cette main une croix. C'eft à ce point que les defcriptions que nous avons de cette contrée, qu'on nomme le Heidenftatt, font incertaines.

Independamment de tout cela, la tradition fi longtems propagée, le nom de Ville des Païens, les Urnes trouvées dans les Cavernes de Gailenreuth, les pierres qui portent le nom de Flins-Steine d'après celui des divinités des Vandales, & plufieurs autres circonftances nous prefentent toujours affez de veftiges pour prouver que ces contrées ont été habitées, il y a fix ou huit cent ans, par des peuples très différens de ceux qui habitoient les autres parties de la Franconie. Tout près du Heidenftatt il y a une contrée très montueufe, qui por-te encore aujourdhui le nom de Hundsrûk. On fait que ce mot, qu'on trouve fouvent dans la Geographie de l'Allemagne, n'a point d'autre fignification que celle de *Hunnorum retractus*, la retraite des Hunns. On fait outre cela que du tems d'ATTILA les Vandales étoient unis avec les Hunns. *Flins* eft le Chef des Vandales qui les a menés dans le Brandebourg, & duquel ils ont fait dans la fuite une divinité. Ces peuples fe font partagés en plufieurs trou-pes, & les Obotrites qui en tiroient l'origine, de même que les Sorbes-Vendes, qui originai-rement iffus de la Boheme, habitoient les païs entre la Saale & l'Elbe, & qui en 649. ou 782. ont commencé à bâtir des villages, ont incommodé affez longtems la Franconie par leurs invafions. Cela ne pourroit-il pas faire conjecturer que le Heidenftatt a été une habitation des Vandales, & le Temple de Muggendorf un Sanctuaire érigé à *Flins*. Vis à vis de cette con-trée, comme il fera dit dans la fuite avec affez de probabilité, il y avoit une Grotte confa-crée au Dieu Witte. Or le Hundsruk étoit le paffage par lequel les Margraves, établis dans ces païs par Henri I., ont forcé les Hunns à fe retirer, & mis ainfi la Franconie à l'abri des invafions de ces Barbares, qui peut-être fe font arrêtés le plus longtems dans ces contrées, où les montagnes rudes, les forets alors impénétrables, les rochers très nombreux, & en général le terrain propre à faire une niche inacceffible, leur etoient très avantageux.

* Au moins ce feroient là les endroits les plus antiques où dans les ténébres des anciens tems nous trouvons plantés les lauriers des Margraves de Brandebourg. Peût-être pourroit-on encore faire des découvertes propres à donner plus de probabilité à ce que je viens de dire.

VIII. SECTION.

DES AUTRES GROTTES QUI SE TROUVENT
DANS CES CONTREES ET DONT PLUSIEURS RENFER-
MENT DES ZOOLITHES.

LA BELLE PIERRE.

(Der fchoene Stein.)

C'eft là le nom que l'inventeur inconnu a donné à une Grotte qui de raifon peût être com-parée avec la fameufe Grotte de Baumann fur le Harz. Elle eft à peu près de la même étenduë,

duë, & toute la différence confiste peût-être en ce que la premiere a été découverte dans un tems où il étoit plus glorieux qu'aujourdhui d'avoir l'imagination féconde en fictions prodigieuses, & que le Souverain même, le Duc RUDOLPH AUGUSTE de Brounsvic, en la visitant plufieurs fois, l'a renduë intereffante. Il y a cent ans que les ftalaétites, qui fe trouvent dans la Belle Pierre, auroient de même été prifes pour des orgues, pour des moines, pour des chevaux & pareilles chofes comme celles de la Grotte de Baumann, & elles meriteroient de même que celles-là que Pierre le Grand les vit; car la Nature Architeéte n'a pas moins déployé fon art ici.

Je fui le chemin qui conduit de la Ville des Payens à la Belle Pierre. Il eft beaucoup plus penible de ce côté que de celui de Muggendorf. On paffe par des champs cultivés bien agreables, & une plaine enclavée entre dix-fept petites montagnes plus ou moins éloignées fait un très beau coup d'oeil. Ce fentier fuit la pente des montagnes & conduit dans un buiffon fort touffu, qu'on ne peut franchir qu'avec beaucoup de peine. On ne voit ni ne trouve rien dont on en foit recompenfé, excepté un Arc de Triomphe que la Nature a érigé fort nettement. De la pente d'une montagne, dont je n'ai pu apprendre le nom, il s'élève un rocher de la hauteur de quatre-vingt pieds, percé d'une ouverture en guife de portail de la hauteur de foixante & de la largeur de vingt pieds, de forte que toute la difpofition reffemble parfaitement à un Arc de Triomphe très fymmétriquement érigé. Les arbriffeaux & les Pins qui font à côté, la lierre rampante le long de ces arbres & les décorations en général font très regulieres pour un Ouvrage du hazard. Cependant ce n'eft que l'ouvrage de la Nature, & les Connoiffeurs comprendront toujours plus facilement comment l'art peut produire quelque chofe de pareil, que la maniere dont le fimple hazard a pu faire cet arrangement. Il femble que la Nature s'eft efforcée, en mettant en aétivité toutes fes forces, de conftruire ici un Arc de Triomphe à la place des monumens que les hommes auroient dû ériger aux Sermes Marggraves, après qu'ils avoient chaffé les barbares Vandales par ces montagnes : Pour moi j'ai toujours trouvé remarquables les rochers qui s'élevent comme des Obelisques, & dont il y a plufieurs dans cette contrée, principalement vers Rabenftein. Ils femblent prouver inconteftablement l'impoffibilité que nos pierres Calcaires foient nées des fédimens des coquilles décompofées.

On parvient à la fin avec beaucoup de peine à la Belle Pierre, mais on y vient auffi plus commodement en venant de Muggendorf, & c'eft un chemin affez connu. Outre quelques plantes peu communes j'ai trouve fur ce chemin quelque chofe de remarquable dans le Regne des Pétrifications. Sur le fommet de ces montagnes, qui s'applaniffent un peu, il y a une contrée que je dois nommer le *Hülein* fuivant le patois du menu peuple. Dans le milieu des autres champs il y a une étenduë à peu près d'un arpent, qui contient un fi grande quantité de Troques & d'Entroques que dans l'efpace de deux heures de tems nous en avons eu un demi pot plein, des moiffonneurs qui les avoient amaffées en travaillant. Ce n'eft que ce feul champ qui en fournit dans un efpace auffi étroit. Eft-ce que les Lis-marins, dont elles ont fait partie, ont eu originairement leur domicile ici? Comment fe peut-il que les petits morceaux de leur charpente, fur lefquels paffoient les torrens, foient reftés ici, & que le courant des eaux, auquel les rochers les plus vaftes, n'ont pû refifter, ne les ait entrainés? ou comment l'eau, qui en treize cent mille ans doit avoir formé de fon fédiment les rochers, qui en font éloignés à peu près de cent pas, n'en a-t-elle pas auffi couvert ces créatures? Les colomnes d'eau étoient elles fi calmes pendant toute cette époque? Il eft furement plus facile de dire que de démontrer, malgré ce qui fe voit à l'oeil, que là où l'on trouve des animaux marins, il y a eu autrefois le fond de l'océan. On peut fuppofer avec beaucoup plus de probabilité que l'inondation univerfelle a fait naitre de nouvelles mers mediterranées, qui s'étant écoulées dans la fuite, ont laiffé fur le fol ces corps marins entiers, d'ailleurs fi fragiles. Je trouve trois efpèces de ces Entroques que Mr. WALLERIUS n'a pas rapportées dans fa Minéralogie, quoiqu'elles ne foient pas trop communes. Ordinairement les Entroques font compofées de Trochites de l'épaiffeur d'une ligne, placées les unes fur les autres. Mais dans celles-ci les articulations féparées ont à peine le quart de cette épaiffeur. Ces lames minces font toujours

A a 2

trois

trois à trois placées l'une fur l'autre, fuivies d'une quatrieme qui a le double de l'épaiſſeur des précédentes. Dans quelques unes les lames minces & les épaiſſes ſe ſuivent alternativement, & ſouvent les lames minces ſe ſuivent ſans regularité. Treize ou quatorze de ces articulations font ainſi une tige à peine d'un demi pouce de longueur. Elles ſont de même percées d'un trou comme les Trochites, mais on n'y voit plus qu'au bord les rayons qui dans les Trochites vont vers le centre. Je les ai trouvées d'une, de deux juſqu'à trois lignes de Diamétre. Communement elles ont pris la ſubſtance de la pierre de corne nommée Flins.

Une autre eſpèce encore plus rare eſt de la même épaiſſeur que la précédente, mais les jointures qui uniſſent les articulations, ne font point du tout apparentes. Là où les articles de la longueur d'une ou de deux lignes s'uniſſent, ils s'élargiſſent conſiderablement comme les vertébres des poiſſons, & c'eſt là qu'on voit qu'ils ont été garnis tout autour de cinq ou ſix piquans, deſquels il y a encore les pointes caſſées. Peûtêtre eſtce l'*Entrochus aculeatus Helvetiæ* de Mr. de LINNE. *) Le trou dont les Entroques font percées communement, y eſt auſſi dans le milieu: leur ſubſtance eſt de même un Flins.

La troiſieme ſorte ne différe des Entroques ordinaires, qu'en ce qu'elle reſſemble preſque aux Vis, vû que les articles font à peu près d'une forme ſphérique, quoiqu'ils aient auſſi les marques des Entroques ſur la ſurface des jointures & le canal qui paſſe par le milieu.

J'ai encore trouvé dans ce champ une eſpèce particuliere de Bélemnites. Ce font des Belemnites ſillonnées, & on en trouve des fragmens qui n'ont preſque jamais au delà d'un demi pouce de longueur, & rarement plus que deux lignes de Diamétre. On voit à la fracture qu'il faut ſans doute les compter parmi les Holothuries. Dans pluſieurs il y a auſſi les alvéoles. Mais elles ſont enveloppées dans un teſt qui ſemble auſſi rude au toucher qu'une lime du plus gros grain, &, à ce qui ſemble, leur eſt naturel. Cette particularité provient d'un petit nombre de points qui ſe trouvent ſur la ſurface, & qui font renfermés dans des lignes circulaires fines. Ne ſeroitce pas le teſt naturel de ces animaux? Ce n'eſt preſque pas la peine de remarquer que ce champ renferme auſſi des piquans branchus d'Ourſins de mer, des Pierres Judaïques communes & des Ecuſſons d'Echinites, quoique la Pétrification repreſentée Pl. X. r. du côté interne & s. du côté externe, ne ſoit peût être pas trop connuë. J'en ai trouvé quelques Exemplaires parmi les Trochites cideſſus mentionnées. Mais je ne ſaurois les prendre que pour les articles d'une eſpèce particuliere d'Encrinites. La tige pourroit avoir tenu au centre, & peûtêtre les autres parties de la charpente de ces créatures, tenoientelles aux côtés. Ou peûtêtre étoientils dans le corps des Echinites? Ils ont une ligne d'epaiſſeur, & leur ſubſtance pierreuſe très dure eſt la même que celle des piquans d'Ourſins de mer.

Après être monté avec beaucoup de peine, on ſe trouve au milieu d'une montagne aſſez haute qui fait partie de la chaine des montagnes de Muggendorf, vis à vis d'un rocher extraordinaire, érigé en ligne droite, que les forces de la Nature, que je n'oſerois détèrminer, ont fendu en trois portions peu larges de la hauteur de cinquante pieds, & qui repreſentent trois colomnes difformes. La ſeconde fente fait l'entrée de la Belle Pierre. Elle eſt vers le NordOueſt, & on ne peut preſque pas la manquer. C'eſt une ouverture de deux pieds & demi de largeur ſur dix pieds de hauteur, avant laquelle il faut monter un degré de quatre pieds de hauteur.

Il ſeroit bien difficile de determiner l'origine de ces ouvertures & de ces cavernes qui ſouvent font nées dans le même inſtant. Les terribles debris des rochers écroulés, qu'on voit, depuis cette caverne juſqu'au Brunnenſtein ſur le dos de cette montagne, ſemblent prouver, que les tremblement de terre, qui, pendant l'inondation univerſelle de nôtre Globe, y ont fait tant de changement, ont de même fait ici de grands ravages. Entre ces rochers la Lunaire Grecque & la Mercuriale proviennent en abondance. A l'entrée de la caverne nous avons trouvé à midi & demi la hauteur du Baromêtre de 27. pouces & 7. lignes, tandis que dans

le

*) Syſt. Nat. Tom. III, pag. 168.

le même tems elle étoit à Erlang de 27. pouces & deux lignes. En comparant ces hauteurs ensemble, suivant les regles, on trouve que cette caverne est élevée de 550. pieds au dessus du niveau d'Erlang, & de 1752. pieds au dessus de la surface de la mer. Je connois très bien les difficultés qui restent lorsque l'on mesure la hauteur des montagnes de cette maniere, combien il faut y observer pour s'y prendre exactement, & combien les mesures sont souvent fausses malgré toute l'exactitude qu'on y a employée. Mais aussi je ne fais point d'argument, comme l'on fait souvent, du différent degré du Barometre en différens endroits, à la différence de la densité de l'air dans ces mêmes endroits. A l'ombre le Thermométre étoit à quatre degrés au dessous de celui de Temperé.

Ayant passé par l'ouverture ci-dessus décrite, on avance vingt huit pieds sur un chemin très penible. La caverne a la hauteur de huit à dix pieds; mais il faut toujours, en avançant, pancher la tête d'un côté, jusqu'à ce qu'à la fin on vienne à une espèce de vestibule que je puis prendre pour la premiere séparation de la Grotte.

L'entrée de ce vestibule est un trou en forme d'un demi-cercle, qui s'éleve du niveau du sol, de la hauteur de deux pieds & demi, & d'un peu plus de largeur, qui passe par une pierre qui ressemble à un marbre peu compacte ou à un roc calcaire. Ce conduit large de quatre à cinq pieds, s'étend vingt pieds à travers les cavernes, dont à la fin la hauteur atteint la moitié de la largeur. C'est ici que la Nature a déja commencé à embellir par ci par là les parois de stalactites. Au milieu de ce chemin il y a du côté gauche une petite caverne fort nette. Les stalactites, qui representent des pampres, s'étendent sur les parois; là il semble qu'une Cardasse de pierre rampe le long du rocher, & dans un autre endroit il y a une quantité d'autres figures singulieres. Il n'y a pas la largeur d'une main qui ne soit ornée de quelque figure. On ne sauroit s'imaginer un desordre plus agreable que ce bas-relief. Les figures ne representent ni des hommes ni des bêtes, mais elles tiennent quelque chose des uns & des autres. Elles sont toutes en saillie sur une pierre qui ressemble au marbre le plus blanc, auquel elles ne cedent non plus en rien à l'égard de la dureté; le sol est couvert d'un terroir qui ressemble à celui des champs voisins.

On ne croiroit jamais que ces cavernes prissent tant d'élargissement. L'entrée de la troisieme caverne est un trou de la largeur de deux pieds & demi, par lequel il faut encore se glisser avec beaucoup de peine.

Une étenduë de quarante pieds de longueur presente des rochers dont les fractures font un coup d'œil effroyable. Ils pendent si avant, qu'une personne d'une mediocre taille peut à peine s'ériger, jusqu'à ce que tout d'un coup les cavernes reprennent une hauteur considerable; cependant les stalactites qui contribuent tant à l'affermissement des montagnes, & par consequent à la conservation de nôtre Globe, mettent tout cela à l'abri de tout danger. L'exsiccation & la blancheur distinguée donnent par ci par là à ces stalactites un embelissement particulier. On peut voir dans cette caverne la maniere dont naît l'Agaric mineral. Un acide, & je ne saurois en alleguer un autre que l'acide universel, ou l'air imprégné de l'acide vitriolique, dissout les stalactites les plus dures & en fait naitre la farine la plus blanche. Je ne veux pas determiner comment cela se fait. C'est cependant toujours une merveille de la Nature, que les forces de l'air aussi doux au toucher puissent changer en poudre une substance que l'acier le plus dur peut à peine mettre en piéces. Je crois que sans cela les Grottes se refermeroient à la fin. Les fontaines nées dans les cavernes des eaux découlées & qui sourdissent des montagnes, se boucheroient bientôt, sans cette dissolution, le passage dans ces lieux souterrains. Toujours le Créateur conserve l'un par la destruction de l'autre.

Cependant toutes les peines du passage s'adoucissent déja ici. A l'extrémité de ces Labyrinthes la vuë s'ouvre à une étenduë terrible & dans un sombre majestueux. Mais on a l'œil plus occupé des figures que la Nature a attachées aux murs. On diroit qu'un Sculpteur a travaillé ici en rêvant, tant les figures qui sont l'ornement des parois, sont en desordre. On voit cent différens desseins commencés, dont il n'y a pas un seul qui soit achevé. Là il sort

Bb   du du mur une confole appuyée fur des pieds de lion; là il femble qu'un ange defcend des nües, & dans un autre endroit il y a une Colomne commencée. Plufieurs morceaux faillent du mur d'un demi pied & davantage. Tantôt on voit l'ébauche d'une cafcade; quelques figures font tout à fait liffes, d'autres font rudes, & plufieurs en font polies, auxquelles cependant le dernier embellissement manque encore, à la place duquel il y a d'autres figures commencées. Tout cela eft décoré tantôt de nuages, tantôt de drapeaux deployés, ou de bras ou de cent autres figures.

Mais on eft faifi de frayeur lorfque l'on voit devant foi l'abîme, où à chaque pas qu'on fait fur une pente affez-brufque, on s'enfonce de plus en plus dans les ténèbres. Ce n'eft proprement qu'une feule horrible caverne de la longueur de plus de cent pieds. Mais devant cette caverne les rochers fufpendus forment deux veftibules. La quatrieme Grotte dans laquelle on entre, a vingt cinq pieds de profondeur fur vingt quatre de largeur. Les rochers unis par l'eau ftalactitique lui donnent une hauteur inégale de huit à quinze pieds. Les décorations de cette Grotte reffemblent aux ouvrages de plâtre des Anciens, qui ont fouvent exprimé en ftuc des tournoys entiers fur les voutes de leurs falles, & repréfenté comme fufpendus des chevaux qui fortoient à demi-corps, & des figures faillantes d'hommes. Partout il y a de pareilles figures faillantes fufpendues. Le fol n'eft pas moins garni d'une quantité de ftalactites coniques. Elles ont fouvent la longueur de quelques pieds; il y en a qui font tronquées, & d'autres font unies entre elles par l'eau qui y eft découlée. J'en ai trouvé plufieurs de l'épaiffeur d'un pied & demi. On peut les enter les unes fur les autres, & ainfi très facilement produire des figures bien fingulieres. Si l'on applique un de ces fragmens fur un de ces cones où l'eau lapidifique découle encore, il s'y affermit en peu de tems. Dans quelques années on pourroit de cette maniere produire des Coralloïdes d'une grandeur démefurée. Il ne feroit pas difficile de conftruire de la même maniere la Ville de Jerufalem dans la Grotte de Baumann; & un homme ingenieux quelles figures ne pourroit-il pas produire en quelque tems, pour en orner les Grottes artificielles des Hermitages?

Le devant de la voute de cette caverne eft foutenu par un pilier de ftalactite, qui fait une double entrée dans la cinquieme caverne qui y tient. Elle eft de la même grandeur que la précédente. Le Meridien paffe par le côté étroit de cette caverne. On voit en général que les cavernes de la Belle Pierre vont en enfilade. Elles ne s'inclinent pas en fpirale vers la profondeur comme celles de la montagne des Zoolithes, & elles ne femblent non plus avoir été des gouffres qui ont abforbé les eaux. Mais les torrens paffent fouvent les fentes des rochers en ligne droite. Les rochers fufpendus font ici un coup d'œil des plus effroyables, & les ténèbres de ces veftibules donnent quelque idée de la ftructure interne de nôtre Globe.

On paffe de cette Grotte à la plus grande caverne de toutes. Elle a foixante pieds de longueur fur quarante pieds de largeur, & en plufieurs endroits elle a 18. à 20. pieds de hauteur. On defcend fur un tas immenfe de fragmens de ftalactites & de rochers, & de collines nées du fédiment des eaux; & il eft difficile de s'imaginer la veritable forme de tous ces objets lugubres. Les pierres fufpendües à la voute repréfentent des montagnes qui s'écroulent. Elles font couvertes d'une croûte épaiffe pierreufe & de figures très fingulieres de la même fubftance. Le fol repréfente un magazin de pains de fucre. L'eau des fédimens de laquelle font nées ces pierres, rempliroit de grands lacs fi elle étoit amaffée dans un endroit. En général la naiffance des ftalactites eft un des phénomènes les plus admirables de la Nature. Ces montagnes font ifolées tout à l'entour comme des pyramides. Les cavernes fe trouvent dans le fommet de ces montagnes. D'où vient cette quantité prodigieufe d'eau? La pluye qui tombe fur la pente de ces montagnes, ou fur la cime qui fouvent a à peine quelques toifes de largeur, peut elle en fournir cette quantité? Tout compté auffi largement que poffible, & dans les années les plus humides, la pluye ne pénètre pas la terre au délà de quelques pieds. Or il y a par ci par là au deffus de ces cavernes un terroir très compacte ou un rocher de la hauteur de cent ou de cent

&

& cinquante pieds. Comment est-il possible que la pluye, qui ne suffit pas pour humecter la surface, ait pû pénétrer à travers un terroir ou un roc de cette épaisseur? y a-t-il des fontaines dans ces rochers? Comment peuvent-elles pénétrer le marbre épais de quelques toises, & comment ces sources sont elles montées sur ces montagnes isolées? Pour que les stalactites se forment, il faut que cette eau soit imprégnée de particules terrestres & calcaires. Mais comment le marbre compacte leur donne-t-il passage? S'il n'en naissoit qu'une croûte sur la surface du rocher, la chose seroit comprehensible. Mais il repugne à l'experience, que lorsque l'on filtre une liqueur, les particules plus grossieres s'attachent au côté externe du filtre. On pourroit dire aussi que les vapeurs qui remontent du sol, s'attachent en haut, & se changent en gouttes, dont naissent les formes des stalactites, mais c'est précisement le contraire de ce qu'on voit à l'œil.

Mais tout cela pourroit paroitre à quelques personnes ne point meriter quelque attention, quoique ce soit souvent de là que depend la conservation du sol sur lequel nous habitons.

On trouve dans ces cavernes par ci par là des eaux dormantes, & dans ces eaux une espèce de confitures de Tivoli. Elles semblent être nées par une espèce de cristallisation, & quant à la forme elles ressemblent souvent à des amandes rissolées. Il faut encore remarquer comment dans la suite du tems la pierre calcaire grise nait de ces stalactites. Au moins l'œil ne découvre point de différence entre l'une & les autres, & elles sont l'une & les autres d'une substance calcaire. Car on voit à la forme des fragmens que c'étoient autrefois des cones nés du découlement de l'eau. Mais sur la fracture les vestiges des lames circulaires ont entierement disparu. Les cercles concentriques formés par les particules calcaires, que l'eau, en decoulant, y a deposées, n'y sont plus. La pierre, dont tout l'humide s'est évaporé, ressemble parfaitement à la pierre calcaire grise. Il n'est pas moins sur, tout singulier que cela puisse paroitre, que les stalactites se changent en spath. On en trouve dans cette contrée. Il y a des rochers rompus, dans les fentes desquels il s'est déposé des stalactites à découvert. Ce qu'il y a de plus particulier c'est que ce sont des pierres arénacées très fines, qui font naitre ces stalactites. Par quel artifice la Nature fait elle passer les particules calcaires, dont l'eau est imprégnée, à travers les couches de grais si compactes & si épaisses, sans que ces particules s'arrêtent dans l'interieur du roc, & sans qu'elles se mêlent avec le grais même. Lorsque l'on emporte la croûte stalactitique, on voit les couches que l'eau stalactitique a deposées par dessous; & l'autre moitié est un spath de très belle apparence. La fracture fait voir une croissance très particuliere, c'est à dire les vestiges de la transformation des anciennes lames en une pierre feuilletée & cubique. D'après cette observation la régénération des pierres, que Mr. de LINNE a observée, & qui a été tant combatüe, s'accorde donc, à l'égard de cette espece, avec la Nature & avec l'experience. Mais cette transformation ne pourra jamais se faire, à moins qu'elle ne soit effectuée par un autre acide. *)

Je ne veux pas repeter la description des décorations de cette caverne, qui ressemblent à celles des précédentes. Les stalactites suspendües à la voute comme des rideaux, font un

très

---

*) Tout cela ne pourroit-il pas nous être utile à faire quelques nouvelles découvertes dans l'Histoire naturelle? Mr. FORTIS, Medecin Italien, a trouvé des grouppes d'offemens humains dans les rochers des Isles de Cherso & d'Osero près des côtes d'Istrie. Ils sont enchassés dans une pierre spathique. On les trouve de même dans le continent & dans l'isle de Corfu, & il semble que leur filon s'étend bien avant dans les Isles de l'Archipel. Ne pourroit-on pas supposer que dans les tems les plus anciens il y eut eû des sepulcres dans ces rochers? Il y nait, suivant le rapport détaillé de Mr. FORTIS, une grande quantité de stalactites. Ne se pourroit-il pas que les caveaux, qui n'ont peût-être renfermé que les corps d'une seule famille, eussent été à la fin tout remplis de la matiere stalactitique, & que ces offemens en eussent été enduits? La stalactite s'est changée dans la suite en spath, changement qu'une substance calcaire subit facilement par l'accés d'un principe urineux, comme les coquilles remplies de spath le prouvent suffisamment. C'est de cette maniere que ces grouppes d'offemens humains pourroient avoir été enchassés dans ces masses spathiques. Ce qu'il y a de remarquable c'est que les rochers mêmes sont d'une substance hétérogène, & comme dit Mr. FORTIS, tartreuse & ochracée ou ferrugineuse, & que les offemens ne se trouvent que dans les masses spathiques, renfermées dans les rochers. C'est de même un sable ferrugineux, dans lequel se fait la régénération des stalactites en spath, comme je l'ai dit plus haut. Cependant ces conjectures pourroient bien être trop avancées, puisque je n'ai pas vû encore ni de pareils morceaux, ni l'ouvrage, encore rare en Allemagne, qui en contient la description.

très beau coup d'œil. Elles reſſemblent au marbre le plus blanc, & la Nature a très bien con-
trefait les plis des robbes longues. Vers l'extremité de cette caverne la Nature a formé un
Mont d'Oliviers, comme l'on en voit dans les Sanctuaires des Catholiques. C'eſt une veritable montagne de ſtalactites de la hauteur de dix pieds. A quelque diſtance de là il y a des
pierres érigées, qu'on prendroit, dans la Grotte de Baumann, pour les trois ſaintes femmes qu'on
place communement aſſez près de çes monumens. Sur le ſommet de cette montagne il y a
par devant une figure qui ne reſſemble pas mal à un ciboire orné de décorations Gothiques.
La voute repreſente l'Aſcenſion. Il ſemble que le bas de la robbe d'une perſonne qui s'éleve
en l'air, ſoit de la voute, & cela auſſi naturellement, qu'il y a la plus grande reſſemblance
avec les peintures, qui repreſentent l'Aſcenſion. Une imagination féconde combien ne
pourroit-elle pas créer ici?

A côté de cette montagne, vers le mur, qu'on prendroit, mais trop tôt, pour l'extremité de la caverne, il y a un gouffre effroyable. Il ſemble être la reſidence des ténébres, tant
il eſt impoſſible d'en voir le fond ou quelque partie de ſa ſtructure. Si les bougies venoient à
s'éteindre, & qu'on fut obligé de chercher l'iſſuë de ces cavernes à l'obſcurité, ce feroit ſurement ici l'endroit le plus dangereux. Il eſt renfermé entre un bord élevé, en deçà duquel
une force terrible a encore fendu la montagne & y a fait un paſſage. Peût-être troveroit-on
ici des labyrinthes de cavernes; car il ſemble que toute la montagne eſt creuſe. Perſonne n'a
encore oſé entrer dans les abîmes. Nous y avons coulé pluſieurs chandelles ſans voir autre
choſe que des ombres difformes. La premiere fois nous avons atteint le fond moyennant une
corde de huit toiſes, & la ſeconde fois avec une corde de dix-huit pieds. Je ſuppoſe qu'il y a
pluſieurs abîmes en différens endroits qui ont cauſé la différence de cette meſure. Peût-être
decouvrira-t-on ſur le fond des reſtes d'animaux. Il ſe peut qu'il y ait eu ici un gouffre, qui
a englouti les eaux écoulées, & qu'on trouve encore ici quelque choſe de complet. Mais la vûe
pourroit bien tromper, ſi, en regardant dans cette obſcurité effroyable, on vouloit tout veritablement prendre pour ce qu'il paroit être.

Du côté gauche de l'entrée de cette grotte principale il y en a une autre qui merite d'être
examinée. Elle pourroit avoir 60. ou 80. pieds de longueur. L'entrée en eſt fort étroite, &
conduit, par des creux très ſinguliers de différente largeur, dans d'autres cavernes, dont
l'œil atteint à peine la hauteur, à cauſe de l'obſcurité que la lueur des bougies ne diſſipe pas.
Ici la ſtalactite n'a formé que des colomnes de différente épaiſſeur & ſtructure. A trente ſix
pieds de l'entrée on paſſe dans une grotte dont le ſol repreſente les ruines de Palmyre, par les
morceaux de Colomnes, les figures difformes & les piéces d'Architecture mêlées confuſé-
ment. Plus avant la Nature a conſtruit la grotte la plus artificieuſe pour une fontaine. La
voute aſſez grande eſt ſoutenue par une colomne veritablement magnifique. Sa baſe eſt élevée
de quatre pieds au deſſus du ſol, & le fût pourroit avoir huit pieds de longueur ſur ſix à ſept
de circonférence, & deux de Diamétre. On auroit de la peine à croire qu'une eau, en découlant, pût former de pareilles maſſes de pierre qui reſſemblent à des arbres de pluſieurs toiſes. Mais je crois auſſi que pour cela il faut des milliers d'années. Dans des morceaux plus
fins, qui n'ont que cinq ou ſix pouces de Diamétre, on peut compter au de là de deux cent
lames concentriques; c'eſt à dire la fracture preſente autant de cercles qui renferment une petite cavité qui fait le centre, comme l'on voit les anneaux de croiſſance dans un morceau de
bois tranſverſalement coupé. Probablement chacun de ces cercles eſt l'ouvrage d'un ſeul an.
Ils reſſemblent parfaitement aux cercles qui ſe trouvent dans le bois, au point que la moitié de
l'épaiſſeur d'une croiſſance eſt de même toujours plus ſolide que l'autre. Je ſuppoſe que la
portion plus molle qui reſte toujours un peu plus large, eſt la croiſſance des mois d'hiver, où
l'affluence étoit auſſi plus abondante. Il ſe peut auſſi que dans des années plus humides il ſe ſoit
dépoſé un ſédiment plus copieux, car les cercles plus ou moins épais ne ſe ſuivent pas alter-
tivement avec quelque regularité. Mais douze de ces anneaux ont ſouvent donné à une ſtalactite à peine l'augmentation d'une ligne d'épaiſſeur, lorſqu'elle étoit une fois parvenuë à quelques pouces de Diamétre. Si l'on en retranche la diminution d'une pareille colomne, en cas
que l'air ou la grande humidité décompoſe ce qui s'étoit déjà dépoſé, le compte fondé ſur la
plus

plus grande probabilité donnera un tems qui remontera d'affez près, jufqu'à la cataftrophe de nôtre Globe. Auffi faut-il bien du tems pour qu'une de ces colomnes, qui certainement ont fouvent deux ou trois mille livres, foit formée d'une matiere pierreufe, dont il n'y a qu'un grain & demi dans une livre d'eau.

Pour fatisfaire la curiofité, j'entrerai un peu plus avant dans le detail. Dans la Grotte des Zoolithes, où il y a la plus grande ftalaÊtite, il tombe en vingt-quatre heures de tems, à ce qu'on a trouvé par les effais les plus exaÊts, trente-fix livres d'eau. Au moins en étoit-il ainfi lorfque dans un automne beaucoup avancé & très humide l'affluence fût bien copieu-fe. Si la livre d'eau contient un grain & demi de terre calcaire, la quantité d'eau de trente-fix livres en contiendra cinquante quatre grains. Dans un an de tems cette ftalaÊtite aura pris un accroiffement de deux livres, huit onces, fept gros & trente-fix grains. Dans un millier d'années il fe feroit dépofé de cette maniere une pierre de 2559. livres & 7. onces. Or ce n'eft que dans un automne bien humide que l'eau découle fi copieufement. Le tems auffi pluvieux ne fait dans nôtre Climat qu'à peine le tiers de l'année. Il ne faut donc compter pour trois mille ans qu'un accroiffement de 2500. livres. Mais lorfque l'eau découle rapide-ment, n'en peut-il pas découler beaucoup fans que les particules calcaires puiffent s'unir avec la pierre? Ne prenons, ce qui découle de cette maniere, que pour le quart. Suivant toute probabilité ces colomnes remontent donc jufqu'affez près de ce tems où l'Hiftoire nous dit, que nôtre Globe a effayé la Cataftrophe dont nous avons les veftiges devant les yeux. En revanche dans d'autres endroits ces pierres femblent avoir pris un accroiffement beaucoup plus vite. La matiere ftalaÊtitique découlée le long des murs femble à peine avoir été d'une confiftence fluide. En général la naiffance des ftalaÊtites nous prouve que nous connoiffons fort peu l'origine des autres créatures, quoique nous entreprennions de nous former des Syf-témes univerfels de la Création.

On ne peut jamais regarder ces ouvrages de la Nature fans admiration. Dans quelques unes de ces colomnes le fuc lapidifique a creufé des fillons, dans d'autres il a formé des an-neaux très nets. La colomne que je viens de décrire, fert d'appui à une niche au fond de la-quelle il y a un fort beau baffin. J'en donnerai une defcription plus détaillée lorfque je parle-rai d'une autre caverne nommée le Bronnenftein, où de pareilles colomnes naiffent en grand nombre. Au milieu de l'eau dormante il s'eft formé une conque, que l'art ne pourroit deffi-ner plus regulierement, ni un fculpteur tailler avec plus de fymmétrie. Elle s'eleve toute ifo-lée du fol, & l'origine de ces produÊtions fera toujours problematique, vû qu'on ne peut pas abfolument l'attribuer au découlement de l'eau, mais qu'il faut qu'elles foient nées d'une crif-tallifation. Cette eau lapidifique a formé dans une toute petite niche, fur une bafe élevée, une Tiare très regulierement deffinée. On trouve ici les confitures de Tivoli en très grande quantité. Dans le milieu du chemin il y a deux ftalaÊtites, qui naiffent de la même bafe & fe fendent en deux cornes très difformes & d'une groffeur extrême. Il y a encore une autre caverne à côté qui conduit de celle-ci dans le creux de la montagne. Je fuppofe qu'elle fait l'entrée de cette grotte qui eft au deçà du veftibule dont j'ai parlé plus haut, & peut-être pour-roit-on encore découvrir un labyrinthe de cavernes qui communiquent les unes avec les au-tres. En retournant on voit des rideaux fort bien exprimés, derriere lesquels la Nature femble avoir caché fes beautés.

Près du mont des Oliviers & de ce gouffre, dans lequel on ne fe couleroit que par un ex-cés de hardieffe, il y a l'entrée de la feptieme caverne de la Belle Pierre, c'eft à dire, une fen-te, que cette même force inconcevable a faite, qui a fendu les rochers jufqu'aux fondemens de la terre. On ne fe gliffe pas fans frayeur dans cette ouverture, & pour y entrer, il faut monter un degré de quatre pieds de hauteur. L'oeil atteint à peine la voute de ce creux, qui s'étend jufqu'à 50. pieds de longueur, & qui a précifement autant de largeur qu'il en faut pour qu'un homme puiffe s'y tenir de bout.

Mais on a ici plus de chofes remarquables fous les pieds qu'à la voute même. On fe trouve ici veritablement fur une bafe bien dangereufe. On voit que la fente paffe à travers

C c

toute

toute la montagne & va dans un abîme effroyable. Il n'y a que de petites pierres tombées des parois, qui ont un peu barricadé la fente, de maniere qu'on peut s'y tenir, quoique tou-jours avec beaucoup de danger, à moins qu'on ne s'appuye contre les rochers. Tout devant il y a dans le fol un trou de trois pieds de longueur, & d'un pied de largeur. Vers l'extremi-té de la caverne il y a encore une pareille ouverture. On trouveroit bien ici des chofes re-marquables s'il étoit poffible de s'y couler. Jamais homme n'eft entré dans ce gouffre. On eft donc fur de trouver tout dans le même état, dans lequel il étoit depuis le déluge, ou dans lequel l'a mis la Nature en continuant fon ouvrage. On pourroit à peu de frais rendre l'entrée plus commode. Nous avons effaié de trouver dans cette profondeur la chaleur centrale de la terre. Le Barométre etoit dans cette feptieme caverne à 16. pouces & 11. lignes, par con-fequent de quatre lignes plus haut qu'il n'avoit été à l'entrée de la Belle Pierre. Nous aurions donc été au de-là de 300. pieds au deffous du niveau de l'entrée en ne comptant en géné-ral que la différence du Barométre d'une ligne pour quinze toifes & demi. Or c'étoit là une conclufion manifeftement fauffe. Il faut donc que l'augmentation de la gravité de l'air ait été la caufe de cette différente hauteur du Barometre. Le Thermométre nous marqua la chaleur de trois degrés au deffous du Tempéré. Quoique la Caverne des Zoolithes foit à beaucoup près plus profonde, & que par confequent on y foit plus proche de la region fouterraine, où la chaleur refte tout à fait égale, le Thermométre n'y a toujours été qu'à deux degrés au def-fus du point de congélation. Il faut donc que dans cette caverne là les vapeurs ayent rafrai-chi l'air à ce point, En coulant le Thermométre dans ces gouffres nous avons trouvé que leur profondeur étoit de 40. pieds. L'inftrument même étoit dans un étui, auquel il y avoit une foupape qui s'ouvroit auffi-tôt que l'etui touchoit le fol, & qui fe refermoit lorfqu'on reti-roit l'inftrument avec la corde, & cela pour donner la libre entrée à l'air d'en bas, & pour empecher que la hauteur du mercure ne fut pas changée par l'air d'en haut. A travers une vitre enchaffée dans l'etui on pouvoit obferver les degrés fans l'ouvrir. C'eft de cette ma-niere que j'ai trouvé la chaleur de ces cavernes de deux degrés au deffous du Tempéré.

Cependant nous étions curieux de voir auffi un peu l'interieur de ce gouffre; mais les bougies que nous y avons coulées, n'ont pas donné affez de clarté pour cela, jufqu'à ce qu'à la fin nous avons jetté dans ces abîmes du papier ciré & allumé. Il s'en fit une illumination très belle, qui nous fit voir avec furprife que ces cavernes étoient auffi fpacieufes que celles de deffus. Il me fembloit de voir plufieurs cavernes qui tenoient l'une à l'autre, car on voyoit des féparations comme celles d'une grande maifon, où il y a une enfilade de chambres, de maniere que de l'une on a toutes les autres en perfpective.

De cette caverne étroite on defcend on degré pour entrer dans la huitieme, qui a 50. pieds de long, & qui eft un gouffre effroyable devant lequel la Nature a tiré un très beau ri-deau qui pend de la voute. C'eft une ftalactite blanche comme le plus beau linge, qui repre-fente très exactement un rideau pliffé & trouffé. On voit qu'il s'étoit même formé au milieu une houppe, mais qu'on a mal à propos abatuë. La caverne même, outre les ftalactites & le coup d'oeil effroyable, ne prefente rien de remarquable, excepté une niche, parmi les fta-lactites de laquelle il y en a une qui refonne comme une cloche. On eft ici à l'extremité de la caverne, & une corde tirée d'ici jufqu'à l'entrée a 350. pieds de longueur. Si l'on mefuroit ces cavernes toutes les fois fuivant leur fituation, de l'entrée jufqu'à l'iffuë, & par confequent auffi leurs différentes inflexions, on auroit furement cinquante pieds de plus, & dans une fen-te, où il faut auffi compter l'obliquité du terrein & fa pente, fur laquelle une corde paffe pour-tant en ligne droite, la dimenfion feroit bien encore plus grande.

Cependant on croit avoir fait un voyage fouterrain de deux lieties. Il eft particulier que ces grottes paroiffent à l'oeil d'une grandeur extraordinaire. Après les avoir mefurées on croit s'être trompé de la moitié. La prunelle fe dilate beaucoup dans ces ténébres & nous favons que cette dilatation fait paroitre les objets plus grands; je crois donc que c'eft là la caufe de cette fallace optique. Je trouve que c'eft quelque chofe d'ordinaire que l'obfcurité

des

des lieux fouterrains trompe la vuĕ. MERIAN dit dans fa Topographie que la Grotte de Baumann a plufieurs centaines de pas de longueur. RZACZYNSKI dit que les mines de fel de We-
liczka en Pologne ont trois lieuës de profondeur. Il y faut defcendre, dit-il, fur 80. échelles,
chacune de huit aunes de longueur. Comment cela peut-il faire trois lieues? Quand même
nous comptons l'aune pour trois pieds, il n'en refulte que 1920. pieds, à peine la diftance d'un
quart de lieuĕ, fi l'on compte un mille d'Allemagne pour 22824. pieds de Paris. C'eft ce qui
me fait fuppofer qu'il n'y a pas une grande différence entre la Grotte de Baumann & la Belle
Pierre.

Au lieu qu'on voit là des orgues, un Baptiftére, un cheval & des timbales, je pourrois
faire voir ici mille autres jeux de l'imagination; & les defcriptions récentes de Mr. le Pafteur
LESSER ont beaucoup rabaiffé toutes ces beautés. En faifant le calcul fuivant le deffein inféré
dans les Act. Eruditor., il en refulte une longueur de quatre vingt toifes; or on y a bien ajouté
que ce deffein étoit fait en comptant une toife pour fept pieds, mais on n'a pas déterminé précifément la longueur d'un pied. Si l'on prend le pied decimal de Leipzic, ou celui de Calen-
berg, la dimenfion même fera très différente. Cependant c'eft quelque chofe de particulier
que les Zoolithes de Gailenreuth reffemblent aux repréfentations que KUNDMANN donne de
celles de la Grotte de Baumann, mais il s'en faut beaucoup qu'on y trouve, comme dans les
Cavernes de Gailenreuth, huit efpèces différentes d'animaux. Le roc même dont le creux
forme la caverne nommée la Belle Pierre, eft une pierre calcaire paitrie d'un fable métallique.
Cependant les matieres auffi hétérogénes, dont cette pierre eft compofée, n'empechent pas,
qu'en la brulant, on n'en faffe une chaux groffiere. Je crois en avoir affez dit au fujet de la
Belle Pierre; à peu près à cent pas de là il y a fur la même montagne une autre caverne nommée la Pierre de Fontaine (*Bronnenftein*) qui renferme beaucoup de chofes remarquables.

Le Bronnenftein.

Du côté du Nord de cette même montagne, qui d'ailleurs eft affez creufe par la caverne
nommée la Belle Pierre, fe trouve vers l'Orient l'entrée de cette caverne-ci nommée le Bronnenftein. Qu'on aille vers cette caverne du côté de Muggendorf ou du Heidenftadt, il faut
toujours paffer le chemin le plus penible & franchir les buiffons les plus touffus. Cette caverne a une double entrée. Dans un roc de la hauteur de 30. pieds, & que la décompofition
produite par l'air a évafé d'une façon fingulierè, il y a une ouverture de trois pieds & demi de
hauteur, & dont la bafe a feize pieds de largeur. Elle eft arrondie en forme de demi-cercle,
& l'on paffe par là dans une caverne affez fpacieufe, qui pourroit avoir 30. pieds de largeur fur
dix de hauteur & cent de longueur. A l'extrémité de cette caverne la clarté du jour fait voir
une ouverture. C'eft là la feconde entrée du Bronnenftein, qui eft née de l'écroulement de
quelques petits rochers, qui par là ont laiffé un trou d'un pied & demi de longueur & de trois
pieds de largeur, de forte que ces deux ouvertures fe trouvent aux deux extremités du Diamétre tranfverfal de la caverne. L'entrée par cette derniere ouverture eft penible, puifqu'on eft
obligé de fe couler de la hauteur de fix pieds. Un œil attentif trouvera très remarquables les rochers
écroulés qui fe trouvent hors de cette caverne. Ils femblent avoir formé de petites montagnes,
tant ce côté de la montagne du Bronnenftein eft couvèrt de pareils fragmens, principalement vers l'Orient. Mais on ne voit plus les grands rocs dont ces petits morceaux ont été féparés; on ne peut donc pas fuppofer que des tremblemens de terre arrivés dans un tems
moins ancien aient caufé cette deftruction; je crois plûtôt que la Cataftrophe de nôtre Globe,
dont j'ai fait mention plufieurs fois, a auffi laiffé ici ces debris des anciens fondemens de la
terre.

Dans le veftibule du Bronnenftein, qui effectivement eft à beaucoup près plus grand
que les cavernes principales, on ne trouve rien de particulier. Il confifte en plufieurs arcades
que la Nature a formées. Aiant paffé fous ces arcades on va vers l'Occident fous une voute
très finguliere & on vient à la fin à un trou qui fe trouve d'un pied & demi au deffus du niveau

Cc 2

du

du fol. La bafe du trou n'a pas à peu près trois pieds de largeur, & on a bien de la peine à le franchir. Alors il faut paffer par un chemin très fombre de quarante pieds de long. La montagne fenduë prefente des creux effroyables, dans lefquels les fragmens enduits de ftalactites font fufpendus, de forte qu'il faut paffer tantôt en rampant tantôt en fe baiffant, par un conduit de deux, quatre à fix pieds de hauteur. A côté il y a des niches fort nettes. Le fuc lapidifique les a bien embellies, & en a garni les parois de Cardaffes, de pampres & de mille autres décorations.

On arrive à la fin à cet endroit qui a excité la curiofité à franchir tous ces détroits. C'eft une caverne des plus nettes de toutes ces montagnes. Elle a 28. pieds de longueur & huit à dix pieds de hauteur. Sa plus grande largeur eft de 13. pieds, mais à l'entrée & à l'extremité elle fe retrécit jufqu' à quatre ou fix pieds. La voute eft appuyée par devant fur un pilier de ftalactite, mais au lieu du fol il y a là de l'eau. Cette eau couvre toute la bafe de la caverne, & en plufieurs endroits, principalement vers l'extremité de la caverne, elle a deux ou trois pieds de profondeur. Il n'y a pas le moindre veftige de quelque fource, ce n'eft uniquement que l'eau, qui découle des ftalactites de ces rochers, qui entretient cette citerne. Je ne crois pas qu'on puiffe obferver dans la Nature un changement plus vite de cet élement, & cela dans des endroits auffi proches les uns des autres, que celui qui fe fait dans ces cavernes. Cette eau changée en une pierre très dure eft fufpendue à la voute; le refte découle auffi clair que le criftal. Elle forme donc à une hauteur de cinq ou fix pieds une voute d'airain, & à très peu de diftance la pierre, qui forme en haut la montagne, fert en bas à abbreuver les ani-maux. C'eft veritablement une pierre potable, un rocher fluide. La confideration de pareil-les fontaines fouterraines femble en général pouvoir fervir à expliquer plufieurs phénomé-nes dans l'Hiftoire naturelle.

Ce qu'il y a encore de particulier dans notre Grotte c'eft que la Nature a creufé à côté dans le roc une niche fort nette, devant laquelle l'eau ftalactitique a formé un baffin. Un bord élevé de la terre de cinq à fix pouces entoure cette niche à la longueur de huit pieds, précifement de la même maniere que l'art place les baffins devant les fontaines pour recevoir les eaux qui jailliffent de la muraille. Ce bord de l'épaiffeur de quatre pouces va d'un côté de la niche à l'autre, & ce baffin ou ce lavoir contient toujours de l'eau d'un pied de profon-deur. Il eft évafé auffi conformément à la fituation qu'il pourroit fervir de modele. A côté l'eau ftalactitique a formé une cafcade de quelques degrés, qui femble verfer fon eau dans le baffin. Elle reprefente très naturellement l'écume d'une chûte d'eau, & elle s'accorde tant avec le refte, que, s'il étoit poffible de transporter cette Grotte telle qu'elle eft, dans le jardin d'un Prince, elle pafferoit furement pour un jet d'eau très regulierement conftruit. Tout ce qu'il y a c'eft qu'il eft difficile à comprendre comment l'eau ftalactitique a pû former de pareils vafes. On voit au bord élevé de ces baffins, comment l'eau, en découlant, y a depofé une couche très mince fur l'autre, mais je ne comprends pas comment par là a pû naître un bord fi nettement évafé en arc, de l'épaiffeur de quatre pouces, & qui dans cette épaiffeur s'éleve perpendiculairement du fol, ni comment du côté interne de ce bord il a pû refter la concavité pour former un baffin, ou comment ce bord même a pû fe joindre aux deux côtés de la niche, vû qu' ordinairement l'eau imprégnée de particules pierreufes, en coulant fur des furfaces unies, n'y laiffe que des incruftations planes, qu'elle remplit toutes également de la matiere pierreufe qu'elle dépofe. Il faut bien qu'il y ait eu ici des caufes par-ticulieres. Car après cette caverne il y en a une autre qui renferme auffi un baffin tout à fait reffemblant à celui de la premiere. Il me faudroit exactement repeter ce que je viens de dire, fi je voulois donner une defcription de ce fecond lavoir & de la Grotte dans laquelle il fe trouve. Audeffus du baffin il y a de même une niche. Le bord va d'un côté à l'autre, & renferme exactement la concavité; il eft auffi élevé du fol de 6. à 8. pouces, & reffemble tout à fait au premier.

Cette

Cette eau pierreufe merite d'être examinée plus exactement. Les habitans, en labourant la terre, boivent de l'eau du Bronnenstein, fans en fentir le moindre mal. Les couches caffées qu'on voit dans la caverne même prouvent affez combien fouvent on y eft venu pour chercher de l'eau. J'ai trouvé cette eau très bonne & d'une douceur extraordinaire. Dans l'Hydrologie de Mr. Cartheufer elle eft de raifon comptée parmi les eaux infipides, & perfonne n'y trouvera quelque acide, comme quelques Naturaliftes l'ont pretendu. Mais il y a toujours quelque différence entre l'eau qu'on appelle *aqua tophacea incruftans* & l'eau ftalactitique. La divifion qu'on trouve dans les nouveaux Ouvrages entre l'eau tufeufe incruftante & l'eau tufeufe ftalactitique n'eft pas jufte. De la premiere nait le tuf & de la derniere naiffent les ftalactites, productions très différentes. On ne trouve jamais dans toutes ces cavernes un brin de bois qui foit incrufté de cette eau ftalactitique. Il y a dans les cavernes, où cette eau découle beaucoup de morceaux de bois, mais ils fe putréfient plûtôt que le plus petit éclat n'en foit incruflé. En revanche on voit en différens endroits de ces cavernes que les charbons font bientôt enveloppés dans cette matiere ftalactitique. Les os d'animaux en font les plus fufceptibles.

On aura de la peine à trouver fur la furface de la terre une eau plus pure & moins chargée de particules hétérogénes. Une livre de cette eau n'a laiffé après l'évaporation qu'un grain & demi d'une terre calcaire, tandis que nous en avons fouvent le fextuple & l'octuple dans les eaux qu'on pretend d'ailleurs etre très bonnes. Outre cela il n'y a rien de métallique, ce qui prouve que ces montagnes n'en renferment rien. L'huile de tartre faite par defaillance n'y fait point de précipitation en vingt-quatre heures. Le Syrop de Violette a à peine pris en deux ou trois heures une couleur verdatre. L'acide vitriolique n'y a produit aucune effervefcence. L'admixtion de l'acide nitreux n'a fait voir après quelques heures de tems que très peu de perles adhérantes au bord du verre. L'acide du fel commun & le vinaigre diftillé ont effectue la même chofe & rien de plus. La matiere ftalactitique contenue dans cette eau en fi petite quantité, a déja ici, étant fluide, les mêmes propriétes qu'elle a lorsque l'exficcation lui a donné la dureté d'un marbre. Des Oftéolithes renfermés dans ces montagnes il ne s'eft rien du tout n été avec ces eaux. Le Mercure fublimé corrofif ne fait pas une précipitation orangée, & le Mercure fublimé doux n'en noircit pas. L'eau ftalactitique, s'étant évaporée par la coction jufqu' affez près de l'exficcation, expulfe, par l'admixtion du fel armoniac commun, fon alkali volatil; auffi l'huile de tartre faite par defaillance, mêlée avec de l'eau, n'a jamais plus donné par l'évaporation un fel cauftique. On ne trouve dans nôtre eau ftalactitique rien d'hétérogéne qu'une petite quantité de terre calcaire pure. J'aurois de la peine à croire qu'en automne ou en hiver, où cette eau découle plus copieufement, il y eut quelque différence. Elle pénétre alors plus vitement à travers les rochers calcaires, elle entraine donc probablement moins de particules hétérogénes.

J'ai même trouvé dans les eaux de cette caverne des créatures vivantes, c'eft à dire le lezard de l'eau commune. L'explication d'un phénoméne affez difficile dans l'hiftoire naturelle ne deviendroit-elle pas par là plus facile?

Sur les montagnes éloignées d'Erlang de fix lieuës vers l'Orient les fontaines, & en général l'eau font affez rares en plufieurs endroits. On trouve des contrées où les habitans font obligés de fe contenter d'eau de pluye. On fe donne donc bien de la peine à découvrir de l'eau dans le fein de la terre. En fouillant on rencontre fouvent d'abord au deffous du terreau une couche de vingt à trente pieds d'épaiffeur d'une pierre calcaire ou d'un marbre peu compacte qui s'étend dans toute cette contrée. On ne peut pas la percer qu'en la faifant fauter avec de la poudre à canon. Mais c'eft alors qu'on voit une marque plus affurée, qui fait connoitre qu'on trouvera bientôt des veines d'eau. Ce font les falamandres ou les lezards d'eau qui fouvent dans une profondeur de 40. à 50. pieds fortent des fentes du rocher. On dira qu'ils y tombent d'en haut. J'étois du même fentiment, mais j'ai vû à l'œil le contraire. Ces animaux vivent effectivement renfermés dans les petites cavités du rocher. Suppofons que dans l'interieur de ces montagnes il y ait des cavernes. L'eau ftalactitique y fait de petits lacs fou-

D d

terrains,

terrains, comme en eſt un celui du Bronnenſtein. Les animaux aquatiques peuvent y entrer à travers les fentes exterieures du rocher. Leurs oeufs ou bien eux mêmes peuvent y paſſer par les veines d'eau nées de ces ſources. Combien ſouvent ne peut-il pas arriver que, lorſque l'affluence eſt plus abondante, non ſeulement le creux d'une pareille veine ſe rempliſſe d'eau, mais auſſi que cette eau s'arrête juſques dans les petites fentes d'en haut. C'eſt de cette maniere qu'une pareille créature pourroit ſe trouver dans l'interieur d'une pierre la plus compacte. On ſait que l'humidité ſeule ſuffit pour faire vivre ces animaux; on ne ſait pas moins que l'eau lapidifique referme les fentes des rochers. Il ſe peut par conſequent que les lezards ſoient ſoient renfermés dans des rochers bien avant dans le ſein de la terre, comme l'experience le prouve aſſez dans ces contrées. Il eſt aiſé de comprendre par là comment on a trouvé quelquefois des crapauds vivans dans l'interieur des grands blocs de marbre qu'on a ſciés; quoique ce ſoit toujours une grande rareté. Mais les poiſſons qui ſur le chemin de Muggendorf à Gailenreuth ſortent des montagnes mêmes prouvent aſſez combien il eſt facile aux animaux aquatiques de vivre ſous les montagnes.

Il y a au pied d'une montagne un lac dont l'eau eſt auſſi haute que ſa ſurface touche le bord ſuperieur de l'ouverture par laquelle elle ſort. Les truites viennent de l'interieur de la montagne pour entrer dans ce baſſin, & elles ſe retirent très vitement dans les lacs ſouterrains. Je pourrois même nommer des contrées, où les eaux ont ſouvent, en ſortant ſubitement de ces montagnes, pouſſé & jetté à ſec des centaines de ces poiſſons.

Mais je vois en même tems comment la conſideration du Bronnenſtein peût auſſi ſervir à expliquer l'origine de ces fameuſes fontaines périodiques qui prediſent la famine & qui expulſent principalement des poiſſons.

Sur toutes ces montagnes il y a des fontaines dont l'écoulement annonce une diſette, c'eſt un phénoméne que l'experience ne permet pas de revoquer en doute. Dans quelques endroits les eaux ſourdiſſent ſouvent ſubitement de la plaine, & on eſt obligé de les dériver vû qu'elles coulent de tems en tems auſſi abondamment, qu'elles ſuffiroient pour tourner un moulin. Dans d'autres contrées elles ſortent des anciennes fentes des montagnes, deſquelles il n'eſt pas ſorti une goutte depuis un âge d'homme. Quelquefois ces eaux jettent auſſi dehors des truites. Elles ſont toutes noires, & l'on y voit aſſez qu'elles ont pris leur naiſſance dans un endroit où il n'y a point de lumiere qui donne aux créatures quelque coloris. La diſette ſera grande à meſure que ces fontaines périodiques coulent longtems. Ces anciennes experiences que la tradition a propagées du pere au fils, mettent les paiſans en état de déterminer même le prix des vivres ſuivant la longueur de l'ecoulement de ces fontaines. Elles ont coulé les dernieres années pendant quelques mois, & comme cet eſpace de tems ſurpaſſe tout ce qu'on a obſervé à l'égard de ces fontaines depuis quelques ſiecles, on a déjà, dans le milieu de l'an 1769. d'ailleurs très fertile, craint dans ces contrées une diſette extraordinaire. Il y a dans ces montagnes, à ce que ſai, des cavernes ſpacieuſes. Nous voyons par les petites cavernes du Bronnenſtein, que la ſeule eau, qui découle, peut s'amaſſer dans des cavernes plus grandes & former de veritables lacs. Je ſuppoſe qu'un tems très humide, ou un hiver très pluvieux, ou une pluye trop longue, ou le changement des eaux ſouterraines mêmes peut cauſer une diſette; l'affluence plus abondante ne fera-t-elle pas conſiderablement monter ces lacs? L'eau monte ainſi juſqu'aux ouvertures des conduits, qui s'étendent ſouvent fort loin à travers les montagnes, ou qui ſous le terreau s'inclinent dans les valées. Il faut donc que les fontaines périodiques, qui dans un autre tems demeurent à ſec, commencent à couler. Elles doivent annoncer la ſterilité cauſée par le tems pluvieux, & cela ſouvent avant que les bleds gâtés ne ſoient moiſſonnés, ou même elles annoncent la ſterilité qui ne ſuit qu'un an après, vû que la proviſion de l'année paſſée peut empecher la diſette, juſqu'à ce que le terroir, que l'abondance des pluyes a rendu ſterile, donne l'année ſuivante une mauvaiſe racolte ſuivie d'une diſette. On peut auſſi, en conférant enſemble pluſieurs experiences, très juſtement determiner le prix des vivres par la longueur du tems que ces fontaines coulent. Car à meſure que le tems eſt pluvieux, la diſette ſera grande, & à meſure de l'humidité

midité du tems, l'écoulement de ces fontaines dure plus ou moins longtems. On pourroit mettre à profit ce phénoméne pour le bien public comme l'on fait en Egypte du Nilométre. Mais fi ces fontaines peuvent auffi annoncer une difette qui provient de la fechereffe du tems, c'eft fur quoi il faut encore faire des obfervations. La chofe ne feroit pas tout à fait impoffible. Lorfque la chaleur deffèche trop la furface des montagnes, ou que la chaleur fouterraine qui influe furement plus fur la fechereffe & l'humidité du tems, qu'on ne l'a crû jufqu'ici, s'éleve plus vers la périphérie, les vapeurs renfermées dans les cavernes doivent neceffairement monter & par confequent s'amaffer en plus grande quantité dans les montagnes. Par là les eaux fouterraines montent, & atteignent les fyphons qui fe trouvent plus haut, & les fontaines commencent à couler; elles peuvent donc auffi annoncer une fterilité qui provient de la fechereffe, ou en général d'un changement qui s'eft fait dans l'interieur de la terre.

Il y a encore dans le Bronnenftein quelque chofe de particulier. La longueur de cette caverne eft depuis l'entrée jufqu'à l'extremité de l'os pieds. Si l'on y ajoute le veftibule transverfales, on aura cent pieds de plus de longueur. Affez près de l'entrée, là où le chemin eft fi étroit qu'on ne peut y paffer qu'en rampant, il y a du côté gauche une ouverture en haut, qui reffemble en tout à celle dont je viens de parler. Elle conduit dans un creux affez long, qui a à peine trois ou quatre pieds de largeur, & s'incline fucceffivement vers l'abîme. Mais après un petit degré, auprès duquel on arrive à la fin dans ce conduit qui ne s'élargit que fort peu par ci par là, on voit un creux ou, pour mieux dire, une fente effroyable qui de feize pieds de largeur paffe perpendiculairement à travers le rocher, de forte qu'on croiroit expofer la vie en y defcendant. Lorfqu'on eft paffé avec beaucoup de peine par ce creux on fe trouve dans une caverne dont la longueur eft de 60. pieds, la largeur de deux toifes & la plus grande hauteur de quinze pieds. Le fol eft tout couvert d'offemens. Dans les Grottes de Galenreuth il n'y avoit que des animaux inconnus, ici nous ne trouvons que des animaux terreftres indigénes. Ces os font en plus grande partie enduits d'une croûte ftalaétitique, ou bien couverts de morceaux de pierre qui ont été feparés du roc, & fous lesquels ils s'avancent un peu, d'autres prefentent des carcaffes très connoiffables. Le fquelette d'un blaireau a été en particulier très complet, & deux machoires du côté droit ont appartenu à des chiens de mediocre grandeur. Les pieds de devant d'un cochon, qu'on a trouvés, prouvent que quelques individus de cette efpèce d'animaux ont auffi peri dans ces cavernes. Il y avoit encore parmi ces offemens les pieds d'un cerf, ou dune biche, car on n'a point trouvé de bois. De petits os du pied étoient enveloppés dans les lames de la croûte ftalaétitique, formée par une criftallifation très nette. Il y avoit des côtes qui conviendroient à une jeune biche, des dents molaires qui reffemblent à celles d'un veau, deux machoires du côté droit d'un cerf & deux têtes de renards, qui s'étoient très bien confervées. Sur une machoire d'un cerf, que l'eau ftalaétitique avoit conglutinée avec la pierre fur laquelle elle étoit, il s'étoit formé une ftalaétite de quelques livres. Mais on ne pouvoit point du tout remarquer que ces os avoient été enchaffés dans le roc même. Il eft difficile d'expliquer comment des animaux de fi différentes efpèces ont pû être transportés dans ces cavernes. Le creux par lequel on entre dans cette Grotte a 76. pieds de longueur depuis l'entrée du Bronnenftein, & il eft trop étroit, pour qu'un cerf ou un autre animal de cette grandeur y puiffe paffer malgré toute la peine imaginable qu'il fe donneroit. Si l'on vouloit fuppofer quelque chofe d'impoffible, c'eft à dire que ces animaux y euffent été précipités d'en haut, il faudroit neceffairement que ces os fe trouvaffent affemblés dans un même endroit au deffous de la pente du gouffre, & non pas qu'ils fuffent difperfés dans toute la caverne auffi fpacieufe. Car une pareille chûte auroit été mortelle à tous ces animaux. Ils devroient donc fe trouver verticalement au deffous du creux qui va de haut en bas, & non pas, comme cela fe trouve effeétivement, être difperfés dans toute la caverne, ni être cachés fous les morceaux qui fe font feparés du roc. La fente du rocher eft auffi trop étroit pour qu'un animal de mediocre grandeur puiffe tomber par là. Tout à l'entour les parois de la caverne font toutes entieres, & je ne faurois dire par quel accident les créatures indigenes d'efpèces fi différentes ont pû être affemblés ici en fi grand nombre. Les os mêmes font parfaitement calcinés & par là ils reffemblent à l'yvoire foffile.

Dd 2

Le

Le fol. de nôtre caverne merite de même quelque attention. On voit parci par là un terroir noir, qu'on ne fauroit prendre que pour une production du feu. Le milieu du fol eft un peu élevé par une croûte ftalaêtitique. Sur cette colline il y a une place, qui a à peu près deux pieds de longueur & de largeur, & qui eft confiderablement plus chau de que le refte de la pierre. En y mettant la main on fent facilement cette chaleur. Lorfque nous fimes à deffein cet effai un mois après, nous avons de même trouvé cette place beaucoup plus chaude que le refte du fol. Peut-être y a-t-il un feu fouterrain, peût-être eft-ce la chaleur d'une fontaine chaude qui pénétre? Si en quelque tems on trouvoit que cette chaleur fût conftante, ce feroit furement la peine de percer le fol avec une tarriere. En cas que le Créateur eût pourvû ces montagnes de thermes, il ne feroit pas difficile, en perçant la montagne, de les deriver à jour.

Je fais encore une petite digreffion. Dans cet Ouvrage j'ai fait plufieurs fois mention des ftalaêtites, dont la repetition du nom même pourroit ennuyer. Cependant je prends les ftalaêtites pour des productions admirables & très utiles. Ces Hydrolithes forment par la longueur du tems des maffes & des figures fi différentes, que l'hiftoire de leur metamorphofe merite d'être examinée plus exaêtement. Le Chymifte en fait un Spath, une terre, un gypfe, une fubftance calcaire, tout comme il le juge à propos; on voit les ftalaêtites fe décompofer en farine foffile, nous y trouvons l'origine des fontaines, desquelles à ce qu'on dit, il coule du lait; elles peuvent fervir à l'explication de plufieurs phénémenes. Ce font les ftalaêtites qui referment les fentes dans les fondemens de la terre, & fans cette reparation journaliere nous ferions moins à l'abri des chûtes de terre. C'eft donc de raifon que plufieurs Naturaliftes ont fait des recherces fur l'origine & la fubftance de ces pierres. Mais elles ont cela de particulier que dans chaque païs elles font d'une efpèce différente. Il ne fera donc pas hors de propos d'examiner un peu, d'après les regles de la Chymie, les ftalaêtites de nos païs, telles qu'elles fe trouvent dans ces cavernes.

Les ftalaêtites que nos contrées fouurniffent, doivent être partagées en deux fortes. On en trouve dans les Cavernes des Zoolithes une très grande quantité, que je prends pour la premiere efpèce. Comme ces ftalaêtites renferment fouvent des os, & que l'eau qui les a en gendrées, coule à travers les couches d'Oftéolithes, il faut bien que leur fubftance différe de celle des autres. Je nomme donc ftalaêtites pures celles qui font nées dans les Cavernes qui ne renferment point d'Oftéolithes. J'en fais la feconde efpèce, & j'ai fait à leur fujet les obfervations fuivantes: Elles font à beaucoup près plus pures que celles qu'on tire des montagnes de la Suiffe. Nous en avons dans ces Cavernes d'auffi blanches que l'albâtre, & presque plus transparentes que les Cailloux. Elles prennent un fort beau poli, où le grand nombre de couches très fines, ou plûtôt le tiffu feuilleté fe prefente fort nettement. Il eft presqne inconcevable combien fermement la Nature a reüni la terre calcaire qui a été diffoute jusqu'à la transparence la plus claire; ou eft-ce que la diffolution faite jusques aux particules primitives contribue à expliquer d'autant plus facilement la dureté de ces pierres?

L'acide vitriolique ne diffout pas nos ftalaêtites. Lorfqu'on le verfe deffus, il fe fait bien une efferveſcence violente, mais il fe paffe quelques femaines, après lefquelles on peut bien retirer tout l'acide qu'on y a verfé, fans que la ftalaêtite foit diffoute. Ce n'eft que quelqne ubftance gypfeufe qui s'eft précipitée au fond après quelques jours. Il faut donc beaucoup de tems pour que le fpath ou la pierre calcaire fe change en gypfe ou en félénite. L'acide nitreux opére tout autrement fur ces productions; il en diffout tres vitement des portions confiderables au point que l'efferveſcence les empeche de tomber à fond. Lorfque l'on évapore le précipité il en nait, comme de la pierre calcaire commune, une efpèce de fel amer. Qu'on diffolve encore ce fel dans de l'eau, qu'on y verfe de l'huile de tartre, & il fe précipitera une terre fpathique. L'acide dn fel commun opére avec la même force fur ces ftalaêtites. La diffolution étant cuite, fournit un magma qui reffemble beaucoup au fel armoniacfixe.

Nous n'avons pas moins effagé la vertu diffolvante de l'eau fur ces pierres. Elles doivent leur origine à cet élement, & il faut qu'il opére avec beaucoup de force fur les rocs caicalcaires, puisqu'il en emporte autant de particules, qui en se déposant, font naître des montagnes entieres. Nous avons donc concassé une livre de stalactites, & après en avoir soigneusement separé tout ce qu'il y avoit de farineux, nous l'avons fait bouillir très fortement dans une livre & demie d'eau de pluie très pure, pour voir combien il en seroit dissout. Mais nous fumes bien surpris de ne trouver, après l'évaporation de l'eau qui avoit été filtrée auparavant, qu'un seul grain de terre calcaire. L'eau, dont l'activité étoit tant exaitée par le bouillonement, a agi sur des surfaces innombrables de la stalactite concassée, & n'en a dissout que si peu. La Nature qui confond toujours l'art, comment s'y prend-t-elle, lorsque dans des endroits, où cette eau découle du rocher, elle fait naitre en vingt quatre heures de tems cinquante quatre grains de terre calcaire sur une surface d'un diametre d'à peine de deux lignes, c'est à dire sur la surface à laquelle la goûte est suspendue en découlant, sans employer le feu, pour rendre plus actives les forces des corps fluides, sans creuser dans plusieurs siecles le roc, ou seulement la petite surface de laquelle l'eau découle, qui a emporté & charrié les stalactites qui font entassées sur le sol comme des montagnes. Comment opérent ici les forces admirables que le Créateur a mises dans la Nature? Ses opérations les plus simples & les plus lentes surpassent tout ce que nous croyons pouvoir effectuer par la plus grande industrie. Qui s'avisera jamais de vouloir faire de l'or, la production la plus parfaite de la Nature, tandis que c'est déjà un des plus grands artifices que de faire des stalactites.

La distillation n'a pas prise sur ces pierres. D'une demi-livre mêlée avec deux onces d'huile de Vitriol & quatre onces d'eau commune, il n'est pas distillé dans le recipient aucun acide ni aucune autre matiere hétérogéne. L'eau qu'on en a retirée, n'a pas plus altéré la couleur du Syrop de Violette que ne fait toute eau distillée. Elle n'a pas fait plus d'effet sur le bois de Bresil. Mais lorsque l'on verse sur le residu autant d'esprit de Nitre qu'il faut, il en reste une quantité considerable de matiere gypseuse, qui après l'édulcoration, l'exsiccation & la coction ordinaire donne un gypse qui se durcit tout comme le gypse naturel.

Par la calcination de ces pierres il nait la chaux la plus pure. Elle est caustique au point que si on la touche là où elle s'est refroidie, des levres un tant soit peu humides, on en a un sentiment très vif. Cette douleur m'a paru semblable au sentiment que produit un très violent coup électrique. On ne découvre rien d'inflammable lorsque l'on jette une stalactite dans du Nitre fondu. D'ailleurs les stalactites calcinées n'ont point subi d'autre changement, étant mêlées avec le Mercure sublimé doux, avec le Mercure sublimé corrosif, & avec l'Alkali fixe végétal, que ne subit toute autre chaux bien pure. Toutes ces experiences prouvent assez, que nos stalactites font composées des mêmes particules qui constituent la matiere primitive d'une chaux pure ou d'un spath calcaire.

Il y a encore, comme je l'ai dit plus haut, une autre espèce de stalactites dans la Grotte des Zoólithes. Elles renferment souvent, comme je l'ai dit de même, des Ostéolithes; ces concrétions font enduites de stalactites & il n'est pas rare d'y trouver entremêlés des morceaux de stalactite solide. Ceux-ci se dissolvent facilement dans l'acide nitreux; mais on remarque aussi dans la dissolution quelque substance gelatineuse. C'est une preuve que l'eau, dont ces stalactites font nées, a dissout & insinué dans ces pierres des parties animales des Ostéolithes. La calcination les change de même en chaux. Mais l'eau de ces stalactites a cela de particulier que, lorsqu'il s'y est fait une précipitation par le Mercure sublimé corrosif, la surface se couvre d'une pellicule fine couleur de pourpre, ce qui prouve encore, à ce qu'il me semble, l'origine animale. Si une pareille concrétion est pulverisée, & que l'on y met de l'alkali avec la couleur de cailloux, il en nait un verre couleur de lait. On retire le même verre du spath calcaire & des cailloux sans y ajouter de l'alkali. Cette experience sert donc aussi à prouver l'origine animale. Le verre qu'on a obtenu de cette maniere de ces concrétions, attire l'humidité de l'air & se décompose. Le Créateur a déterminé la matiere primitive des animaux d'une maniere immuable; ni l'art, ni le tems, ni la Nature n'en peuvent changer ou détruire l'essentiel, ni même le rendre invisible. La vertu lapidifique de la Nature même ne

E e

suffit

suffit pas pour le tirer entierement du test d'une petite coquille dans l'espace de quelques milliers d'années. La moindre prééminence de l'homme, c'est à dire, celle d'être animal, sert donc à prouver son incorruptibilité. Je passe à la description des autres Grottes.

Le hole Berg.
(LA MONTAGNE CREUSE)

Les cavernes dont il y en a encore plusieurs dans ces contrées, ne meritent pas moins d'être considerées avec attention. La Montagne Creuse en particulier me semble devoir être comptée parmi les choses remarquables qui se trouvent dans le Marggraviat de Bareith ; car ni les Sudettes, ni le Harz, ni les Alpes de la Suisse, & j'ose bien dire aucune montagne de l'Allemagne ne contiennent une caverne qui puisse être comparée avec celle-ci.

Elle se trouve dans le sommet de la plus haute montagne de cette contrée. J'ai trouvé au pied de la montagne très brusque, ou pour mieux dire, à Muggendorf même, le 1er d'Octobre en 1771. le soir à 4. heures la hauteur du Baromètre de 27. pouces une ligne & demie ; devant l'entrée de la caverne même la hauteur étoit de 26. pouces huit lignes. Au dessus de cette caverne, sur la cime de la montagne le Baromètre n'étoit qu'à 26. pouces 6. lignes & trois quarts. L'air qui le matin & le soir se condense & se rarefie beaucoup dans une valée aussi étroite, & qui surement ne reste pas une heure dans le même état, y fait un grand changement, de sorte qu'il faut bien de la circonspection & un appareil plus grand que je n'ai pû employer alors, pour observer ou mesurer exactement la hauteur de ces montagnes.

Je ne crois pas que ces cavernes & ces montagnes soient nées par une inondation plus récente que celle qui a effectué la Catastrophe universelle de nôtre Globe. Car dans un païs où, à la distance de plusieurs milles, il n'y a que des rivieres très médiocres, il n'est pas possible que les inondations montent à une pareille hauteur. Aussi leur situation fait conjecturer une origine toute différente. Mais il faut premierement expliquer ce que c'est que la montagne creuse. Une enfilade de huit à dix cavernes fort nettes forme une voute de deux cent pieds de longueur, pui passe à travers toute la montagne.

C'est là la seule grotte où il y ait une issuë. On y entre assez près de la cime de la montagne sur une pente très brusque & on en sort de l'autre côté à un endroit encore plus escarpé, de sorte que le chemin perce horisontalement tout le sommet de la montagne. Ce ne sont surement pas les hommes qui ont fait ce passage, comme nous le verrons dans la suite.

Il s'éleve du dos de la montagne un très grand rocher de la largeur de 60. & de la hauteur de 18. pieds, dont la face est tournée d'un degré du Nord vers l'Est. Dans ce rocher il y a une entrée qui a douze pieds de hauteur, & la base la largeur de trente pieds, & qui est arquée de façon qu'en haut le rocher même avance considerablement au de là de la base de l'entrée. On voit que quelque violence, en écartant les pierres, a fait cette ouverture, qui est refermée à present à un passage près. On dit que cela s'est fait dans les tems passés lorsque les habitans de cette contrée se sont retirés ici pendant les dévastations de la guerre de trente ans. Le premier pas conduit d'abord dans une grande caverne qui a 55. pieds de largeur sur 35. de longueur ; la hauteur en est différente ; je l'ai trouvée en quelques endroits de 20. pieds. Il y a dans cette caverne deux bassins enchassés dans le roc, qu'on nomme les Lavoirs des Payens, puisque, suivant la tradition, les idolatres s'en servoient pour faire leurs Lustrations. Car on pretend que la caverne, qui se trouve tout près de celle-ci & qui porte le nom de Wizerloch, a été le siege de leurs oracles, & peût-être une école de Druydes. En faisant leurs Processions ils prenoient le chemin qui conduit du Temple de Muggendorf à la Montagne Creuse. De là ils passoient par le chemin souterrain pour venir au Wizerloch. Si d'après le coup d'œil d'à present, on s'imagine le desert affreux dans lequel ces cavernes étoient,

étoient, lorsque les forets étoient encore fi touffuës, il n'y a rien de plus·propre qu'un pareil endroit à infpirer à des ames ftupides un fentiment rude d'une devotion idolatre. Or dans les baffins de ces cavernes les Pélerins trouvoient de l'eau fouterraine, qu'ils préferoient, à ce que nous apprend l'étude des Antiquités, comme une eau fainte, pour faire leurs Luftrations. C'eft à dire au côté gauche de l'entrée il y a dans le roc une niche de huit pieds de hauteur & d'un pied & demi de largeur qui forme un baffin de 12. à 15. pouces, que j'ai trouvé en différent tems ou rempli d'eau ou vuide; le lavoir qui fe trouve tout près, reffemble affez à celui dont j'ai parlé plus haut.

Dans cette caverne, qui pourroit bien contenir 500. hommes, on voit trois entrées, c'eft à dire trois arcades que le hazard a formées, en laiffant le rocher en forme de deux piliers très forts. Le Portail du milieu a quinze pieds de largeur & quatorze de hauteur. Par celui du côté gauche, qui eft de la moitié plus étroit & plus bas on entre dans une grotte nettement ta-piffée de ftalactites. Je ne crains pas d'ennuyer mes Lecteurs en ne leur donnant que des dimen-fions de ces cavernes, vû que c'eft précifement ce que quelques uns d'entr'eux pourroient chercher, & qu'il eft neceffaire de les rapporter pour juger des forces qui ont fait naitre ces cavernes. Ici la hauteur augmente vers le milieu de la montagne. Il femble que l'interieur de ces montagnes s'eft affaiffé & a fait naitre ainfi ces cavernes. D'autres font les plus etroites à l'entrée & à l'extremité. Ne feroient-elles pas nées de ce que les rochers fe font fendus? C'eft fans doute de cette maniere qu'eft née la Belle Pierre. Or il faut une force inconcevable pour dechirer un rocher de 400. pieds de longueur & d'autant d'épaiffeur. La caverne latérale dont j'ai parlé plus haut, a treize pieds de hauteur fur dix de longueur & huit de largeur: la troifieme a vingt pieds de hauteur. On y entre par un trou de cinq pieds & demi de hauteur; elle eft fort baffe, large de 16. & longue de 13. pieds, & s'unit avec le conduit principal dans lequel on entre par le Portail du milieu. C'eft ici que la ftalactite forme les cafcades, telles que je les ai décrites plus haut. La feconde entrée de la premiere caverne du côté droit conduit vers une caverne qui a 15. pieds de hauteur. On eft effrayé de voir fufpendue au deffus de la tête cette maffe immenfe de rochers; mais outre cela on ne trouve ici rien de remarquable.

C'eft proprement l'entrée du milieu qui paffe à travers le fommet de la montagne. On feroit tenté de croire qu'on violent torrent venant du Sud, eût frayé ce paffage à travers la montagne. Vers le Sud il y a une ouverture très large, c'eft à dire, l'iffuë de la caverne. C'eft par ici, s'il eft permis de conjecturer, que les eaux font entrées par la fente de la mon-tagne écroulée. En fortant vers le Nord elles fe font partagées en trois bras, ou bien elles ont formé les trois entrées de la premiere caverne de la Montagne Creufe, & en fe joignant elles ont creufé le veftibule. Peût-être y avoit-il un gouffre qui entroit dans l'abîme. Le rocher même étant encore mol, a été creufé; il s'écrouloit, le refte tomboit, & c'eft ainfi qu' a pû naitre l'ouverture qui fert à prefent d'entrée. Les cavernes du milieu font fpacieufes. On paffe de la premiere dans une autre, dont on ne fauroit déterminer la hauteur. Elle pourroit bien être de 60. pieds. La caverne a 75. pieds de largeur & 40. pieds de longueur. Il y a fur le fol de très grandes pierres, qui fe font féparées de la voute, & des blocs encore plus ter-ribles y font encore fufpendus. Cependant la ftalactite empeche ici tout écroulement. Par devant le rocher pend jufqu' à fept pieds du fol. & forme un arc de la largeur de la premiere caverne. On paffe par là dans une autre à peu près de la même grandeur que la premiere. Elle a 60. pieds de largeur fur vingt pieds de longueur; la voute eft formée de fentes qui s'etré-ciffent, & de la moitié plus baffe que celle de la caverne précédente. Il y a encore à côté un trou peu confiderable. Un œil attentif obferve ici des ftalactites particulieres. Elles ne font pas nées par le découlement de l'eau de la voute, mais elles s'élevent du rocher même en forme de branches fingulieres, probablement par une efpèce de criftallifation & par l'admixtion d'un autre acide. En examinant ces Productions, dont il y en a auffi plufieurs dans les autres ca-vernes, j'ai toujours crû que ce n'étoit rien d'impoffible, que les Madrépores & les Millepores puffent auffi devoir leur origine aux eaux ftalactitiques. Les rochers de la mer ne pourroient-ils pas être creux? Ici les excrefcences femblables aux Coralloïdes fortent de la pierre à dé-couvert. Elles naiffent des fucs qui fuintent de l'interieur du roc le plus compacte. Cela ne pourroit - il pas arriver de même fur les rochers qui font au fond de la mer? Ou l'eau falée n'eft - elle pas plus favorable à la criftallifation que l'air qui eft dans les Cavernes? Les excreſcences ne peuvent - elles pas être là beaucoup plus branchuës? Cela ne pourroit - il pas faire naître des Millepores & d'autres Coralloïdes? Au moins il en pourroit bien être ainfi de ces efpèces qui, comme l'on voit à l'oeil, ne font pas nées de Kératophytes. Si, pour prouver le contraire, on vouloit s'en rapporter à la fubftance gelatineufe, qui refte après la diffolution des Coralloïdes, comme à une marque de leur origine animale, on pourroit repondre que les Polypes & d'autres vers, dont il y a une fi grande quantité fur les Coralloïdes, y ont laiffé, en rampant, cette fubftance gelatineufe, & que la pierre poreufe a attiré ce fuc animal jusques dans fon interieur. Cependant on auroit bien de la peine à prouver que ces matieres ne foient pas abfolument neceffaires aux Polypes pour en bâtir leur domicile. Au moins les difficultés qui reftent, font toujours égales, qu'on donne à ces Productions une origine animale ou végétale.

J'ajoute encore quelque mots au fujet de la Montagne Creufe. On paffe de la grotte précédente fous des arcades inégales, dont la bafe a 23. pieds de largeur, & dont la hauteur eft de fix à huit pieds. La caverne même à laquelle ces arcades mênent, eft un creux peu confiderable dans un roc très compacte. Etant paffé par quatre ou cinq grottes femblables à la premiere, mais tantôt un peu plus hautes, tantôt plus larges, tantôt creufées en rond, tantôt s'élévant en forme de fentes, mais qui n'ont jamais la dimenfion de la grotte du milieu, on fort de l'autre côté de la montagne. Cette iffue eft à peu près auffi grande & auffi large que l'entrée. On a auffi, par la raifon ci- deffus alleguée, fermé d'une muraille une partie de cette ouverture. Etant forti de ces gouffres obfcurs fouterrains, on eft agréablement furpris de fe trouver tout d'un coup fur une telle hauteur, de l'autre côté de la montagne, dans une toute nouvelle contrée, & en même tems dans un defert très fauvage.

Etant monté quelques pas fur la roche très efcarpée, où l'on rencontre encore une Caverne, mais qui n'eft d'aucune importance, on a en vuë la Caverne des Zoolithes de Gailenreuth, & l'on eft furpris de voir combien elle eft au deffous du niveau de la Montagne Creufe. Probablement c'eft là la raifon de ce qu'il y a là tant de quadrupèdes. Car ces créatures ont été ou enfoncées dans le fein de la terre par l'éboulement de ces montagnes, & c'eft ce qui a fait que ces montagnes fe font affaiffées, ou le gouffre le plus bas les a englouties le premier; mais pour entrer dans la Montagne Creufe, il auroit fallu que l'eau qui les a charriées, montat la montagne, & cependant les morceaux ifolés qu'on trouve ici, nous en prefentent pourtant des veftiges.

Il me faut encore faire mention ici de quelques reftes de l'ancien monde, qui appartiennent aux Regne des Pétrifications, & dont il y en a plufieurs dans ces contrées.

On connoit affez les mammelons d'ourfins de mer & de leurs efpèces. Dans les endroits, où il y a du Flins, on trouve auffi, mais moins copieufement qu'autrefois, les Echinites mamillaires tantôt grandes tantôt petites, tantôt en fragmens. Le teft eft rempli dans les unes d'une fubftance calcaire, dans les autres de pierre de corne. Les Echinites difcoïdes pourroient bien meriter d'être examinées de plus près. Parmi la grande quantité de pierres de cette contrée on trouve des plaques de pierre calcaire de différente grandeur, dont la furface porte des empreintes. Elles ont un pouce & quelque fois un pouce & demi, mais jamais plus, d'épaiffeur; les fragmens font d'une figure irreguliere, de trois pouces jusques à un pied de longueur & de largeur. Dans quelques fragmens on voit qu'ils ont, étant unis, conftitué une plaque ronde. A en juger par la figure de ces fragmens, il faut qu'une telle plaque circulaire ait eu fouvent un pied & demi de Diamétre. Les marques que la furface porte, font différentes. J'en ai obfervé cinq efpèces. La forte la plus commune a d'un côté des points qu'on diroit être faits avec un poinçon quarré émouffé. Les rangs de ces points ne font pas tout à fait droits. Ces petits creux font placés de maniere que, chaque point fe trouvant rangé près de l'autre, il en naît d'autres lignes transverfales qui croifent les premieres, & qui de même ne font ni trop droites ni trop regulieres. Dans la feconde efpèce, qui

appro-

approche le plus de la précédente, les empreintes font encore moins fymmétriques. Les points font à beaucoup près plus profonds; ils ne font plus quarrés, & il n'y a aucune regularité. Si dans une argille applatie on enfonçoit arbitralement, mais à une profondeur égale, tantôt un poinçon rond tantôt un poinçon angulaire à très peu de diftance, on auroit quelque chofe de reffemblant à cette forte d'Echinites difcoïdes. Dans la troifieme efpèce de ces fragmens tout cela eft en relief, ce qui eft enfoncé dans les autres, & l'empreinte de la premiere efpèce féroit précifement cette derniere. Il n'y a que cette différence que les mammelons quadrangulaires font un peu émouffés. Mais il faut remarquer que toutes ces efpèces ne font marquées que d'un côté. L'autre eft tout à fait plat & tel que le hazard le donne aux pierres. On a même trouvé de ce côté, fur plufieurs de ces fragmens, les empreintes des Produ&ions de la mer, comme de Térébratules & de très petites Cames. Je fuppofe que ce côté a été défiguré par les courbures qu'il a prifes fur d'autres corps. La quatrieme efpèce fe diftingue de toutes les précédentes. Ces pierres ont un demi - pouce d'épaiffeur, & elles font marquées des deux côtés. Il y a des rayes profondes de la longueur de deux ou trois lignes, dont la fuite forme des lignes qui paffent fur la furface de la pierre. Ces rayes font également éloignées les unes des autres. Le bord exterieur fait connoître que le total a été un corps rond, qui a été applati par quelque accident. Cette efpèce eft peût-être une Echinite ou le noyau d'un tel animal. Quant aux trois premieres efpèces il fera difficile de determiner ce qu'elles ont été originairement. Mr. WALLERIUS *) fait bien mention des Echinites applaties, & le mot latin: Echinodifci, dont il fe fert, fait bien connoître qu'il parle des corps femblables aux nôtres; mais le feul nom ne fuffit pas pour déterminer fi ce font précifement les mêmes. Mr. WALCH **) qui a fi bien merité du Regne des foffiles, dit au fujet des Catocyftes qu'elles reffemblent tantôt à une roue, tantôt à un difque; mais non obftant tout cela je ne vois pas comment on puiffe ranger ces Echinites parmi les Catocyftes, c'eft à dire parmi les Ourfins de mer qui ont l'anus à la bafe, vûque la furface inferieure n'eft pas plus marquée qu'une autre fimple fra&ure d'une pierre calcaire. Je ne faurois donner une autre defcription de la furface de la cinquieme efpèce que celle qu'elle reffemble à l'empreinte d'une peau écailleufe. Nous n'avons trouvé que des fragmens de deux pouces de longueur & de largeur. Mais les plus remarquables font les morceaux qui ont les impreffions d'un poinçon quarré, dont j'ai parlé plus haut, & qui n'ont que trois ou quatre lignes d'épaiffeur. Ils font contournés comme s'ils avoient renfermé un cylindre de trois pouces de Diamétre. Ne devroit - on pas prendre ces pierres pour toute autre chofe, que ce pour quoi on les a données? Peut - être font - ce les empreintes de la peau tuberculeufe de certains poiffons de mer, qu'ils y ont laiffées après y avoir été couchés. Dans tous les veritables Ourfins que nous avons, les lignes de leur gravure fe reüniffent vers le milieu du corps, au lieu qu'ici les lignes paffent fur la furface entiere de la pierre. Qu'on les trouve quelquefois en forme de plaques rondes c'eft ce qui peut provenir ou de la forme des animaux marins qui y ont été couchés deffus, ou de la maniere dont le froid fait crever ordinairement ces pierres, ou de ce que du commencement c'étoient des maffes rondes d'une terre calcaire molle, qui ont été applaties par quelque compreffion.

On trouve auffi dans les environs de Muggendorf les Echinites que Mr. LESSER dans fa Lithotheologie ***) nomme Echinites pileatus. J'ai été affez heureux pour trouver un morceau d'une grandeur extraordinaire. C'eft une pierre calcaire de forme conique dont la bafe a dix pouces de diamétre, & l'axe fix pouces de hauteur. Il faut que ce morceau, que je ne faurois prendre que pour un noyau, ait été beaucoup plus grand, vû qu'on voit par les fra&ures de la bafe de combien il a été plus long, & qu'après avoir cherché affez longtems, j'ai trouvé les quatre fragmens du cone entier, qui correfpondoient très exa&ement. Du fommet qui de même a été détruit par la longueur du tems, defcendent des fillons reguliers au tour du cone, mais la partie élevée entre ces fillons eft partagée en plufieurs mammelons

F f

ifolés,

*) Mineral - Reich. Claff. IV. Ord. II. Spec. 399. pag. 482.
**) Stein - Reich. pag. 119.
***) §. 390. p. 671.

iſolés, difformes, qui probablement ont porté des piquans. A ce qu'il me ſemble, ce mor
ceau de même que d'autres ſemblables, qu'on a trouvés en d'autres endroits, ne ſont que
les noyaux d'une très grande Patelle, quoique cette coquille ſoit la plus rare de toutes les
Pétrifications qu'on trouve dans cette contrée.

Il y a outre cela des places iſolés où l'on trouve les crêtes de coq communes. Mais il
paroitra encore plus particulier qu'on trouve auſſi de leurs embryons, c'eſt à dire, des crêtes
de coq qui ont à peine la longueur d'une ligne. Une eſpèce de pierre calcaire griſe eſt paîtrie
d'embryons des Murex, des Buccins & des Vis, auſſi petits qu'on les découvre à peine à oeil
nud. Deux ou trois eſpèces de Pétrifications de cette contrée me ſont abſolument inconnues.
Je ne les trouve non plus ni décrites ni repreſentées. Si l'on applatiſſoit des boules d'argille
au point qu'elles n'euſſent que l'épaiſſeur de la moitié du Diamétre, ſi l'on en joignoit ſix ou
huit l'une à l'autre, & en formoit ainſi un rouleau, dont les extrémités, par la diminution des
boules, fuſſent conſiderablement plus minces que le milieu, on auroit un corps reſſemblant
à cette eſpèce de Pétrification. Ce ne ſont ſurement pas des alvéoles que je connois fort bien.
Il y a encore une autre eſpèce de Petrification que je ne ſaurois abſolument comparer avec
quelque corps connu. Ce ſont des cylindres de la longueur de trois ou quatre pouces & d'un
pouce d'épaiſſeur, dont la ſubſtance eſt un marbre jaunatre. Ils ſe terminent en une pointe
d'une forme particuliere. On en trouve de différente grandeur, mais très rarement.

C'eſt bien quelque choſe de remarquable qu'une contrée qui a à peu près un mille de longueur, & dont la largeur n'eſt à peine que d'un demi quart d'heure, contienne 12. ou 14. pareils gouffres, tandis que d'autres montagnes beaucoup plus grandes n'en renferment point du
tout.

Les gouffres qui ont englouti les eaux de l'inondation univerſelle, ſe ſont-ils formés à la
fois ici? d'où vient qu'ils ſe trouvent ſi près les uns des autres? Ces gouffrea étoient-ils autrefois des Volcans? Mr. le Comte de BUFFON prend pluſieurs gouffres de l'Allemagne puor
avoir été des Volcans. Ici on auroit de la peine à montrer & à trouver les laves, ce
qu'il faudroit pourtant pour prouver cela. Les tremblemens de terre ont-ils plus écroulé les
montagnes dans cette contrée que dans d'autres païs? Pourquoi trouve-t-on de pareilles Cavernes ſur le Harz dans une contrée preſque auſſi étroite? Dans l'interieur des Monts Carpates
il y a de même différentes cavernes l'une près de l'autre. Quelle en eſt la raiſon? Je n'entreprends pas de repondre pertinemment à toutes ces queſtions.

Lorſqu'on eſt paſſé à travers la Montagne Creuſe & ſorti de l'autre côté, & qu'on a
frayé un chemin tout à fait impraticáble de 80. pas, plus en rampant qu'en marchant le long
d'un roc immenſe, on voit dans le rocher une ouverture en forme de demi-cercle, qui a 15.
pieds de largeur & ſix pieds de hauteur, & qui repond à un gouffre affreux, par lequel on
eſt arrêté tout court. Il y a deux ouvertures des deux côtés, dont l'une eſt barricadée. Or
on voit un trou ovale de trois pieds de largeur qui s'allonge conſiderablement & qui fait l'entrée la plus impracticable avec laquelle tous les autres chemins penibles qu'on a paſſés, ne ſauroient être comparés. On ſe trouve alors ſur le bord d'un précipice fort eſcarpé, & l'on croit
ſe trouver vis à vis de l'embouchure de quelque Volcan. Les Cavernes qui ſuivent, s'élargiſſent ſucceſſivement à une hauteur effroyable. Le ſol eſt couvert de rochers écroulés. Des
maſſes terribles de pierre ſont ſuspendues aux côtés. Là il y a des voutes, là des rochers fendus & dans ces fentes des figures ſingulieres que l'eau ſtalactitique y a produites. Tout cela
enſemble forme une voute affreuſe. On voit toujours en deſcendant un abîme après l'autre.
Les paſſages entre ces abimes ſont étroits & leurs detours inſpirent de la frayeur; tantôt ils s'enfoncent dans l'interieur de la montagne, tantôt ils s'élevent très bruſquement & menent dans
des Cavernes dont ſouvent l'oeil ne peut atteindre la hauteur. Il y a dans ce Labyrinthe
une grotte, dont la hauteur pourroit bien être de 80. pieds. Si l'on attache un flambeau allumé au bout de la plus longue perche, on peut à peine voir la voute de ce creux terrible.

On

On ne peut pas, fans l'avoir vû, s'imaginer l'effet fingulier d'une pareille illumination. Elles embellit les ftalaftites d'une maniere très finguliere. Les ftalaftites qui fe trouvent ici, & principalement celles des petites cavernes, font branchues comme certaines Millepores. En quelques endroits elles femblent être nées d'un gypfe détrempé, qu'on y a jetté, tant l'affluence a été copieufe, & tant leur croiffance paroit s'être faite vîtement; tandis qu'il y en a d'autres qui femblent avoir pris très difficilement & bien lentement les formes de Coralloïdes. A l'extremité il y a deux cavernes, dont l'une va en montant & rentre dans la caverne voifine. La Nature a encore placé ici une Tiare de très bonne forme, & a ainfi, au pied de la lettre, couronné la fin de fes Ouvrages.

Il eft difficile de faire la dimenfion exafte de ce gouffre, vû que le fol eft fort inégal, & que les précipices y mettent obftacle ; les détours mêmes & les détroits ne permettent pas de fe fervir de la perche. La corde qu'on avoit attachée à l'entrée, pour fervir de filet d'Ariadne, avoit jufqu' à l'extremité des cavernes environ cent cinquante pieds, dont on pourroit bien compter deux tiers pour la profondeur verticale. Cette caverne merite furément d'être vuë & examinée.

Ce qu'il y a de plus remarquable ce font les Zoolithes. Vers l'extremité il y a une caverne latérale qui renferme des reftes d'animaux inconnus. J'en ai tiré deux fragmens de la mâchoire qui reffemblent parfaitement à ceux-là. Un autre morceau eft une ftalaftite dans laquelle quatre dents de la machoire inferieure d'un de ces mêmes animaux font imprimées fuivant leur ordre naturel. Ces Oftéolithes fe trouvent fur le fol enduites d'une croûte piérreufe de forte qu'on ne les en retire qu' avec peine. Elles peuvent très bien être comptées parmi les veritables Pétrifications. Elles n'ont prefque plus que la forme d'un os, & le même poids qu'auroit un morceau de marbre du même volume; elles ne font pas plus fcifiles que le marbre, & pénétrées d'outre en outre du fuc lapidifique. Parmi ces os j'ai trouvé des morceaux de cornes de très grands cerfs, mais fimplement calcinés, & des vertébres du col d'un cochon. Je ne pretends pas décider fi des accidens plus récens n'ont pas ajouté ces morceaux aux autres. Quiconque aura vû ce gouffre, trouvera inconcevable comment un cerf ait pû monter à cette hauteur & entrer dans des cavernes dont les paffages font fi étroits, & qui fe trouvent dans les fommets des rochers fi efcarpés & abfolument inacceffibles pour ces animaux. Il en eft de même des reftes des animaux de Gailenreuth qui fe trouvent ici. Aucune des Hypothéfes que j'ai propofées, ne fuffit pour les fair venir là où on les trouve. Suivant la fituation de ce gouffre ils font enfevelis dans le centre de la montagne.

Tout près de ce gouffre remarquable, dont je viens de parler, il y en a un autre, que je ne dois pas paffer fous filence. La Montagne Creufe tient à la chaine de montagnes qui s'étend jufqu' à Gailenreuth. Sur le dos terriblement efcarpé de cette montagne on vient en 16. ou 18. minutes à une autre caverne nommée le *Wizerloch*. C'eft encore le chemin le plus impracticable, & ce n'eft qu'en faififfant les branches des buiffons touffus, contre lefquels il faut cependant lutter continuellement, qu'on peut marcher fur la pente de cette montagne. Il ne feroit pas poffible fans cela de fe tenir fur le panchant rude de cette montagne, & fi le feuillage & les buiffons ne derobient pas à la vuë l'abime & la riviere rapide qui baigne le pied de la montagne, il fe pourroit bien que plufieurs de ceux qui rifquent de monter jufqu' ici, trouvaffent dangereux & même impoffible de monter plus haut & de voir cette caverne fur le fommet d'une montagne.

La Caverne nommée le Wizerloch.

C'eft là le nom qu'on a donné, probablement dans des tems fort obfcurs, à une caverne qui effeftivement eft plus affreufe que celle que je viens de décrire, & qui fe trouve fur le fommet de cette montagne. C'eft le gouffre le plus lugubre, le plus terrible de toute la contrée. La diftribution effroyable de fon interieur fait une veritable image de l'abime de l'enfer ou d'une habitation des démons. La Nature s'eft même difpenfée d'embellir cette caverne de

Ff 2

fes

fes ornemens fouterrains. Tout y eft en degât, tout en defordre, tout repugne au gout·de l'homme créé pour fentir l'agrément de la Symmetrie. Le nom de *Wizerloch* me paroit auffi bizarre que la caverne qu'il defigne. Mais on fe dégoûte bientôt des recherches Etymologiques, & j'épargne à mes lecteurs la peine de lire l'invention de ceux qui ont pretendu deriver ce nom du mot Wiz (efprit, genie). Si cependant on vouloit prendre les mots: Witt, Witte, Wittekind, Wuth, Wütherich, qui font reftés dans la langue allemande, pour des reftes particuliers des anciens tems, on pourroit facilement prendre du gout à entrer dans des fubtilités Etymologiques. Nous avons indiqué plus haut quelques marques qui prouvent que les Vendes, les Obotrites & d'autres pareils peuples, ont habité cette contrée. Il y a encore au pied de la montagne les ruines d'un Temple de quelque divinité des Païens. On voit les chemins par lefquels ces idolatres ont fait leurs Proceffions vers la Montagne Creufe. Dans ces cavernes il y a les baffins dont ils fe font fervis pour faire leurs Luftrations. On a encore dans cette contrée la memoire toute récente du nom de l'Idole Flins. Mais quelle eft la divinité à laquelle la fuperftition a rendu un culte fur cette montagne, & comment de là eft né le nom de Wizerloch? Peût-être les lecteurs qui connoiffent les cérémonies de Réligion des anciens peuples, fe fouviendront-ils que les Vendes ont eu une divinité nommée Wit ou Witte. C'étoit le Dieu de la vengeance. On le prenoit de même pour le juge des hommes après la mort. Les Vendes ne devoient-ils pas pour cela s'imaginer leur Witte auffi fage que les Juges des Enfers des Grecs & des Romains? & par là du mot Witte il a facilement pû naître le mot Wiz, Weife, fage, & le nom de Wittekind, c'eft à dire le fils d'un Juge jufte. On ne pouvoit fe repréfenter le Dieu de la vengeance que comme un être redoutable, & les termes de Wüterich, Wüthend, Wüten, & le mot Wittekop, qui fignifie encore dans la baffe Allemagne un homme impetueux, opiniatre & inexorable, ont ainfi facilement pû tirer leur origine de la même fource, malgré la diverfité de leur fignification. C'eft ainfi que le nom de Wizerloch pourroit très probablement être derivé de Witteloch, la Grotte ou l'habitation de Witte, du Dieu de la vengeance. Surement on ne trouvera pas en Allemagne une habitation plus convenable au Dieu de la vengeance que le Wizerloch. *Lugen* fignifioit fans contredit dans la langue de nos ancêtres autant que voir de loin, ou obferver ce qui fe paffe de loin, écouter, & principalement écouter fur des lieux élevés & folitaires. Le *Witte-Luge*, ou, comme nous difons à prefent, le Wizerloch étoit donc l'endroit où l'on écoutoit le Dieu de la vengeance, où l'on épioit fes arrêts, où s'informoit de fa bonne ou mauvaife volonté, & du fort qu'il deftinoit aux païs, aux faifons ou à des individus. Auffi n'écoutoit-on pas en vain ici. Car l'éboulement des rochers terribles, dont le Wizerloch eft rempli, doit bien avoir fait entendre beaucoup de bruit même avant mille ans, & le Dieu Witte peut bien par là avoir fait trembler les montagnes oppofées. Mais laiffons là toutes ces fubtilités.

L'entrée du Wizerloch eft précifement vers le midi. Elle eft formée par l'écroulement des rochers, qui, comme l'on voit à l'œil, ont laiffé cette fombre ouverture de 12 pieds de largeur & de cinq pieds de hauteur. On entre d'abord dans une caverne affreufe qui a 60 pieds de longueur & prefque autant de largeur, & la hauteur différente mais fouvent affez confiderable. Tout y eft defert & defagreable. A la voute il y a des rochers pendans, & le fol eft couvert de rochers écroulés, qu'on croit voir l'affaut fabuleux que les Géans ont donné au ciel. La fracture de plufieurs de ces blocs fait connoitre qu'ils fe font écroulés de la voute, & il eft fur que ces montagnes ont fubi en différens tems de très grands changemens par les tremblemens de terre, quoiqu'à prefent ces phénoménes foient fort rares dans cette contrée. La chofe la plus agreable que j'ai trouvée ici, c'étoient encore des Zoolithes, & que furement je n'aurois pas cherchées dans ces lieux. Prés de l'entrée il y a du côté droit une petite ouverture, qui entre dans l'abime, & devant laquelle j'ai trouvé, dans un monceau de petites pierres, une vertébre du col. Je ne faurois la décrire plus exactement qu'en difant que par la forme & la ftructure elle reffemble à cet os du Rhinoceros que Mr. HOLLMANN a reprefenté dans les Comment. Soc. erud. Gœt. T. II. p. 221. Tab. I. fig. 8. & 9. Il n'y a pas une

une Apophyfe, ni un trou, ni une épine ni en général aucune partie qui foit différente dans c-s deux piéces. Cette vertébre eft auffi blanche que l'yvoire. La croûte offeu-fe eft de la même épaiffeur. Quant à la grandeur, toute la dimenfion de la vertébre du Wi-zerloch eft le tiers de celle de l'Oftéolithe de Mr. HOLLMANN. Cependant je trouve que dans celle-ci les Apophyfes obliques afcendantes font éloignées l'une de l'autre de cinq pou-ces & fix lignes, tandis que dans la nôtre, il n'y a, entre ces Apophyfes, qu'une diftance de trois pouces. La hauteur du trou pour la moëlle épiniere ne différe dans les deux vertébres que de cinq lignes. On croira aifement qu'après avoir trouvé cette vertébre, nous avons fouillé la terre au même endroit. Auffi avons nous trouvé la quatrieme vertébre qui s'emboitoit fort exactement dans la précédente, qui étoit la troifieme. Elle étoit confidérablement plus gran-de. Nous avons auffi retiré deux Atlantes, dont la grandeur repondoit à ces vertébres, mais outre cela nous n'avons découvert aucun veftige d'animaux qui euffent peri ici. Ces mor-ceaux ont beaucoup de reffemblance avec les mêmes os des chevaux, des cerfs & de pareils animaux. Mais ils en différent auffi en d'autres points, & je n'oferois dire quelque chofe de pôfitif au fujet des animaux dont ils ont fait partie. Peut-être y a-t-il encore plus de ces os dans l'abime.

La caverne fuivante du Wizerloch reffemble à la premiere, c'eft-à dire, c'eft de même un antre obfcur. Elle eft affez haute en plufieurs endroits, & elle pourroit bien avoir 100. pieds de longueur fur trente de largeur. A côté il y a dans le roc un creux de 40. pieds de profondeur, où les rochers fufpendus & ceux qui fe font écroulés, font un coup d'oeil effroyable. Si toutes ces cavernes pouvoient être éclairées avec des lampes ou par un feu d'arti-fice, ce feroit furement l'illumination la plus brillante. Peut-être les anciens Prêtres de Wit-te ont-ils employé de pareils artifices? Voyoit-on peut-être dans cette grotte, à la fombre lueur d'un feu faint quelque image de cette divinité redoutable, ou eft-ce que les Prêtres des Vendes s'y entendoient en quelque maniere à rendre par quelque artifice l'affreux de ces Cavernes encore plus fenfible? dans ce cas il n'eft pas fürprenant que de pareilles repre-fentations de la majefté d'un idole aient fait plus d'impreffion fur les ames d'un peuple ftupi-de, que les empreintes de la beauté du Créateur que la Nature nous prefente par tout. On ne voit pas, même à prefent, ces cavernes fans effroi.

D'ici le chemin s'éleve brusquement; on ne paffe que fur des rochers écroulés, & par un paffage de huit pieds de hauteur on entre dans une caverne de 50. pieds de longueur, de 36. pieds de largeur, & dont la hauteur eft en différens endroits de 18. jusqu'à 24. pieds. C'eft ici que la Nature fait voir comment elle s'y prend pour changer, par la décompofition, la fta-lactite en lait de lune. J'ai trouvé des ftalactites dont une partie confiderable a été décompo-fée en feuillets, & ces feuillets l'ont été en farine foffile. Si cela fe fait en plus grande quan-tité dans les lieux fouterrains par les acides, qui s'y infinuent, on comprendra facilement com-ment, fuivant les rapports anciens & modernes, cette farine a pu foudre de la terre.

En avançant on ne marche encore que fur des montagnes écroulées. La pente eft ter-riblement brusque, & la voute de même que les murs font fendus d'une maniere finguliere. Les parois refonnent par ci par là comme fi elles étoient creufes. Il s'en fepare facilement des efquilles & des feuillets, & c'eft là une particularité par laquelle tout le roc de cette Ca-verne fe diftingue de celui des autres. C'eft ici qu'on pourroit dire qu'il y eût des Volcans, & on pourroit le croire, pourvû que les parois de la caverne qui font une pierre calcaire fo-lide, fuffent feulement calcinées. On voit encore trois pareilles cavernes jusqu'à l'extremité. Elles ne different gueres des précédentes à l'égard de la largeur, de la hauteur & de la lon-gueur. Mais toujours les rochers éboulés, les montagnes écroulées, les pierres fufpendues donneront à ces Cavernes un certain air, qui les diftingue de toutes les autres. Je me fuis exactement informé fi l'on n'avoit jamais fenti ici quelque tremblement de terre. Mais a pei-ne y connoit-on ce phénomène de nom. Cependant dans les anciens tems ce terrein a été plus expofé à ces évenemens terribles, qu'il ne l'eft aujourdhui. L'an 1625, le 22. de Fevrier

Gg

entre

entre 10. heures & midi cette contrée a beaucoup souffert par un tremblement de terre *).
La montagne qu'on nomme *Drudenberg* ou peût-être *Druidenberg* (dénomination qui pourroit encore confirmer mes conjectures ci-dessus proposées, au sujet des habitans idolâtres de cette contrée) qui se trouve entre Ebermannstadt et Geiseldorf, a été fenduë par ce tremblement de terre avec un fracas horrible. Vingt arpents de terre avec tous les arbres qui s'y trouvoient, ont été par là soulevés & transportés fur une autre place, de forte qu'au lieu du grand chemin, qui autrefois passoit en bas, il falloit ouvrir celui qui est à present à côté du village nommé Gaiseldorf. Probablement ce même jour a aussi fait bien des bouleversemens dans les Cavernes de Muggendorf. Cependant l'observation récente, que les tremblemens de terre avancent à present plus vers les païs éloignés de la mer, n'est pas en général bien fondée. Dans les anciens tems on a trop peu marqué ces phénoménes à la posterité. Il est assez facile, à ce qu'il me semble, de remarquer les changemens qui se font faits dans ces cavernes dans les tems moins anciens. L'eau lapidifique n'a point encore formé de stalactite, ni à la voute ni fur les fragmens. Les fentes primitives font enduites d'une croûte de l'épaisseur d'un pied. Principalement dans le Wizerloch il y a le plus grand nombre de ces ouvertures rondes, qu'on voit dans tout le roc de cette contrée, & dont j'ai parlé plus haut. Cette caverne est donc aussi ancienne que les autres. Ces ouvertures ont trois ou quatre pouces, & en quelques endroits autant de pieds de Diamétre. Dans plusieurs de ces ouvertures on ne peut pas trouver l'extremité. Il y a dans le roc des trous qui font fortir un vent continuel, assez fort pour éteindre tout d'un coup une chandelle. Ces montagnes semblent avoir souffert une fermentation. Il faut que ces ouvertures se soient faites pendant que le roc étoit encore mol. Il se peut, comme je l'ai supposé plus haut, que l'air comprimé dans l'abime par l'affaissement du limon calcaire, fortant avec violence, ait fait ces ouvertures.

J'ajoute une nouvelle espèce à la Classe des terres en disant, que dans un coin sombre de ces cavernes, c'est à dire, dans le Wizerloch, il y a une tourbe animale. La couche avoit quelques pieds de longueur, & en la fondant, nous lui avons trouvé la profondeur d'un pied & demi. Toute humide qu'étoit cette tourbe, elle s'enflammoit aisément à la chandelle, & elle ressembloit en tout à cette production utile, même à cette espèce, qui consiste en une terre bitumineuse. On en trouve aussi dans la Grotte de Baumann, & l'on s'est donné bien de la peine pour en expliquer l'origine. En examinant en plein jour nôtre tourbe, les esquilles de Scarabées, dont elle étoit mêlée, nous firent bientôt connoitre son origine. Des masses de chauve-souris pendoient de la voute, entre lesquelles il y avoit aussi cette nouvelle espèce que Mr. le Comte de BUFFON a découverte & décrite sous le nom de *grand & petit fer à cheval*. La tourbe de la Grotte de Baumann n'est donc née probablement de même que celleci, que des excremens des chauve-souris. Je remarque cela pour ceux qui ont crû trouver ici une espèce de terre particuliere & en pouvoir fabriquer plusieurs choses. Mais que les couches de ces montagnes renferment des filons de la plus belle Terre de Lemnos, c'est ce que les fractures des stalactites prouvent. En différens endroits ces stalactites croissent en petites branches difformes. Elles font creuses, & ces creux font remplis de la plus fine Terre Lemnienne. Souvent on la trouve assez copieusement derriere les stalactites, qu'on a abattuës. L'eau stalactitique fuintée à travers les couches superieures, l'a mise à découvert, & par là elle a fait connoitre que les couches de cette terre font probablement fort épaisses. En cherchant avec attention, on trouve aussi fur le sol une très belle & veritable Terre de Lemnos.

L'extremité de cette caverne forme une fente fort étroite, qui va en ascendant. A côté il y a un autre gouffre fort large. Je ne saurois rien dire de remarquable ni de l'un ni de l'autre, si non que la longueur du Wizerloch, en comptant de l'extremité de la caverne latérale, est de 300. pieds. Les contes fort incomplets qu'on avoit faits au sujet de ces cavernes, ont inspiré la curiosité à feu Monsgr. le Marggrave Frederic de les vouloir voir. On avoit déjà fait les dispositions pour rendre les passages plus practicables. Mais ce Grand Prince, dont la con-

---

*) J'ai trouvé ce rapport dans un livre assez rare à present, qui porte le titre: Johann Walthers S.S. Theol. Lic. Pastoris & Superint. zu Hof Historischen Spaziergang Anderer Theil, pag. 519. 1670.

connoiſſance de l'Hiſtoire naturelle étoit d'une ſi grande étenduë, fût ravi avant par la mort à ſes Etats.

Je pourrois finir ici. Mais ceux, qui peût-être prennent cet Ouvrage pour un ſupplé-ment de l'Hiſtoire naturelle de la Franconie, pourroient ne pas être contents, ſi je paſſois ſous ſilence les autres cavernes de cette contrée, où il y a des reſtes de nos animaux inconnus. On n'auroit pas cherché ſans doute dans ce païs une proviſion auſſi grande d'yvoire foſſile, qu'on en a trouvé effectivement. Je prends ce mot dans la ſignification la plus étenduë. Mais ce n'eſt pas dans la caverne de Gailenreuth ſeule qu'on en trouve. Mr. *Ferdinand Jaques* BAIER, ce ſavant Obſervateur, qui a recherché avec tant d'exactitude les corps marins qu'on trouve dans la Franconie, a indiqué dans ſon Oryctographie *) pluſieurs endroits de nôtre païs où l'on avoit trouvé autrefois ce corps foſſile. Mais il ne connoiſſoit point du tout encore les en-droits, que je viens de décrire & qui ſont principalement les magazins de ces productions. Dans les montagnes des environs de Rabenſtein & de Kirch-Ahorn, à deux lieuës de Mug-gendorf vers l'Eſt, il y a des cavernes où on en trouvoit autrefois une proviſion très abondante, & dont je parlerai dans la ſuite. C'eſt toujours quelque choſe de particulier, que dans une contrée qui à peine a quatre ou cinq milles de circonférence, cet yvoire foſſile ſe trouve amaſſé dans les cavernes. On le trouve auſſi ſur le Harz dans des étenduës qui ne ſont que de très peu plus grandes. Pourquoi le trouve-t-on preſque toujours dans l'interieur & ſur la ſur-face des montagnes? D'où vient qu'on le trouve plus rarement dans les plaines? Pourquoi ſi ſouvent dans les cavernes? Pourquoi une ſi grande quantité en eſt-elle enſevelie ſous les rocs les plus vaſtes? Pourquoi dans des valées étroites qui ſemblent avoir été des Cataractes? Il faut abſolument que les animaux, en periſſant enſemble, ſe ſoient refugiés & aſſemblés ſur les lieux élevés. Les rochers écroulés ſe ſont couverts, les gouffres les ont engloutis. On obſerve encore que les couches de ces contrées, où cet yvoire foſſile ſe trouve, ont entre elles la plus grande reſſemblance.

De Kirch-ahorn il y a vers l'Oueſt un détroit affreux, qui reſſemble exactement à celui de Gailenreuth. Un ruiſſeau aſſez rapide coule à travers l'un & l'autre. Ils ont l'un & l'autre de deux côtés de terribles rochers calcaires. Auſſi la largeur de ces détroits ne différe pas l'une de l'autre. Dans les deux endroits les cavernes ſe trouvent au de là du milieu de la mon-tagne, & ſouvent ſur le ſommet. Il y a par ci par là dans les deux endroits des rochers droits comme des colomnes. Leur ſubſtance eſt la même, c'eſt à dire, un marbre peu com-pacte, ou une pierre calcaire mêlée de ſable. Les Zoolithes ſont auſſi de la même eſpèce d'animaux. Les autres pétrifications des corps marins ſe trouvent dans des contrées moins montueuſes, & l'on ne trouve que des Térébratules & des Pectinites enchaſſées dans les rochers. Il faut que la même cauſe ait opéré ici. Mais je vais donner une deſcription un peu plus dé-taillée de ces cavernes & de ce qu'elles renferment.

Aſſez près de Kirch-ahorn il y a une caverne connuë ſous le nom de *Zahnloch*, ou le trou aux dents. Le nom fait connoître ce qu'on y a trouvé autrefois. On en a tiré de très grandes dents laniaires. Les dents molaires tirées de ces cavernes, que j'ai vuës, étoient du même animal, du quel il y a tant de reſtes dans les Grottes de Gailenreuth. Les habitans, pour tirer quelque profit de ces dents, en ont diſtribué un grand nombre aux amateurs en dif-férens endroits. On a trouvé ici des morceaux de dents d'Eléphant, ce que les fragmens prou-vent inconteſtablement. La forme, la croiſſance, la ſtructure interne & en général tous les caracteres mettent hors de doute la réalité de cette production. Les rochers éboulés ont à preſent fermé cette caverne. Déja depuis quelque tems on n'y trouve rien de particulier. Je me contente de remarquer que c'eſt là le cinquieme endroit **) qui nous fournit des reſtes de ces animaux, dont nous avons repreſenté quelques os ſur les Planches de cet Ouvrage.

Gg z

Le

*) pag. 27. edit. 1758.
**) Mokas, Muggendorf, Gailenreut & la Grotte de Baumann. Les trois Magazins principaux ſont donc, à ce qu'on fait aujourd'hui, les cavernes du Harz, celles du Margraviat de Bareith, & les Carpates. Dans chacune de ces contrées il y a encore cinq à ſix endroits aſſez près l'un de l'autre, où l'on trouve ces Oſtéolithes.

Le fixieme Magazin de Zoolithes eft dans les Monts Carpates. Nous avons affez prouvé plus haut, par le rapport que nous en fait Mr. BRÜCKMANN, qui a vû les uns & les autres, que ce font les mêmes offemens que ceux qu'on trouve dans la Grotte de Baumann. Nos Zoolithes reffemblent, fuivant les reprefentations, qui fe trouvent dans les Ephemer:, aux Zoolithes des Carpates, & celles-ci à celles du Harz. Nous avons donc les mêmes animaux dans des endroits tant éloignés les uns des autres. Il faut qu'autrefois il y ait eu un grand nombre de ces animaux ; il faut qu'ils aient habité enfemble par troupes, & que leur multiplication ait été fort nombreufe. Eft-il probable qu'ils exiftent encore, & qu'aucune nation, aucun voyageur, aucun Naturalifte ne les ait vûs vivans, malgré toute l'induftrie avec laquelle on recherche toutes les efpèces d'animaux de toute la terre, & à laquelle aucun genre d'Infeétes ne peut plus echapper. Il faut furement les compter parmi les genres d'animaux qui n'exiftent plus.

J'ignore le nom d'une autre caverne de cette valée remarquable, & nôtre guide ne le favoit pas non plus. Elle eft fur la cime de la montagne, au moins perpendiculairement élevée de 500 pieds au deffus du fond de la valée, & ne contient aucune particularité. Elle eft en plus grande partie fermée en dedans par la décompofition des rochers. La pierre dans laquelle la Nature a pratiqué cette caverne, eft un roc calcaire de la hauteur d'au de là de 100. pieds, dont je n'ai pû mefurer la longueur à caufe des buiffons touffus, & de la pente brufque de la montagne. Il y a des gens qui pretendent avoir vû qu'autrefois on en a tiré beaucoup d'unicorne foffile. On voit encore effectivement les trous profonds, d'où l'avarice a tiré cette drogue qui autrefois étoit très bien payée.

Une caverne peu éloignée de celle-ci, à laquelle je ne fai quel fot a donné le nom de *Schneiderloch* (trou des tailleurs) eft un endroit un peu plus remarquable. Au pied d'un très grand roc il y a une ouverture large, qui conduit en montant dans une grotte affez fpacieufe de l'autre côté de la montagne. Ce font des cavernes dont l'interieur eft de la même étenduë que leur entrée extraordinairement large. On voit que ces cavernes s'élargiffent d'un an à l'autre. La pierre eft friable, le froid & l'humidité la décompofent en dedans, & c'eft ce qui en fait tomber des morceaux, & rend les cavernes plus larges. Il y a encore ici de même des trous d'où l'on a tiré de l'yvoire foffile. On en a fourni toutes les Apothicaireries à quelques lieuës de diftance.

Mais ici c'étoit fans doute effectivement ce que le nom indique, c'eft à dire, de l'yvoire foffile, ou des reftes d'Eléphants. Quelque tems avant que je n'euffe vû ces cavernes, Mr. FRISCHMANN a trouvé ici deux vertébres du col, que par leur grandeur je ne faurois prendre que pour des os de cet animal. On voit Pl. XIII fig. 1. la reprefentation d'une de ces Oftéolithes. C'eft fans doute la feconde vertébre du col, & pour ne dire que ce qui eft très fur, elle a fait partie d'un des plus grands animaux de la terre. Elle n'a furement pas appartenu à un poiffon de mer, car les vertébres des poiffons n'ont pas le trou pour la moëlle épiniere. Quoique les cellules de cet os ne foient pas, comme l'on trouve fouvent dans ces productions, remplies de marne ou d'une autre fubftance, mais qu'il foit fimplement calciné & cela à un degré fort haut de dureté, il pefe pourtant quatorze onces. Et avec tout cela ce n'eft qu'un fragment, auquel la moitié inferieure manque entierement; de forte que de la cavité du trou qui donne paffage à la moëlle épiniere, il y eft refté à peine la moitié. On voit bien par la figure que près de *b. c.* & *d.* il y manque encore une partie confiderable. La vertébre entiere pourroit donc bien avoir péfé deux livres. Ce n'eft que dans le col d'un Eléphant qu'une pareille vertébre a pû être placée. Si je confidere que la longueur d'*a.* jufques à *b.*, ou, pour mieux dire, la largeur entiere dans l'original même a été de quatre pouces & dix lignes, & que, fuivant cette proportion, il faut que près de *b.* il manque un morceau de la longueur d'un pouce, le diamétre transverfal de la vertébre entiere aura été de fept pouces. Très probablement elle a eu l'épaiffeur de fix pouces. Car la ligne perpendiculaire tirée d'*e.* fur la bafe eft de trois pouces, & ce morceau, comme nous le voyons par le trou pour la moëlle épiniere, n'eft que la moitié de la vertébre entiere. Toute la fuperficie *a. f. e. g. b.* qui d'*a.* vers *b.* a fept pouces, & un feul pouce de moins pour fon Diamétre transverfal, doit s'être articulée

avec

avec l'Atlante & y avoir été emboîtée. Si l'on fuppofe que les Apophyfes Transverfes n'aient avancé à proportion, de deux côtés au de là d'*a*. & *b*. que de trois pouces, (dans un cheval elles n'ont fouvent pas moins de largeur) nous aurons une première vertèbre du col, qui ne convient qu'à un Eléphant. Les Oftéolithes de Mr. HOLLMANN n'ont que treize pouces d'une Apophyfe à l'autre.

Mais ce morceau nous prefente encore plufieurs autres particularités; *f. e. g.* exprime la fracture d'une Apophyfe qui doit avoir été confiderablement plus longue. C'étoit un os demi-rond, fous lequel paffoit le trou pour la moëlle épiniere. Il avoit fept lignes d'épaiffeur. Sur cette bande portoit l'Atlante, elle s'y enfonçoit, & elle étoit deftiuée à porter la tête. Elle avoit deux pouces & demi de Diamétre, & il eft aifé par là de juger de la grandeur du trou de l'Atlante. Cette vertébre eft à peu près de la même ftructure que celles des animaux bifulces. Je ne fai pas où trouver une reprefentation exacte du Squelette d'un Eléphant, & par cette raifon je ne fai pas non plus fi dans cet animal la feconde vertèbre eft de la même ftructure que la prefente. Elle diffère tout à fait de celle d'un Rhinoceros. Elle eft abfolument trop grande pour avoir fait partie d'un animal de nos païs. On voit fur la furface de l'os, qu'il y a tenu une chaire d'un tiffu fibreux fort groffier. D'*e*. vers *k*. il y a une éminence faillante qui vers *b*. & *i*. s'enfonce à un pouce de profondeur. La cavité qui renferme la moëlle épiniere, paffoit au deffous dans la même direction. Elle a trois pouces & quatre lignes de longueur fur un pouce & demi de largeur. On voit encore dans la fracture le refte des conduits pour le paffage des autres vaiffeaux de l'épine du dos. Ces conduits font caffés au de là de la moitié & non obftant cela ils ont la largeur de quatre ou cinq lignes. Mais le conduit principal étoit tel qu'il fe trouve dans les os d'un Rhinoceros, c'eft à dire, partagé en plufieurs fillons & cavités inégales, ce qui lui donnoit en différens endroits une largeur différente.

Au deffous de *d. c.* il y a une très grande cavité dont le Diamétre transverfal eft de deux pouces & demi & la profondeur de quatorze lignes. C'eft ici qu'entroit exactement la facette raboteufe de la vertêbre fuivante, encore beaucoup plus grande. Toutes les Apophyfes ont été détruites par la longueur du tems. D'après les dimenfions que j'ai rapportées, je n'héfite point du tout de prendre ces vertébres pour des os d'un animal de la grandeur d'un Eléphant. Ce feroit faire une fuppofition fans fondement que de penfer au Manati ou au Rofmare. Ceux qui trouvent de la difficulté à prendre ces os pour les reftes d'un Eléphant font obligés d'indiquer le nom d'une créature dont les offemens aient la dimenfion d'une grandeur fi extraordinaire. Je n'ofe pas compter tous les os parmi les efpèces d'animaux inconnus & abolis. La caverne dans laquelle j'ai trouvé cette vertèbre, & de la defcription de laquelle je me fuis écarté, me fournit encore plufieurs chofes remarquables.

Le roc renferme par ci par là des corps marins par ex. des Ammonites. Il en naît la queftion fi ce font les coquilles de mer ou les Elephants qui originairement ont habité ces montagnes. La Franconie n'eft furement pas la patrie de l'animal auquel a appartenu cette vertébre. Mais je ne comprends pas comment l'eau peut entrainer des offemens à la diftance de deux mille lieuës. Il n'eft pas moins difficile de concevoir comment les os, qui fuivant les loix de la gravité vont à fond, ont pû être tranfportés fur des montagnes auffi hautes, qu'il n'eft de s'imaginer l'accident qui a affemblé ces fragmens dans une caverne. Ne fe pourroit-il pas que des reftes de Rhinocéros & d'Elephants, qu'on a déjà trouvés par ci par là en Allemagne, & même de plufieurs animaux enfemble, euffent été tranfportés dans nos païs au travers de la terre? Les ondes immenfes qui ont bouleverfé nôtre Globe, ont peût-être écroulé le fol des climats plus chauds, que ces animaux habitoient, de grands païfages ont été abîmés dans les creux de la terre avec toutes leurs créatures. Le continent dechiré à prefent en un fi grand nombre d'Isles, qui fe trouvent dans l'Ocean Oriental, me femble encore en être une preuve incontestable. De grandes étenduës de terre ont été enfoncées dans les eaux qui les couvroient. Le choc violent & la force inconcevable de la preffion devoient neceffairement foulever la fuperficie du continent oppofé. L'accident qui d'un côté a fait des abî-

mes, a produit des montagnes de l'autre côté. Les eaux avec le terrein éboulé fe précipi-
toient entre ces montagnes. Peût-être ces reftes des animaux des Climats chauds, qui ont
peri alors, ont-ils été tranfportés dans des climats plus froids par des gouffres & des conduits
fouterrains? Ne voyons nous pas même encore aujourdhui que les tremblemens de terre font
fortir des Isles du milieu de la mer? Ces Isles ne foulevent-elles pas en même tems des coquilles du fond de la mer? Peût-être les rocs immenfes, ou les couches de terre calcaire,
qui en fe durciffant fe font changées en roc, & qu'on voit à prefent fous cette forme fur les
fommets des plus hautes montagnes, ont elles été ainfi foulevées de l'interieur de la terre, où
elles étoient autrefois? Peût-être eft-ce que de cette maniere les reftes des animaux exotiques ont été tranfportés dans ces cavernes avec les corps marins? La furface de la terre
étoit encore couverte d'eau, & c'eft ce qui a donné à la terre molle la forme, dont on voit
encore à l'œil les veftiges. Il arrive encore à prefent quelque chofe de femblable dans les
tourbillons de la Mer Cafpienne. Les eaux, qui s'y abforbent, refteroient-elles bien dans les
creux interieurs de la terre? D'où vient que les pétrifications, qu'on trouve fur le rivage de
Curaffao reffemblent tant à celles de la Mer Cafpienne, qu'on a de la peine à diftinguer les unes
d'avec les autres?

De cette Grotte on va à côté droit le long des rochers vers une autre Caverne. Mais
ce n'eft prefque pas la peine de s'expofer, vûque le dos de la montagne devient fi efcarpé
qu'il faut plus ramper que marcher. En retirant l'yvoire foffile on a fouillé tout le fol.

A l'iffuë de la valée vers Kirch-ahorn il y a encore une Grotte, qui porte le nom de
Rabenloch ou l'antre des corbeaux, probablement puisque plufieurs chateaux, villages & familles nobles de cette contrée tiennent leurs noms de *Rab* ou Corbeau. L'entrée en eft d'une
grandeur démefurée, & la Grotte principale eft de la même largeur. En entrant on rencontre trois pareilles entrées, mais dont on atteint l'extremité après avoir fait quelques pas.
C'eft la Grotte la plus confiderable de ces montagnes. Autrefois il y avoit de même beaucoup d'yvoire foffile. On y voit encore, de même que dans les autres cavernes, les creux
vuides, d'où on l'a tiré; mais outre cela il n'y a rien de remarquable.

Tout droit à l'oppofé de cette caverne il y en a une autre qu'on nomme le *Kühloch* ou
l'antre des vaches, & qui, à ce qu'on dit, ne différe pas des autres. Je regretois la peine
de grimper pour rien fur ces terribles précipices. On dit qu'il y a de l'eau, qui fait fourdre
une fontaine au pied de la montagne à la diftance de trois quarts d'heure. Il y a quelques ans
qu'on a jetté dans cette caverne des canards, qui ont reparu au pied de la montagne, là où
fort cette fontaine. Mais je ne dis cela que par ouï dire.

Une contrée de fi peu d'étenduë renferme donc tant de chofes remarquables. Je pourrois encore ajouter bien des chofes à l'égard des autres Regnes de la Nature. Quant au
Végétal cette contrée produit plufieurs Plantes Cryptogames, qui ne font pas trop communes.
On trouve outre cela fur ces rochers quelques efpèces de limaçons terreftres, qui font très
rares dans d'autres païs. La falamandre, cette créature extraordinaire, & dont le naturel
eft encore fi pèu connu, pourroit bien fournir plufieurs obfervations. On pourroit bien auffi
propofer plufieurs queftions fur les couches de terre, telles qu'elles fe fuccedent lorsqu'on
la creufe bien avant. Je vais en faire un petit effai. A la profondeur de dix pieds on rencontre une couche d'argille blëuë de l'épaiffeur d'au de-là de 15. pieds, qui renferme des
empreintes de poiffons d'eau douce, entre lesquelles il y a des cornes d'Ammon à moitié
putréfiées avec leur teft naturel. Tout près de cette couche il y a un filon de charbons
foffiles végétaux de la hauteur d'une main, qui remonte à fleur de terre; au deffus de ce
filon on voit une couche de pierres calcaires de l'épaiffeur de dix pouces, qui renferme
des Nautilites de différent Diametre d'un pied jusqu'à deux & trois pouces. Dans la même
pierre calcaire & tout près des Nautilites, il y a du bois pétrifié, tantôt des morceaux du

tronc

tronc, tantôt des rameaux & tantôt des racines d'un bois qui ne reſſemble pas abſolument à quelque bois indigéne ; cette couche eſt ſuivie d'une autre qui conſiſte en morceaux iſolés d'une terre calcaire feuilletée, de l'épaiſſeur de quelques pouces, & dans les veines de laquelle, qui ſouvent ont à peine l'épaiſſeur d'une ligne, il y a une Ammonite près de l'autre ; au deſſus de ces Ammonites il y a des fragmens de limon de la mer durci, ſéparés çà & là, ſans être ſuivis, dont la fraƈture de l'un ne s'engraine jamais dans celle de l'autre, mais dont chacun a le contour différent : ce limon durci eſt compoſé d'une quantité inexprimable de petites coquilles ſans qu'un grain d'une ſubſtance hétérogéne y ſoit mêlé : le terreau de l'épaiſſeur de quelques pieds, qui remonte juſqu'à la ſuperficie, eſt mêlé d'une quantité de Bélemnites, de Cornes d'Ammon & d'autres corps marins. Tout cela bien conſideré fait naitre les queſtions ſuivantes: Eſt-il poſſible que le ſchiſt argilleux qui ſe trouve en bas, ſoit né de la putréfaƈtion des algues, qui avant quelques ſiecles étoient dans ces endroits ? La pierre calcaire qui ſe trouve par deſſus, & qui renferme des Nautilites, peut elle être née par la précipitation des coquilles décompoſées? Les morceaux de bois qu'on y trouve, ſont ils nés dans une longue ſuite de ſiecles par la précipitation d'un bois décompoſé? Si l'Océan a autrefois couvert ce païs, eſt ce que les Ammonites ont eu leur habitation au deſſus de ces arbres qui ſont enſevelis à la même place? Eſt ce que les morceaux du fond de la mer durci, qui ſe trouvent par deſſus, ne ſont pas ſuppoſer que les algues devroient être provénuës au deſſous du fond de la mer, en cas qu'il y ait eu là autrefois une mer? Comme l'on trouve à chaque pied de profondeur des corps marins particuliers, des Peƈtonculites, des Strombites, de petites Echinites, des Patellites, des Mytulites & pluſieurs autres créatures, eſt-il poſſible qu'originairement elles aient vecu toutes enſemble ici, ou, lorſque le fond de la mer a été ſoulevé, y ont-elles vecu ſucceſſivement dans une eſpèce de communauté, les unes au deſſus des autres, ſur une place qui, autant qu'on a pû la découvrir, peut avoir dix pieds quarrés, tantôt ſur une terre argilleuſe, tantôt ſur une ſubſtance ligneuſe, tantôt ſur des pierres calcaires, quoiqu' ordinairement chaque eſpèce de ces corps marins demande un terroir différent pour ſa conſervation? Sera-t-il poſſible de perſuader quelcun qui a vû ces couches de terre de ſes propres yeux, que ce païs a été autrefois le fond de la mer? Ou ne fera-t-il pas beaucoup plus raiſonnable de dire, que ce ſont des couches de terres que l'eau a dépoſées les unes ſur les autres, & que ce ſont les marques de l'inondation qui a fait la Cataſtrophe de nôtre Globe, ſur tout lorſque les veſtiges de ces mêmes couches de terre, à l'ordre près, s'étendent à la diſtance de quelques milles ? Ce ſont là les Problémes par leſquels je finis la Deſcription de ces Cavernes.

TABLE

TABLE DES MATIERES.

EXPLICATION DES PLANCHES.

Pl. I. Fig. 1. Le fragment le plus complet d'une tête d'un animal inconnu des cavernes de Gailenreuth.

Fig. 2. La partie du côté gauche d'une tête plus petite d'un animal d'une autre espèce, qui se trouve dans les mêmes cavernes.

Pl. II. Fig. 1. La tête representée Pl. I. fig. 2. vuë en dedans.

Fig. 2. La tête representée Pl. I. fig. 1., en face.

Pl. III. Fig. 1. La première vertébre du col d'un animal inconnu.

Fig. 2. La face interne de l'Os Occipital de la tête representée Pl. I. & Pl. II.

Pl. IV. Fig. 1. La face externe de ce même Os Occipital.

Fig. 2. La structure interne de la grande tête representée sur les Planches précédentes.

Pl. V. Fig. 1. Cette même tête vuë en dessous.

Fig. 2. Un dent laniaire de la machoire superieure d'un animal inconnu de Gailenreuth.

Fig. 3. 4. 5. Des dents laniaires moins grandes d'autres animaux qui se trouvent dans ces cavernes.

Pl. VI. Fig. 1. Une machoire inferieure toute entiere de ces animaux.

Fig. 2. 3. et 3.* Les dents laniaires de cette machoire.

Pl. VII. Fig. 1. et 2. Les fragmens d'une machoire superieure et d'une machoire inferieure de ces animaux dont les dents se serrent les unes entre les autres.

Fig. 3. Un fragment d'une machoire superieure, où l'on voit comment la dent laniaire y est enclavée.

Pl. VIII. Toutes les dents de ces animaux, representées à part.

Pl. IX. Fig. 1. Le fragment d'une machoire superieure avec la plus grande partie des dents.

Fig. 2. et 3. Les os de ces animaux inconnus qui soutenoient les griffes.

Fig. 4. Une griffe avec sa croûte osseuse, dans une concrétion.

Pl. X. Différentes Odontopétres d'autres animaux qui se trouvent dans ces cavernes.

Pl. XI. Fig. 1. Une très grande dent laniaire d'un animal exotique, dans une concrétion pierreuse.

Fig. 2. La partie anterieure de la tête d'un animal inconnu de ces mêmes cavernes.

Pl. XII. Fig. 1. Une concrétion d'ossemens avec une petite dent laniaire.

Fig. 2. La partie anterieure de la tête d'un animal, dont la denture ressemble beaucoup à celle d'un lion, tirée de ces mêmes cavernes.

Pl. XIII.

Pl. XIII. Fig. 1. La seconde vertébre du col d'un très grand animal, peût-être d'un Eléphant, tirée d'une caverne voisine de celles de Gailenreuth.

Fig. 2. Une seconde vertébre du col d'une espèce qu'on trouve particulierement en grande quantité dans ces cavernes.

Pl. XIV. Fig. 1. Un Os Calcaneum de ces créatures inconnues.

Fig. 2. Un fragment d'un Os Femur de ces animaux de Gailenreuth, qui a été cassé, & dans la fraction duquel il s'est formé un Calus.

Tab.I.

Fig.2.

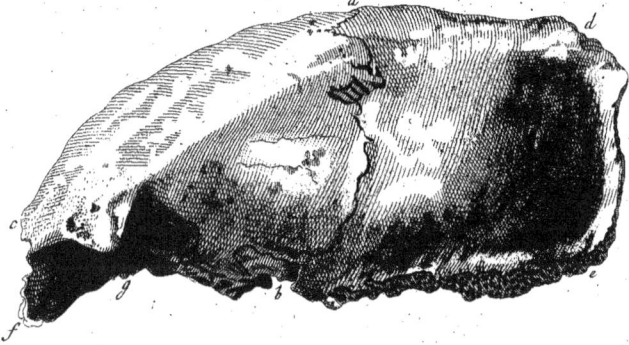

Fig.1.

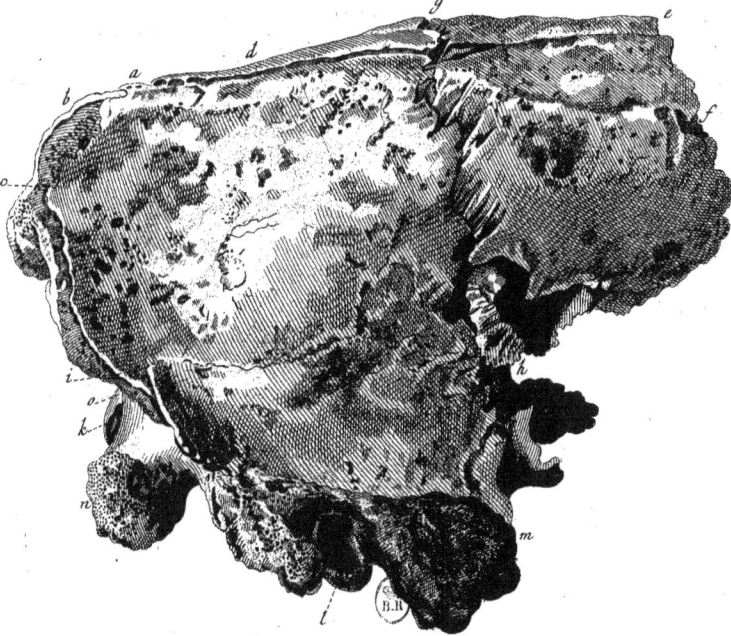

J.A.Eisenmann sculpsit.

Tab. II.

Fig. 1.

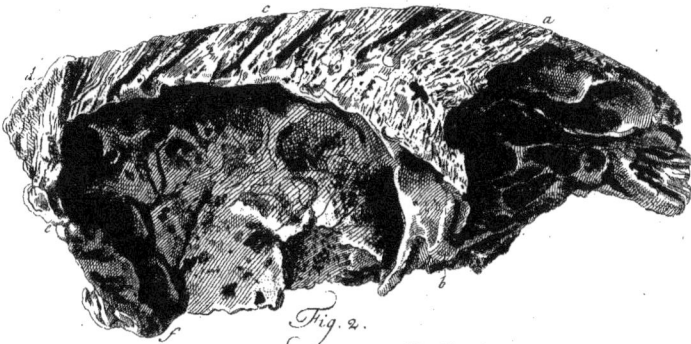

Fig. 2.

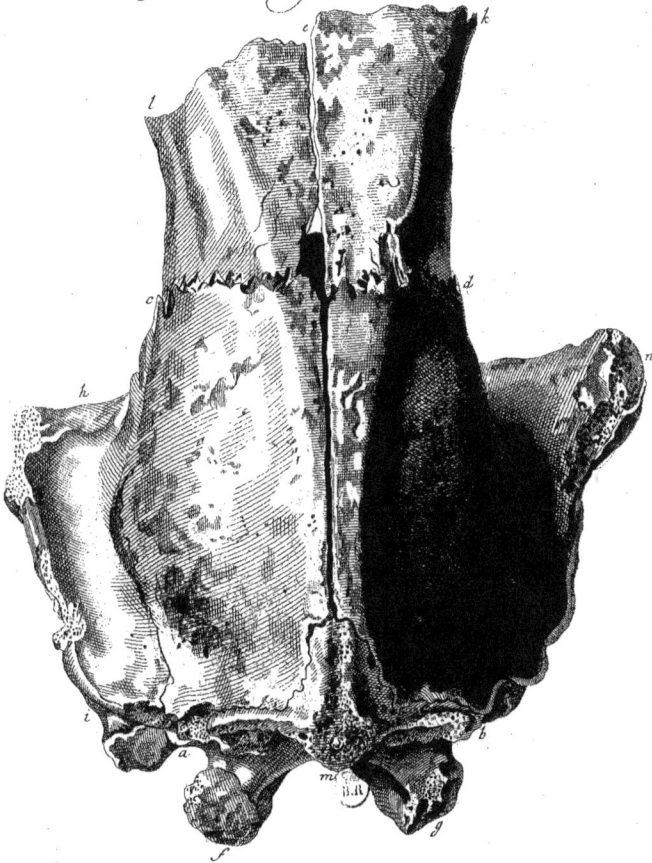

J. A. Eisenmann sculpsit.

Tab. III.

*Fig.*1.

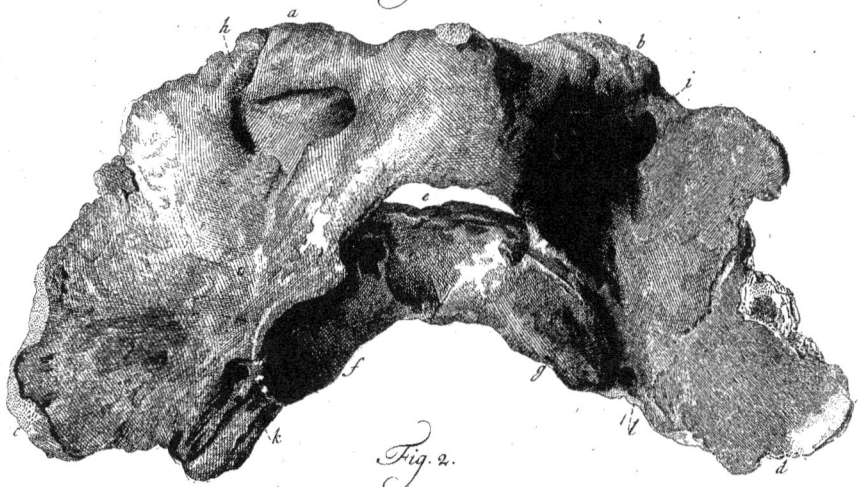

*Fig.*2.

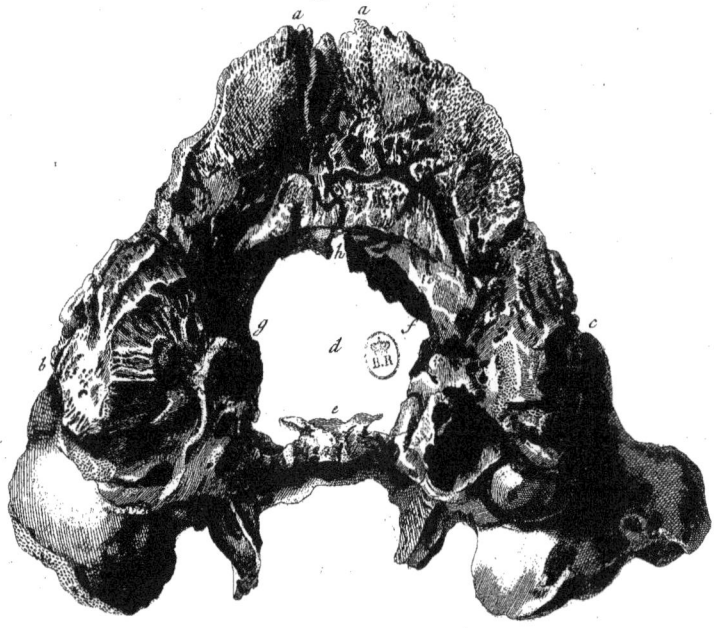

Valentin Bischoff sculps.

Tab. IV.

Fig. 1.

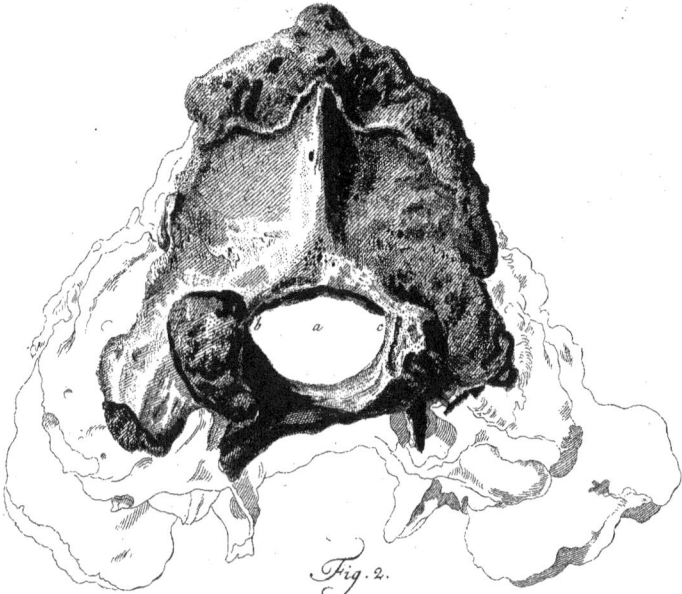

Fig. 2.

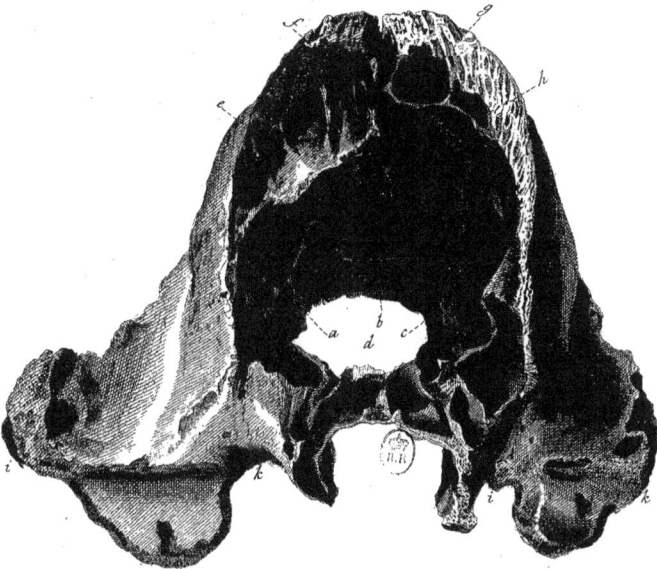

Tab. V.

Fig. 2.

Fig. 5.

Fig. 3.

Fig. 1.

Fig. 4.

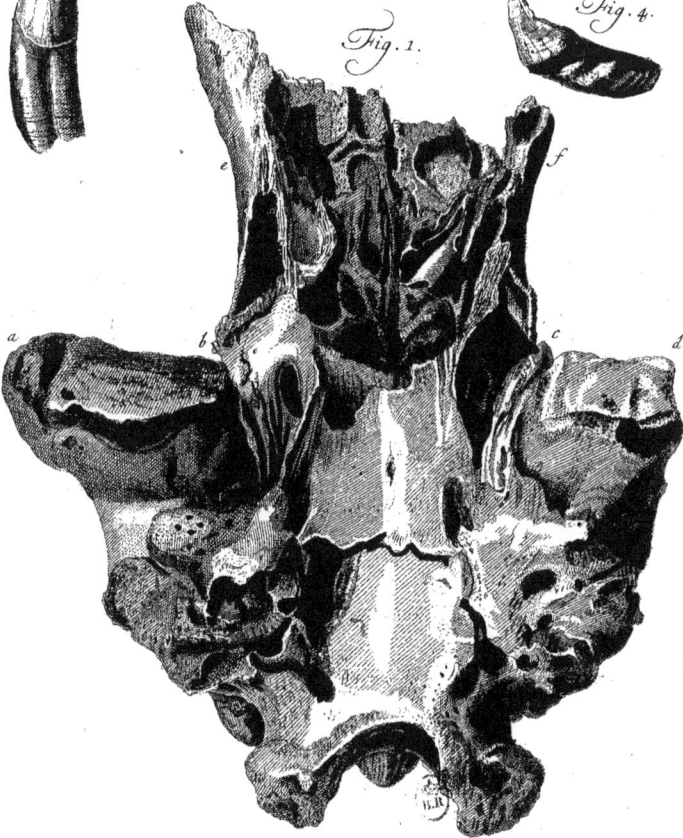

Andreas Hoffer sculpsit.

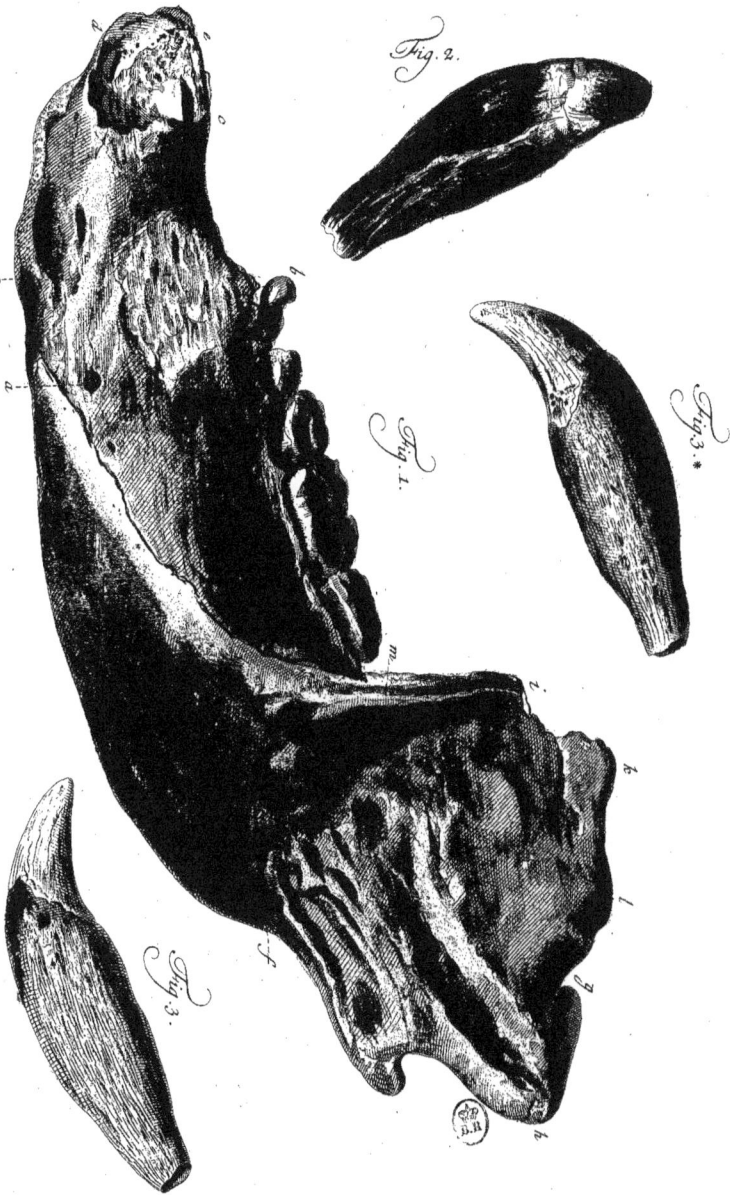

Tab. VI.

Fig. 2.

Fig. 3. *

Fig. 1.

Fig. 3.

J. A. Eisenmann sculpsit.

Tab. VII.

Fig. 3.

Fig. 1.

Fig. 2.

Tab. *VIII*.

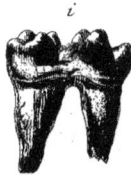

I. A. Eisenmann sculpsit.

Tab.IX.

Fig. 4.

Fig. 1.

Fig. 3.

Fig. 2.

Valentin Bischoff sculps.

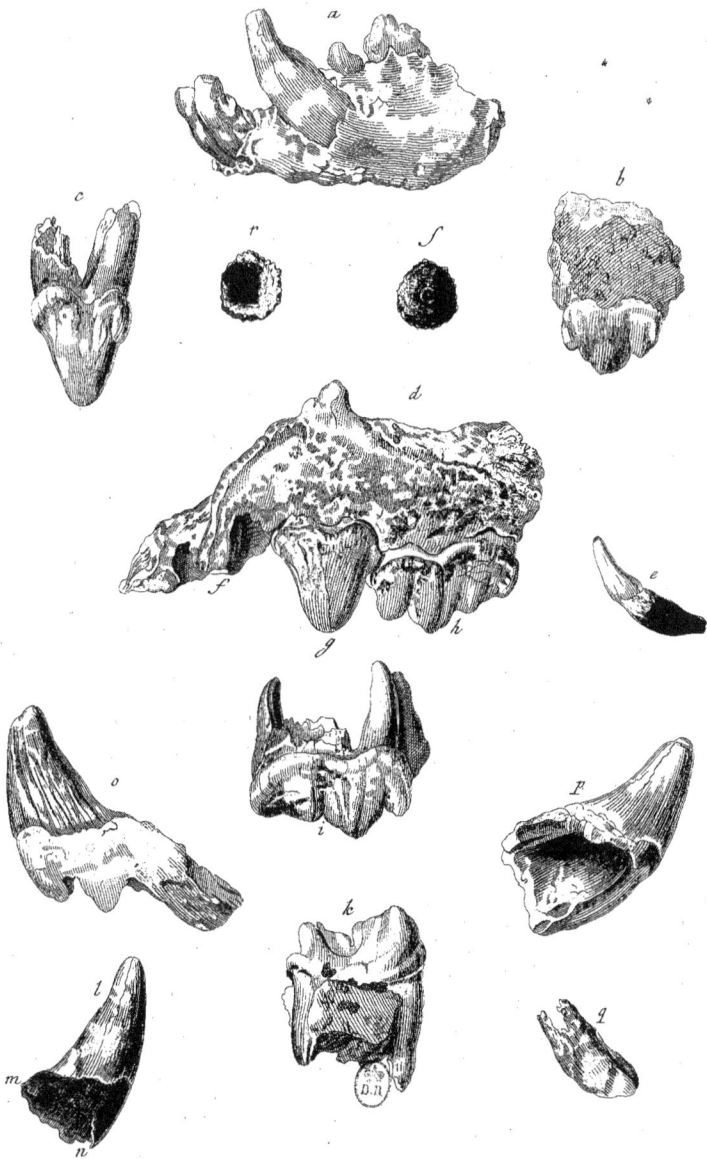

Tab. X.

J. A. Eisenmann sculpsit.

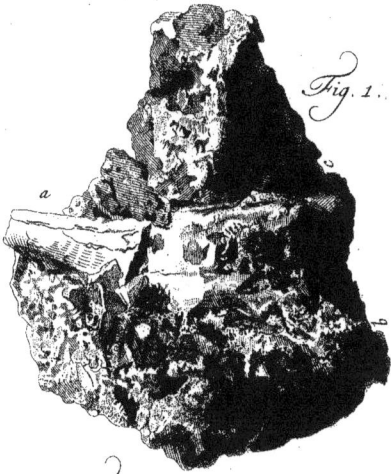

Tab. XI.

Fig. 1.

Fig. 2.

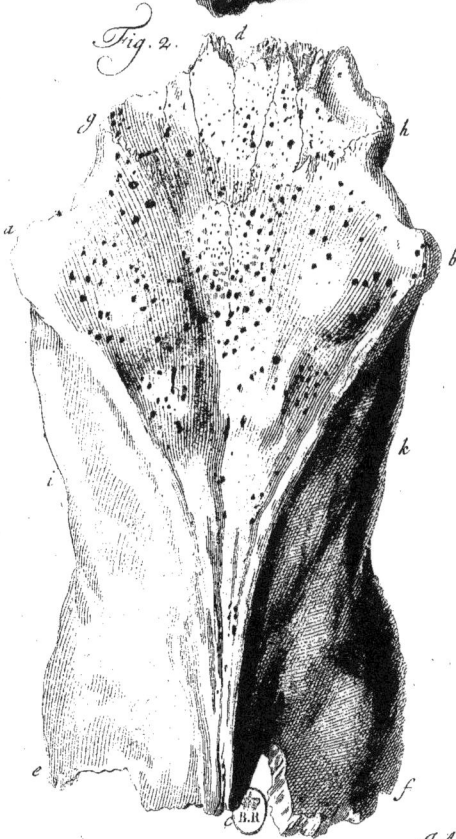

J. A. Eisenmann sculpsit.

Tab. XII.

Fig. 1.

Fig. 2.

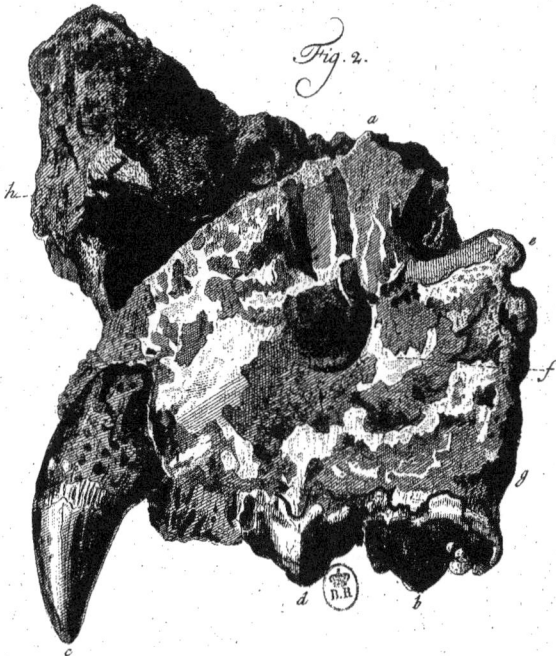

Andreas Hoffer sculpsit.

Tab. XIII.

Fig. 1.

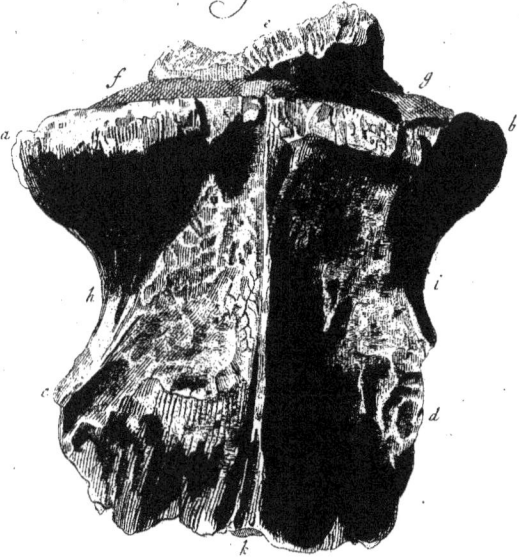

Fig. 2.

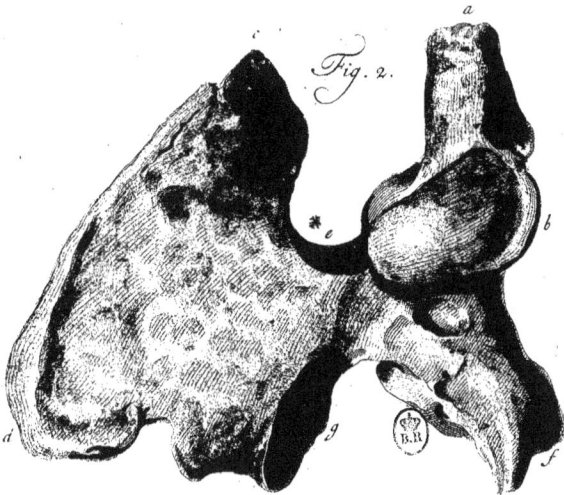

J. A. Eisenmann sculps.

Tab.XIV

Fig. 1.

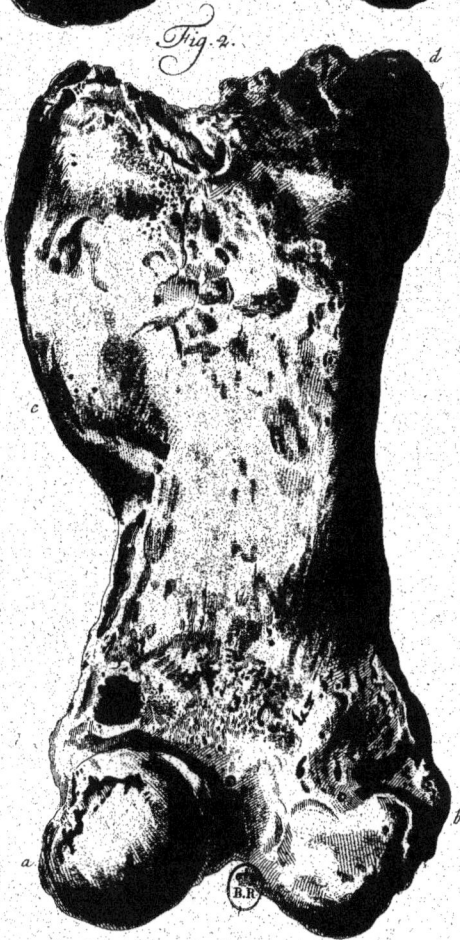

Fig. 2.

J. A. Eisenmann sculpsit.

www.ingramcontent.com/pod-product-compliance
Lightning Source LLC
Chambersburg PA
CBHW050103210326
41519CB00015BA/3809